本书是国家社会科学基金项目（12BJY068）和
教育部人文社科项目（12YJA790079）最终研究成果
获得江西财经大学理论经济学一级学科博士点出版资助

中国食品安全治理研究

STUDY ON THE FOOD SAFETY GOVERNANCE IN CHINA

廖卫东　时洪洋　肖　钦◎著

图书在版编目（CIP）数据

中国食品安全治理研究/廖卫东，时洪洋，肖钦著．—北京：经济管理出版社，2018.7
ISBN 978－7－5096－5863－5

Ⅰ.①中…　Ⅱ.①廖…　②时…　③肖…　Ⅲ.①食品安全—安全管理—研究—中国　Ⅳ.①TS201.6

中国版本图书馆 CIP 数据核字(2018)第 141034 号

组稿编辑：杜　菲
责任编辑：杜　菲
责任印制：黄章平
责任校对：陈　颖

出版发行：经济管理出版社
（北京市海淀区北蜂窝 8 号中雅大厦 A 座 11 层　100038）
网　　址：www.E－mp.com.cn
电　　话：（010）51915602
印　　刷：北京玺诚印务有限公司
经　　销：新华书店
开　　本：720mm×1000mm/16
印　　张：17.5
字　　数：314 千字
版　　次：2018 年 7 月第 1 版　　2018 年 7 月第 1 次印刷
书　　号：ISBN 978－7－5096－5863－5
定　　价：78.00 元

序

随着2018年新一轮党和国家机构改革正式落地，新组建的国家市场监督管理总局将统一行使工商、食药监与质监三部门职能，从顶层设计上为打破食品安全治理的“九龙治水”局面注入一针强心剂。诚然，我国食品安全环境的显著改善得益于政府治理体系的不断完善与监管效率的不断提升，但社会价值的多元化以及信息传播的加速化和多通道化，在一定程度上使得每一次食品安全事件的社会关注度与负面影响更为突出，对当前食品安全治理提出了更高要求。

近十年来我国食品安全监管机构的调整和改革，已经深入触及食品安全规制的核心问题，政府在食品安全治理中的作用已提升到了一个较高水平。目前，核心关键问题是：国内关于企业、社会等非政府主体在食品安全治理中的作用还未有较完整而清晰的阐述，尚未形成一个比较完善且符合我国国情的分析框架和理论体系。令人欣慰的是，廖卫东同志主持完成的国家社会科学基金项目最终成果《中国食品安全治理研究》一书的出版，在一定程度上填补了这一研究领域的薄弱环节。

该书以推进食品安全自主治理的实施为目标，以政府约束、市场约束、社会约束和伦理约束“四维约束”为手段，根据食品安全治理的现实需求，结合国家、行业、地方食品安全标准，探寻构建市场自主治理食品安全的体制机制。政府约束主要来源于法律法规以及政府部门设计制定的食品安全相关政策，市场约束主要来源于不同市场主体之间所产生的竞争关系，社会约束则主要来源于媒体、消费者以及社会组织因各自需求而产生的非制度性约束，三者共同构成本书中食品安全自主治理框架的外部约束环境。此外，食品安全问题的发生可分为技术性食品安全问题与伦理性食品安全问题，本专著还创新性地引入了企业自身的伦理道德水平作为食品安全自主治理的内部约束，内外约束共同作用并决定企业的行为。四个约束主体之间相互影响渗透，涵盖了食品安全治理的整个链条，解决好这四个方面的约束障碍，应能显著提升食品安全自主治理水平。

该书沿着理想模式—逻辑梳理—机制设计—发现问题—优化路径—现实印证的逻辑思路，推动食品安全自主治理的制度供给与制度优化，取得了可喜的研究成果。总体而言，该书突破了食品安全治理中一直强调政府监管与食品安全多元共治并进的固定研究思路，以市场自主治理为中心，从企业外部决策和内部决策两个方面，研究食品安全治理中的企业自主治理，为食品安全治理与企业社会责任的耦合，提供了另一角度的研究结论。同时，专著将食品安全治理中所有外部约束与企业内部伦理约束相关联，综合分析其对企业的动机和现实行为的影响，得出了食品安全治理需立足于企业自身行为的结论，进而对未来政府食品安全治理做出了避免矫枉过正、辅助规范市场导向治理行为的定位，这也从食品安全角度印证了党的十九大报告中发挥市场资源配置的决定性作用以及更好发挥政府作用的有关阐述，为更广泛领域的企业自主治理及中国社会秩序和信任机制的重建，探索出一条可供遵循的道路。由此可见，这是一部在研究内容和研究方法上均重视原创性的著作，具有较高学术价值和现实应用价值。当然，由于时间与精力限制，该专著对于当前我国经济转型期如何规范企业伦理决策等相关研究仍有待深入，希望成为课题组未来研究的方向和重点。望作者秉承江西财经大学“信敏廉毅”的校训精神，再接再厉，进一步推进相关研究，为我国食品安全公共治理研究做出更大的贡献。

卢福财

江西财经大学校长、教授、博士生导师

2018 年 7 月 19 日

前　言

食品安全在推进我国“四个全面”建设中占据至关重要的地位，也是政府和社会持续高度关注的问题。2018 年 3 月两会通过的最新一轮党和国家机构改革方案中，新组建了国家市场监督管理总局，意味着对市场的监管进入新的历史阶段。随着近年政府食品安全治理体系的持续优化，中国食品安全状况已得到显著改善。然而，食品安全事故频发，依然时刻叩击着民众对食品安全的信心。

众多研究表明，食品安全问题根源在于信任缺失，即政府和社会缺乏对企业自律的信任，企业缺乏对供应链的信任和对公平竞争的信任，消费者对政府治理和企业自律的信心不足。多种信任缺失并存，使得食品安全稍有风吹草动即会引起轩然大波。

作为食品安全的第一责任者，企业是食品安全政府规制和社会监督的客体，承担着食品安全的最终责任，任何政府规制和市场竞争等外部约束都必须内化于企业的动机和行为方能有效。七成多食品安全事件主要由人为因素导致，更加凸显了企业自律在食品安全治理中的重要地位。显然，有效的企业自主治理是提升食品安全治理水平的基础，也是多元共治的基石。

企业自主治理是指，在政府约束、市场约束、社会约束和伦理约束“四维约束”下，企业根据食品安全的需要，按照国家、行业、地方食品安全标准，或者主动制定高于上述标准的企业标准，自律地组织有关生产经营活动。政府约束以政府法律法规的供给和政府规制为主体，市场约束以市场竞争为主体，社会约束以新闻媒体、消费者保护组织等社会组织为主体。政府约束、市场约束和社会约束共同构成企业的外部约束；企业自身的伦理道德水平构成企业的内部约束，内外约束共同作用并决定企业的行为。尤其是政府治理、市场治理和社会治理这三种外部约束，需要通过企业内在的伦理道德水平进而影响和决定企业的伦理决策与伦理行为。众多研究发现，食品安全问题一般可分为技术性问题造成的食品安全问题和恶意制售有毒有害食品造成的食品安全问题。前者可以立足于企业自主治理，通过制度约束、市场约束、社会约束和伦理约束的四维约束机制予以解决；后者则需要通过政府治理予以及时严厉的惩罚，将其清出市场。

然而，当前流行的多元共治相关研究，也较少从企业自主治理视角进行研究。因此，基于企业自主治理的需要，优化相关制度安排，从而推动企业有效实施自主治理，降低机会主义行为，对于推进整个社会的文明进步和推动国家治理水平升级具有显著的现实意义和理论意义。

本书以推进企业自主治理的实施为目标，沿着“食品安全治理的理想模式—企业为什么需要自主治理—企业食品安全自主治理的四维约束机制—食品安全自主治理的制度障碍：管制模式下食品安全治理的行为逻辑与制度困境—食品安全自主治理的障碍：地方政府规制波动对企业自主治理的影响—企业自主治理的若干实现方式—推动企业自主治理的制度优化路径”这一逻辑思路，研究推动食品安全企业自主治理的制度供给与制度优化。依据上述研究思路，本书分成总论篇和专题篇两部分，第一章至第五章为总论篇，主要探讨多维食品安全治理制度体系相关理论和模型，专题篇为课题组专题研究报告，具体的章节展开如下：

第一章为导言，主要介绍本书的研究背景、意义以及本书研究的基本框架和主要结论，并对总体研究的创新点以及不足之处进行了阐述。

第二章从政府与市场两种资源配置方式的关系出发，对市场失灵和政府失灵下食品安全自主治理的功能和地位进行分析，并在规制遵从、激励性规制和自主治理理论的基础上，进一步阐述企业自主治理的实现机制，分析食品安全企业自主治理影响因素和企业自主治理的最优合约设计。

第三章从企业自主治理的政府约束、市场约束、伦理约束和社会约束四个维度，分析食品安全自主治理的有效实施。制度质量决定了制度约束下的行为主体的行为，良好的食品安全治理制度能够有效约束企业的机会主义倾向，并提升企业的伦理道德水平。市场竞争中与消费者的博弈和与同行企业的重复博弈，使得企业必须通过有效的信号机制实现同其他企业的分离均衡，从而提升企业的竞争能力。声誉机制的有效运转，能够激励企业提高伦理道德水平，实现安全生产经营。企业的伦理道德水平既由相应的制度约束和市场约束所决定，同时还受制于企业经营管理人员的道德强度。制度约束、市场约束与企业的伦理约束共同决定了企业的伦理道德水平。因此，食品安全治理的制度优化必须基于企业的伦理决策和伦理行为，并将政府治理内化于企业的生产经营，从而有效降低食品安全风险。

第四章从总体的法律法规和政府规制的执行角度，分析食品安全企业自主治理的制度障碍，即管制模式下食品安全治理存在的制度逻辑、内生困境及对企业伦理决策的影响。以经济建设为中心指引的食品安全治理体系是随着我国经济社会发展逐步“自发”形成的，在制度逻辑、制度实施、制度工具和消费者权益保护方面都存在痼疾，中央与地方政府管制目标的差异、运动式执法、选择性规制根源于食品安全法律法规体系的碎片式、单向式和封闭式及由此导致的制度僵化和规制俘获，从而诱致了不同企业的行为模式。在食品安全治理改革中，必须从治理理念更新入手，着力破解管制模式下食品安全政府治理的种种弊端，为企业自主治理提供有效的外在约束。

第五章呼应上文，正如第三章所述，政府约束、市场约束、伦理约束和社会约束四个维度能够促进食品安全自主治理的有效实施，基于此，本章从政府治理、市场治理、伦理约束和社会治理四个维度构建食品安全企业自主治理的多维制度体系。食品安全治理存在各种各样的问题，在短期内应以产品责任制为本，建立起对食品生产经营企业违法违规行为的有效威慑，但长期来看，则应以推动声誉机制治理为目标，建立以政府、市场、企业和社会多元协同共治的治理体系。在该体系中，政府治理方面，应该完善食品安全治理规制立法以及加强规制者本身的约束；企业治理方面，应该建立健全的市场机制和规范的竞争机制，以形成有序的市场体系；伦理约束方面，应该从企业的食品生产过程中进行安全风险预防，加强企业声誉自律；在社会治理方面，应该充分调动各种行业协会、消费者权益保护组织、第三方检验检测机构和有关新闻媒体，发挥它们在食品安全治理中的重要作用。根据食品安全多维制度体系，按照企业自主治理的需要，提出相应的对策建议，并得出相应的研究结论。

通过研究，本书得出以下结论：①食品安全治理需要政府治理、市场治理和企业自主治理的有效协同。单纯的食品安全政府治理和市场治理难以有效承担食品安全的重任，需要立足于有效的企业自主治理，并内生于企业的自主自觉行为。企业自主治理机制不是独立的单纯的治理，而是政府治理、市场治理、社会治理和企业自主治理四维交织、共同作用的自主治理。企业自主治理，是随着市场经济的发展，企业从被动迎合制度的强制要求，转向主动向消费者配置信息、主动提升企业治理水平，从而持续经营的理性选择。有效的企业自主治理，也可以显著节约交易成本。②产品责任制和声誉机制是两种互相补充，且在有效运转的市场机制下可以互相替代的治理机制。产品责任制是声誉机制有效实施的基础，而企业的自律既能推进产品责任制的有效落实，又可以部分替代产品责任制，并有效降低制度成本。食品安全具有显著的历史阶段特征，在中国当前的市场环境中，食品安全治理的所有外部约束，包含制度约束和市场约束，都必须内化为企业的动机和现实行为才能起作用。因此，企业自主治理是最根本、最重要和最有效的食品安全治理方式，应在产品责任制有效实施的基础上，实行企业自律为核心的企业自主治理。③现有管制传统下的相关食品安全制度和规制行为，以及地方政府的规制波动对企业自主治理具有消极影响。应立足于企业自主治理进行相应的制度构建，同时，中央政府应加强对地方食品安全治理的随机督查，保证地方政府食品安全治理的持续稳定性，避免诱导企业的机会主义行为，从而阻碍企业自主治理的有效实施。④企业自主治理可以立足于食品交易类型所匹配的交易合约，通过有效降低信息不对称程度、增加专用性资产投资、产品标准化、金融市场治理等模式实现。⑤企业是具有伦理道德和社会责任的，在特定历史时段内，社会公众对企业的高伦理期望和企业的高社会道德水准相匹配时，能够有效推动食品安全自主治理。通过对食品领域的企业自主治理的有效探索，可以为整个社会的企业自主治理探索出一条新路，推动整个社会秩序重建和社会文明水平的提升。

第六章至第九章是课题组专题研究报告，分别从高安市病死猪肉事件、互联网外卖食品安全治理研究、农产品安全治理研究和中国食品安全信息障碍与化解路径等展开。

第六章通过梳理高安市病死猪肉事件的经过，剖析政府、市场、社会组织在食品安全事件爆发以及治理过程中存在的问题，并进一步分析企业败德行为对食品质量安全的影响以及非政府组织在食品安全治理过程中的作用，针对我国食品安全治理体系在两次事件中所暴露出的缺陷提出相应的政策建议。

第七章专题研究互联网外卖市场中食品安全治理问题，立足于中央政府、地方政府、第三方外卖平台、平台入驻商户这几个行为主体的经济活动，综合运用博弈论、委托代理理论等相关理论，先后构建中央政府与地方政府的委托代理模型、地方政府与互联网外卖平台的博弈模型，以及准入和生产阶段互联网外卖平台与平台入驻商户的博弈模型。

分析治理过程中各参与者如何选择自身的最优行动，在模型分析结果的基础上，提出通过第三方平台自身约束、政府主导以及社会公众基础力量等共同作用来提升互联网外卖市场食品安全治理效果，提出了加强对地方政府的监督，以及完善责任追究机制、加强信用体系建设、健全互联网外卖市场准入制度、提升行政监管技术水平等政策建议。

第八章专题研究基于集体声誉的视角，针对我国农产品行业的具体国情，分析了农产品市场质量结构的决定因素。通过考察一个特定的农产品市场的结构来分析影响农产品市场上产品质量结构的具体因素。在研究方法上运用理论建模和逻辑演绎，分析不同情况下农产品市场质量结构的形成原因及形成过程，进而提出具有针对性的治理措施。

第九章专题研究基于生产者、消费者、经营厂商和政府等实体之间的信息难以完全掌握、完全沟通，抑或掌握的信息不对称，提出了食品安全治理中信息障碍的研究主题。

根据我国在食品安全信息制度和体系建设上的不足与缺陷，运用博弈论相关知识，通过构建食品安全市场中相关利益主体—生产商、经营厂商、消费者以及政府之间的博弈行为的博弈模型，来分析造成食品安全信息障碍的原因，并提出优化食品安全信息沟通的有效途径。

总体而言，基于企业自主治理的食品安全治理改革，就是要立足于企业的自主治理，通过有效的政府治理，为企业自主治理保驾护航，激励企业主动提高伦理道德、承担社会责任、满足消费者日益提升的食品安全需求。通过优化政府治理，使得优秀的企业能够在市场竞争中通过其努力获得竞争胜利，即“优胜”；同时，对生产假冒伪劣食品的企业进行有效的惩罚，停止其制假售假行为，对情节特别严重的，甚至可给予终身禁商的处罚，实现“劣汰”。因此，政府在食品安全治理方面的职能，应定位于通过有效的制度建设，促进市场秩序有效运转；定位于促进市场自我矫正功能，而不是通过不断的制度更新和运动式治理来治理食品安全，以至于破坏市场的自我矫正功能。

本书突破了食品安全治理中一直强化政府监管与食品安全多元共治努力却又未能深入的旧有研究思路，实现了以下创新：①视角创新。突破了传统的单独研究政府治理制度的局限，从企业外部决策和内部决策两个方面，研究食品安全治理中的企业自主治理，为食品安全治理与企业社会责任的耦合，提供了更加深入的研究结论。②观点创新。一是食品安全治理的所有外部约束，包含制度约束和市场约束，都必须内化为企业的动机和现实行为，因此食品安全政府治理和市场治理必须立足于企业自主治理，并内生为企业自主自觉的行为。二是企业自主治理是四维（政府、市场、社会、伦理）交织、共同作用的企业自律行为，政府治理应定位于增进及时有效的优胜劣汰的市场矫正能力，不可矫枉过正甚至破坏市场的自我矫正功能。三是提出了实现中国食品安全治理水平提升的有效路径，即围绕食品安全企业自主治理的四重约束，从政府治理、市场治理、社会治理和企业内部伦理治理等方面分别进行制度优化。立足于食品安全企业自主治理，应以产品责任制为基础，构建有利于企业自律的制度环境和实施机制。通过食品安全领域的企业自主治理的实践与研究，为更广泛领域的企业自主治理及中国社会秩序和信任机制的重建，探索一条可供遵循的道路。

然而，受研究资料及课题组研究能力所限，本书研究仍存在诸多不足：①对于食品领域的企业自主治理的四维约束没有进行相应的计量分析，对于大量中小型企业的有效性研究，仍需进一步深化；②对于企业伦理决策等相关研究仍有待深入，尤其是我国正处于经济转型期，在社会价值多元化、信息传播多通道化和加速化的社会背景下，社会道德水平、产业组织结构、社会食品安全需求等都正发生着深刻变化，因此，企业决策行为更为复杂，从而企业决策对企业伦理决策的影响，仍待系统深入研究。这些不足，将是课题组未来进一步研究的方向。

目录

总论篇

专题篇

总 论 篇

第一章 导言

食品安全在实现人民对美好生活的需要和健康生活的向往中扮演至关重要的角色。

众多研究表明，食品安全问题根源在于信任缺失，即政府和社会缺乏对企业自律的信任，企业缺乏对供应链的信任和对公平竞争的信任，消费者对政府治理和企业自律的信心不足。多种信任缺失的并存，使得食品安全状况稍有风吹草动即会引起轩然大波。因此，食品安全治理需要有效的政府治理、市场治理和企业自主治理的有效协同。单纯的食品安全政府治理和市场治理难以有效承担食品安全的重任，需要立足于有效的企业自主治理，并内生于企业的自主自觉行为。

作为食品安全的第一责任者，企业是食品安全政府规制和社会监督的客体，承担着食品安全的最终责任，任何政府规制和市场竞争等外部约束都必须内化于企业的动机和行为方能有效。

企业自主治理是指，在政府约束、市场约束、社会约束和伦理约束四维约束下，企业根据食品安全的需要，按照国家、行业、地方食品安全标准，或者主动制定高于上述标准的企业标准，自律地组织有关生产经营活动。尤其是政府治理、市场治理和社会治理这三种外部约束，需要通过企业内在的伦理道德水平进而影响和决定企业的伦理决策与伦理行为。

然而，传统的食品安全治理相关研究和实践，较少从企业自主治理出发进行相应的制度构建和制度优化，即使当前流行的多元共治相关研究，也较少从企业自主治理视角进行研究。因此，基于企业自主治理的需要，优化相关制度安排，从而推动企业有效实施自主治理，降低企业的机会主义行为，对于推进整个社会的文明进步和推动国家治理水平升级具有显著的现实意义和理论意义。

本书从企业自主治理的制度约束、市场约束、社会约束和伦理约束四个维度，分析食品安全自主治理的有效实施，进而为构建食品安全多元治理体系奠定基础。

制度质量决定了制度约束下的行为主体的行为，良好的食品安全治理制度能够有效约束企业的机会主义倾向，并提升企业的伦理道德水平。市场竞争中与消费者的博弈和与同行企业的重复博弈，使得企业必须通过有效的信号机制实现同其他企业的分离均衡，以提升企业的竞争能力。而声誉机制的有效运转，能够激励企业提高伦理道德水平，实现安全生产经营。食品安全治理的制度优化必须基于企业的伦理决策和伦理行为，并将政府治理内化于企业的生产经营，从而有效降低食品安全风险。不同的交易契约可以匹配不同的契约治理机制，食品安全领域的企业自主治理可以立足于食品交易类型所匹配的交易合约，通过有效降低信息不对称程度、增加专用性资产投资、产品标准化、金融市场治理等模式实现。

经过 30 多年的市场洗礼，绝大多数成长起来的具有一定规模的企业是具有伦理道德和社会责任的，在特定历史时段内，公众对企业的高伦理期望和企业的高社会道德水准相匹配时，能够有效推动食品安全治理优化。通过在食品领域的企业自主治理的有效探索，可以为整个社会的企业自主治理探索出一条新路，推动整个社会秩序重建和社会文明水平的提升。基于企业自主治理的食品安全治理改革，就是要立足于企业的自主治理，通过有效的政府治理，为企业自主治理保驾护航，激励企业主动提高伦理道德水平、承担社会责任、满足消费者日益提升的食品安全需求。通过优化政府治理，使得优秀的企业能够在市场竞争中通过其努力获得竞争胜利，即“优胜”；同时，对生产假冒伪劣食品的企业进行有效的惩罚，停止其制假售假行为。这对情节特别严重的，可处以终身禁商，从而实现“劣汰”。

基于上述研究，得出以下结论：

（1）因为食品安全本身的公共品属性和食品的经验品、信任品和搜寻品属性，食品安全领域存在的严重信息问题使得单纯的市场治理难以有效治理食品安全，但转型过程中，管制模式下的食品安全治理存在诸多缺陷，因此单纯依赖于政府治理无法有效降低食品安全风险，而应采取政府治理、市场治理、企业自主治理和社会治理协同作用的多元共治方式，有效治理食品安全领域的各种问题，有效降低食品安全风险。

作为食品安全的第一责任者，企业是食品安全政府规制和社会监督的载体，承担着食品安全的最终责任。单纯的食品安全政府治理和市场治理难以有效承担食品安全的重任，需要立足于有效的企业自主治理，并内生于企业的自主自觉行为。即在制度约束、市场约束、社会约束和伦理约束四维约束下，企业根据食品安全的需要，按照国家、行业、地方食品安全标准，甚至高于上述标准的企业标准，自律地组织有关生产经营活动。

企业自主治理机制不是独立的单纯的治理，而是政府治理、市场治理、社会治理和企业自主治理四维交织、共同作用的自主治理。企业自主治理，是随着市场经济的发展，企业从被动迎合制度的强制要求，转向主动向消费者配置信息、主动提升企业治理水平，从而持续经营的理性选择。有效的企业自主治理，也可以显著节约交易成本。

因此，企业自主治理的实现路径在于，优化制度安排，从而推动企业有效实施自主治理，降低企业的机会主义行为。这是降低食品安全风险的关键，也是提升中国食品安全治理的重中之重。食品安全治理需要政府治理、市场治理和企业自主治理的有效协同。

（2）产品责任制和声誉机制是两种互相补充，且在有效运转的市场机制下可以互相替代的治理机制。食品安全具有显著的历史阶段特征，在中国当前的市场环境中，食品安全治理的所有外部约束，包含制度约束和市场约束，都必须内化为企业的动机和现实行为才能起作用。因此，需在产品责任制有效实施的基础上，推进声誉机制和企业自律为核心的企业自主治理。声誉机制能够有效降低食品安全治理的成本，并推动企业自主治理的有效实施。通过政府治理为主推动有效运行的产品责任制，能够实现对不道德企业违法违规生产行为的有效惩处。同时，以企业声誉机制为基础的食品安全自主治理，可以激励企业主动提升伦理道德水平，主动承担社会责任，有效降低食品安全风险。政府治理应该以完备的、具有公信力和执行力的制度体系建设为目标，强化对合法产权的保护和对违法犯罪行为的及时有力打击，鼓励和加强社会组织对政府政策制定及政府治理过程的参与和监督。

因此，政府在食品安全治理方面的职能，应定位于通过有效的制度建设，促进市场秩序的有效运转上；定位于促进市场自我矫正功能上，而不是越俎代庖，不断通过制度更新和运动式治理来治理食品安全，甚至矫枉过正以至于破坏了市场的自我矫正功能。

（3）现有管制传统下的相关食品安全制度和规制行为，以及地方政府的规制波动对企业自主治理具有消极影响。应立足于企业自主治理进行相应的制度构建，同时，中央政府应加强对地方食品安全治理的随机督查，保证地方政府食品安全治理的持续稳定性，避免诱导企业的机会主义行为，从而阻碍企业自主治理的有效实施。

高水平的食品安全规制下，企业的食品安全生产努力程度相对较高，此时食品安全风险是最低的。但由于地方政府的食品安全规制是有成本的，企业进行高食品安全努力也会影响到地方政府的税收等，地方政府以经济建设为中心的政策选择，使得地方政府在经济建设和食品安全的责任冲突中，往往降低食品安全规制强度，诱导企业降低食品安全方面的投入，从而提升食品安全风险。为维护食品安全，中央政府应在长时间没有发生食品安全事故和丑闻时，加强对地方政府食品安全规制的随机检查监督，减少地方政府食品安全规制的波动，保证地方政府食品安全治理的持续稳定性，避免诱导企业的机会主义行为，为企业自主治理的有效实施构建良好的制度环境。

（4）不同的食品交易特征决定可以由不同的食品安全契约结构予以匹配。根据食品交易频率、信息不对称程度和资产专用性程度，可对食品交易进行相应的分类，并采取相应的合约治理结构。在交易频率高、信息不对称程度小和资产专用性程度高的食品交易中，企业为了避免专用性资产成为沉没成本，会投入更高的食品安全努力，建立企业的个体声誉，在这种情况下，可以企业自主治理为基础，并通过政府规制、第三方监督等保证相关信息的公开，促进企业自主治理。同时，可以通过对企业自动自主治理的优良表现给予奖励、推进企业规模化生产、打造信息平台完善信息公开机制、促进供应链的倒逼机制和引导机制等降低信息不对称程度，推动企业进行自主治理。在中国食品安全治理实践中，不同的企业也分别或者综合运用了降低信息不对称程度、增加专用性资产和增加交易频率等方式进行了有效的自主治理实践。

（5）企业是具有伦理道德和社会责任的，在特定历史时段内，社会公众对企业的高伦理期望和企业的高社会道德水准相匹配时，能够有效推动食品安全自主治理。因此，政府治理应着重于两个方面：一是积极倡导社会主义道德和核心价值观，引导公众调整对社会道德的预期。二是强化对不道德企业的不良生产行为进行严惩，为刻意进行不合格食品的不道德生产行为和多次生产不合格食品并造成恶劣后果的生产者要采取终身禁商的严格惩罚；把食品安全治理作为国家道德水平建设、“四风建设”和“三严三实”教育活动的重点，把食品安全法治建设作为国家法治建设的突破口，对不努力进行食品安全监管、玩忽职守的监管者进行严厉惩处，确保食品安全政府治理有效实施，为企业食品安全自主治理提供良好的外部环境。

总体来说，作为食品安全的第一责任人，有效的制度安排能够激励企业提升伦理道德水平，主动承担社会责任。因此，在食品安全治理中，应以促进企业自主治理为目标优化制度安排，提供有效的激励企业自主治理的制度环境，加强对不道德行为的严厉惩处，对企业积极主动的自主治理的优良表现予以表彰。本书在这方面做了一些初步的尝试。然而，由于中国国情的特殊性和不同地方政府的差异性，企业自主治理的实践还需要一个非常漫长的过程才能显现出其在食品安全治理中的重要地位和作用。本书尚需进一步搜集相关资料和数据，对食品安全企业自主治理进行深入的实证研究，以进一步研究如何优化制度安排，明确企业自主治理的实施路径，以及企业伦理在食品安全企业自主治理中的作用等。这都是未来研究必须关注的问题。

基于企业自主治理的食品安全治理改革，就是要立足于企业的自主治理，通过有效的政府治理，为企业自主治理保驾护航，激励企业主动提高伦理道德、承担社会责任、满足消费者日益提升的食品安全需求。

食品安全治理的优化路径，应从提高食品安全监管、促进市场机制有效运转和促进企业自律三条路径着手。一是通过制定有效的违规惩罚标准，使得企业能够自行选择承诺在一定安全生产标准基础上、在整个生产经营期间合法合规生产，提供符合安全标准的食品，一旦企业违背承诺，将由政府对其进行相应的惩罚。二是推进市场秩序有效运转，使得优秀的企业能够在市场竞争中通过其努力获得竞争胜利，即“优胜”；同时，对生产假冒伪劣食品的企业进行有效的惩罚，停止其制假售假行为，对情节特别严重的，甚至可处以终身禁商，实现“劣汰”。三是促进企业自律，通过声誉补偿、以奖代补等市场化手段，推动企业通过降低信息不对称程度、专用性资产投资和增加交易频次等多种治理方式实现有效的自主治理。必须强调的是，既不能一味地强调市场监管尤其是一味强调提高惩罚力度，又不能单纯依赖于企业的自主治理即完全自律。这是因为，一方面可能会导致市场监管成本过高（边际监管成本高于边际监管收益）；另一方面可能导致被监管对象也就是企业会因为监管趋严而大幅度提高成本，甚至可能诱导风险中性的企业转变为风险偏好的企业，这是得不偿失的。因此，必须厘清并界定好政府监管的阈值，使得在政府监管有效的前提下，尽可能通过企业的自主治理来降低食品安全风险。

中国食品安全问题是具有典型历史性特征的问题，企业自主治理是推动中国食品安全的最有效路径和最根本路径。只有通过制度约束、市场约束、社会约束和伦理约束四维共治下的企业自主治理的有效实施，才能使得外部约束内化为食品生产经营企业的动机和行为，才能有效提升中国食品安全水平。

然而，由于受当前研究资料及作者研究能力的限制，相关研究仍存在诸多不足：①对于食品领域的道德强度与企业伦理决策和社会责任的履行没有进行相应的计量分析，对于大量中小型企业的有效性研究，仍需进一步深化。②对于企业伦理决策的相关研究仍有待深入，尤其是我国正处于经济转型期，在社会价值多元化、信息传播多通道化和加速化的社会背景下，社会道德水平、产业组织结构、社会食品安全需求等都正发生着深刻变化，企业伦理与企业决策行为等仍待系统深入研究。③由于中国国情的特殊性和不同地方政府的差异性，企业自主治理的实践还需要一个非常漫长的过程才能显现出其在食品安全治理中的重要地位和作用。本书尚需进一步搜集相关资料和数据，对食品安全企业自主治理进行深入的实证研究和定量研究，尤其是针对中小食品企业和农户的行为规律与监管策略进行研究，以进一步分析如何优化制度安排，明确企业自主治理的实施路径，以及企业伦理在食品安全企业自主治理中的作用等。这些都是未来研究必须关注的问题，也是未来研究的方向和重点。

第二章　食品安全治理目标模式与理论基础

一、食品安全治理的目标模式

（一）政府与市场的关系

政府和市场是诸多资源配置方式中最主要的两种，也是主要的两种公共治理方式。针对政府与市场在资源配置中的关系，斯蒂格利茨曾指出，市场与政府各有优势和缺陷。现有理论研究多从完全竞争市场出发，即在完全竞争的市场上，利润最大化目标的厂商与效用最大化的消费者，通过相互博弈，最终实现供需均衡，从而实现社会资源的最优配置。然而，自由市场上的交易各方之间，存在程度不一的信息不对称，导致“逆向选择”和“道德风险”，从而造成“市场失灵”或“市场失败”。逆向选择是指在信息不对称条件下，具有信息优势的一方实现隐藏信息，使得市场的选择过程出现了“不好”的结果；道德风险是指当信息不对称时，交易一方牺牲另一方利益的行为，导致另一方受损的风险，因人们的这种行为是自私的、不道德的，因此这一类问题称为道德风险问题。[①]

为了有效解决市场失灵所导致的市场低效率或者无效率，必须根据信息不对称的实际情况，采取有效的措施，以有效解决逆向选择问题或缓解道德风险。应对逆向选择问题，一般可以采取市场信号传递机制和信息甄别机制予以解决，当

① 王秋石．微观经济学［M］．北京：高等教育出版社，2011：407－414.

信息不对称的程度比较严重，甚至完全市场失灵时，政府干预有时就有必要，干预的目的是保障信息劣势方的合法权益、提高资源配置效率。而为了有效应对市场经济活动中普遍存在的道德风险问题，可以通过交易双方或者外部的机制设计使得交易双方共同承担风险或者签订长期合约等方式，予以有效缓解。[①] 这是因为，政府可以通过其强制性的行政权力和制度约束力，发挥信息搜集、处理和配置等方面的优势，尽可能为市场提供更丰富的信息，降低交易各方的信息不对称程度，有效减少各种逆向选择和道德风险。那么，接下来就必然会产生一个疑问：既然存在市场失灵，为什么就不会存在政府失灵呢？

事实上，自亚当·斯密以降，在微观经济领域，尤其是政府对市场失灵的干预研究，先后经历了“无形之手”“扶持之手”“政府失败”和“掠夺之手”四个阶段（沈伯平、范从来，2012）。然而，越来越多的经济学家认识到政府失灵的存在，政府也有其经济目标，因此，应该高度关注政府干预市场失灵的动机、行为过程及其结果，尽可能减少政府失灵对市场机制的扭曲进而影响市场经济的效率。

斯密（1974）认为，君主的义务，“首在保护本国社会的安全，使之不受其他独立社会的暴行与侵略”；其次在于“为保护人民不使社会中任何人受其他人的欺侮和压迫，换言之，就是要设立一个严正的司法结构”；最后是“建立和维持某些公共机关和公共工程”。在斯密看来，如果市场能够运转良好，除建立一些市场经济赖以运行所必需的制度性基础设施，比如法律、秩序和国防之外，就无须任何政府干预，政府的干预应越少越好（沈伯平，2006）。这是因为，看不见的手，能够通过价格所传递的信号，由消费者的货币选票、企业间的成本竞争、生产要素的价格分别解决好生产什么、如何生产以及为谁生产这三大基本经济问题[②]。也就是说，市场机制能有效解决好资源配置。既然如此，政府的职能最好就体现在担当好“守夜人”或者“仲裁者”的角色，维护好市场秩序和保护好私人产权，尽量少干预经济。

然而，1929～1933 年的资本主义世界大危机，使得人们对“看不见的手”的迷恋土崩瓦解。大萧条使得经济学家纷纷反思政府与市场的关系。围绕凯恩斯的《货币论》和蓬勃兴起的苏联经济模式，以米塞斯和哈耶克为代表的奥地利

---

① 王秋石．微观经济学［M］．北京：高等教育出版社，2011：407－414.

② 王秋石．微观经济学原理［M］．南昌：江西人民出版社，2006；王秋石．微观经济学［M］．北京：高等教育出版社，2011.

经济学家，与兰格代表的拥护“市场社会主义”的经济学家，爆发了激烈的论战。

哈耶克等根本不相信政府能够完整获取配置资源所需的信息，也不相信政府能确切知道消费者的需求和生产者的生产能力。哈耶克认为，政府根本不可能制定出任何一种“出清”价格，更不可能创造出一个非市场决定的“理想价格体系”。他指出，缺乏“经济概念”的政府计划，取代“市场激励”调配资源，注定要失败。同时他强调，当一种产品的价格不是由市场供求关系决定，而主要是通过政府意志决定时，厂家难以获得优质生产必要的利润，也不必操心企业的亏损或者产品销路，在国家和厂家的双重“预算软约束”下，必然难以做到以消费者为本。因此，哈耶克等根本不相信，政府的干预能比市场具有更少的盲目性、更高的资源配置效率和更强的公共属性。

兰格则认为，普遍存在的外部性，使得以竞争机制和价格体系为核心的市场激励既不完整也不普遍；并且，市场自身极大的不平等性，导致市场失灵，不能有效引导资源实现自发的有效配置。同时，由于竞争的不完全属性，导致价格信号本身也不真实，从而不能有效地实现经济激励和配置资源。

1933 年，针对大危机对经济带来的巨大破坏，坚信政府必须代替失灵的市场发挥作用的美国总统罗斯福实施新政，新政的实施效果也让世界各国惊叹。受新政影响，1936 年，凯恩斯出版了他的传世之作《就业、利息与货币通论》。书中强调，资本主义难以通过市场的自动调节机制实现充分就业，必须加强政府的经济干预，采用政府的公共支出、投资和消费的刺激政策等实现充分就业。这一思想在“二战”之后更加得到了广泛的推崇。政府作为解决市场机制的有效“扶持之手”一时间甚嚣尘上。而在微观市场领域，政府“有形之手”也备受推崇，尤其是在存在计划经济传统的一些国家，政府的“有形之手”几乎深入到微观市场领域的方方面面。即使是计划经济向市场经济转型的国家，政府的“有形之手”在微观规制理论的指引下，以纠正市场失灵为目标，对市场经济运行具有重要的影响。与市场经济国家微观规制立足于促进市场机制的有效运行不同，转型国家的微观规制更多体现出对市场机制的替代作用，在部分增进社会公共利益实现的同时，也不同程度地存在着对市场机制的扭曲，从而使这些国家的市场失灵更为复杂，即除了因市场机制本身信息不对称等造成的市场失灵外，还有因市场机制被扭曲所造成的市场失灵。至于在奥地利学派等崇尚自由主义的经济学者眼中，微观规制所赖以生存的市场失灵是否存在，争议就更多了。

“扶持之手”的概念由庇古首先提出。在他看来，垄断、外部性等是市场失败的主要原因，而政府能够通过对市场的有效干预来纠正市场失败。在此基础上，福利经济学家和凯恩斯主义者都认为，市场经济存在着垄断、外部性、公共品、信息不对称等市场失败，市场机制并不总是最优的资源配置办法，政府应承担起更多的纠正市场机制缺陷、优化资源配置的责任。市场失败理论为政府干预经济提供了理论基础。罗斯福当选总统后实施的复兴、救济、改革“3R”新政（因复兴 Recovery、救济 Relief、改革 Reform 而得名），首要的就是挽救银行危机，开始管理与改革金融制度。值得注意的是，这些措施的实施都是为了恢复和维持市场机制的有效运行。在此基础上，美国国会先后通过了《1933 年银行法》、《证券交易法》（1934）、《公用事业控股公司法》（1935），这也标志着美国全面进入金融规制新时代，构建起美国分业经营分业监管的金融规制和监管框架。此后，相关的规制开始进入其他市场失灵领域。

20 世纪 70 年代，因受凯恩斯主义影响下的大规模政府干预政策影响，西方各主要资本主义国家纷纷陷入了滞胀深渊而难以自拔。[①] 凯恩斯主义的宏观经济政策受挫，宣告了政府规制之手理论的衰败和新自由主义理论的复苏。

公共选择理论（又称新政治经济学）认同政府干预经济的理由，同时也肯定福利经济学的贡献，但它认为，政府的公共干预以及福利经济学理论存在着相应的缺陷和局限，基于此，公共选择理论致力于解释这些缺陷和局限[②]。公共选择理论明确指出，如果存在市场失灵，就必然可能存在政府失灵，集体选择同样存在大量的非效率。故问题的实质就转化为如何在政府和市场之间进行选择。政府介入公共产品的分配，难以避免会出现“寻租”、“官僚主义行为”等现象，从而降低了政府干预经济活动的效果，甚至扭曲了市场经济的有效运行。只有明确证明由市场解决的方法比公共干涉的解决办法成本更高代价更大时，才有理由选择国家干预。[③]

基于公共选择理论，发展出了“利益集团理论”和“规制俘获理论”。利益集团理论的核心观点是，政府规制行为受各种利益集团的影响和支配，政府规制政策不过是利益集团之间竞争和妥协的结果，其力量对比决定了政府政策的利益

① 沈伯平，范从来．政府还是市场：后危机时代金融规制和监管体系的重构［J］．江苏社会科学，2012（5）：87－92.

② 方福前．公共选择理论——政治的经济学［M］．北京：中国人民大学出版社，2000.

③ 沈伯平．论转轨时期中国规制性政府的构建［J］．经济问题探索，2006（5）：4－8.

指向和利益分配。规制俘获理论则认为，政府对市场的规制是为了满足产业对市场规制利益的需要（即立法者被产业所俘虏），而规制机构最终会被产业所控制（即执法者被产业所俘虏）。推动政府进行规制的利益集团，仅仅代表某一个特殊利益集团，因此规制的整个过程最终将演变成为服务于被规制的产业，即规制者为被规制者所俘获。斯蒂格勒的实证研究发现，受管制产业并不比无管制产业具有更高的效率、更低的价格。他指出，管制不过是产业自身所积极寻求并争取来的结果，其目的主要是服务于受管制产业的利益。①

利益集团理论和规制俘获理论的共同点就是，政府为了自身利益干预市场，而受益的个人或集团则愿意为政府的干预提供补偿。政府规制的局限性的存在，使得人们对规制的效果大为怀疑，从而掀起了放松规制的浪潮。

在布坎南和塔洛克（1962）等开创的公共选择理论传统基础上，施莱佛和维什尼延续并发展了政府“掠夺之手”理论。该理论认为，政治家并非追求社会福利的最大化，而是追求增加自身的财富和权力。加尔布雷斯（2009）定义了掠夺性政府，即系统性地利用公共制度牟取私利，或者系统性地破坏公共保护制度为私人受庇护人牟利。因此，“掠夺之手”理论认为，相对于增加官僚体制内的激励和人事选择，放松规制和自由化显然更为重要，只有在所难免时，规制才应出现和存在，但必须尽可能减少官员规制中的随意性。

在政府与市场关系的传统研究和争论中，一直存在着把政府和市场分别作为理想的、更有效的资源配置方式和治理机制的认识。当两者中任意一方出现失灵时，习惯性地假定另一方就是弥补该失灵的最佳选择，忽视了企业的作用，也忽视了“市场、政府双失灵”的理论和现实。②

这就导致了刘易斯悖论，即政府过度干预经济可能导致政府失灵，但缺乏对经济的干预又会被诟病为政府不作为听任市场失败。为解决这一两难问题，经济学家将分析的目光转向企业这一微观主体。企业为什么存在？科斯的观点是企业能够降低交易成本。张五常的交易费用理论、阿尔钦的队生产（Team Work）理论和阿罗的信息理论等对此也予以证实。尤其是斯普尔伯（2002）的中间层理论，强调企业和市场并非完全替代，而是要通过有效的市场机制实现定价和供求关系的变动，平衡供给和需求，通过交易对象和交易方式的市场选择，实现市场

① George J. Stigler. The Theory of Economic Regulation [J]. The Bell Journal of Economics and Management Science, 1971, 2 (1): 3-21.

② 张群群. 超越二元论：对政府和市场关系的反思 [J]. 当代经济科学, 2006 (6): 8-12.

出清。也就是说，企业并非替代市场，恰恰是在“制造”市场。将企业引入资源配置机制，突破了传统资源配置理论中政府和市场的“两分法”局限，为正确处理政府、市场和企业的关系，继而确定政府规制的有效边界提供了新的分析维度。基于此，经济学需要解答的，就从需要不需要政府介入经济发展过程，转向了如何把握政府介入经济发展的恰当尺度。在食品安全治理领域，问题就转化为，如何优化制度安排，使企业能够真正有效自律，也就是有效推进企业自主治理。正如科斯定理（1960，1980）所揭示的那样，只要产权被界定清楚，自愿签约就可以实现各种经济福利，包括外部性的内部化和公共产品的供给。①

如果重视企业的因素，就很容易将政府的职能定位于增进市场机制的运转效率，即市场增进理论。依照该理论，政府最积极最有效的作用，体现在提高和发展市场中每个经济个体认识市场、发现市场从而实现经济活动的能力，并能更加有序协调其分散的决策，有效规范各种竞争行为，从而有效解决市场失灵。这客观表明，按照市场规律运行的食品生产企业，才是食品安全治理的依托和基础，优化相关制度安排，推进食品生产企业的有效自主治理，才是提升食品安全治理水平的真正有效路径。尤其是，在市场经济发展尚不完善、社会消费结构不合理、缺乏有效自律和宗教文化等非正式制度约束的情况下，政府更好发挥治理作用，也应该以有效的市场治理为基础，需要企业进行有效的自主治理。因此，企业有效进行自主治理才是中国食品安全治理的根本路径。

市场增进理论认为，应把握好政府规制的“度”。政府规制不能扭曲市场机制，进而干扰企业等微观经济主体的预期和行为，它应体现对市场机制的补充而非替代；同时，政府规制应坚持“成本—收益”原则，当且仅当政府规制的边际成本小于微观经济主体行为的边际成本时，才有理由选择政府规制。市场机制能有效发挥作用的领域，政府应扮演“无为之手”的角色；市场失灵的领域，政府应扮演“服务之手”的角色，即服务于市场经济运行的需要，切实按照市场经济规律，维护市场经济有效运转，要避免政府从“扶持之手”变成“掠夺之手”。也就是说，市场经济条件下政府规制的理论边界由政府规制所必须遵循的质和量的维度所界定。②

---

① 阿维纳什·迪克西特．法律缺失与经济学：可供选择的经济治理方式［M］．北京：中国人民大学出版社，2007：3.

② 沈伯平，范从来．政府还是市场：后危机时代金融规制和监管体系的重构［J］．江苏社会科学，2012（5）：87－92.

从市场失灵出发，西方学者发展了政府规制理论，以期通过政府“看得见的手”，有效解决市场失灵。政府规制根据规制对象和规制手段等的不同而区分为经济性规制和社会性规制。

然而，由于政府本身就是一个经济人，有着自己的价值和利益追求，政府的雇员作为经济人，也有其自身的利益诉求，因此，政府规制同样可能失灵。按照斯蒂格勒的说法，政府规制不过是产业为了其特殊利益被规制俘虏的结果。政府规制理论也先后经历了公共利益规制理论、利益集团俘获理论、放松规制理论和激励性规制理论等阶段。

转型经济体在处理政府与市场关系的问题上，很容易偏向于政府，成为典型的“强政府、弱市场”的社会。这种偏向主要源于三个方面：一是源于长期的强干预的实践惯性；二是源于社会及公众“有问题找政府”的思维惯性；三是源于非规范市场经济条件下资源配置的权力能为其所有者带来“租金”的利益惯性，并且这种惯性本身具有固化和强化的内在激励。三重惯性交织，加上很强的路径依赖，进一步强化了政府对市场的过度干预。世界各国发展经验和相关理论分析都已证明，适度的政府规制对于经济社会发展确实具有显著的推动作用，但过度的政府规制，往往会限制经济主体的活力和妨碍市场发育，并容易造成市场失灵和规制失灵的双失灵状态。而在食品安全等社会性规制领域，偏向于“强政府、弱市场”，就更容易成为政府、公众共同的选择。除了上述三方面原因之外，现阶段市场机制的不完善，公众市场意识的普遍淡薄和对传统威权经济的习惯性依赖，也是其中重要的原因。

针对规制失灵和市场失灵，西方学者开始探索政府和市场之外的第三条道路，发展出了公共治理理论，并进一步细化为网络化治理、多元治理、自主治理理论等。从规制理论到公共治理理论的变迁，实现了政府从单一的管制者的角色向政府和其他治理主体共同参与公共治理的角色转变的过程。

事实上，政府在处理重大食品安全危机时的重要作用毋庸置疑，尤其是在三聚氰胺事件后，为重塑中国奶业形象所做的加强政府监管的措施极具必要性。这是因为，自发运转的市场竞争秩序并不能实现完全的自我规范，或者，达到自我规范的目标需要较长的博弈过程和较高的交易成本，需要借助政府力量，恢复信誉机制，增进市场交往与交易，降低市场交易所需要的信息成本。以政府为后盾的制度，通常有助于保持合作、促进互惠交易，保证所有市场交易内的人，都能够获得非歧视性、公正与公开的市场机会。①

必须注意到，过度的政府管制，除了会增加政府管制的制度成本之外，还会提升企业的成本，压缩企业的利润空间，当成本增加超过企业承受能力时，企业很可能由风险中性转化为风险偏好者，成为诱发食品安全风险的新的制度因素。因此，政府在食品安全治理中的作用更应该体现在有效惩治违法违规生产行为，维护市场秩序，促进市场竞争的优胜劣汰。实践中，应注意做到，在政府监管能够有效发挥作用，诸如界定和保护权利、保证合同得以履行、维护法律和秩序等方面，应积极发挥政府机制的优势，而政府难以有效发挥作用的领域，比如对企业内部生产经营过程的监督，就需要尽可能构建企业自律等其他替代机制。

归根结底，政府在食品安全治理方面的职能，应定位于通过有效的制度建设，促进市场秩序有效运转；定位于促进市场自我矫正功能，而不是通过不断的制度更新和运动式治理来治理食品安全，以至于破坏市场的自我矫正功能。只有在制假售假、假冒伪劣行为特别严重时，政府可以通过严厉的法律行为，对相关行为人进行严厉的惩罚。与此同时，建立在企业有效自主治理基础上的食品安全多元协同治理，也是一种节约交易成本的制度安排。

必须指出的是，过度倚重政府规制，有可能扼杀市场经济主体的活力，并且容易将政府推入进退维谷的两难境地之中。这是因为，食品安全的政府监管，是把企业与消费者的双边交易合约，替换成政府作为第三方监督实施机制的三方交易合约。政府作为第三方监督实施机制，可能有效，也可能无效甚至扭曲交易参与者的预期和动机。进一步地，政府监管是降低还是增加交易成本，还有待于进一步的实证检验。例如，对药品食品安全的监管采用一个工厂派一个驻厂监督的做法，是否应该推广，就很值得探讨。

因此，综合考虑政府与市场的关系、供给与需求的关系、长期与短期的关系以及政府与企业的关系，社会治理改革的过程，是要实现将无所不在的政府干预逐渐转化为市场经济条件下的规制服务的过程，是培育市场微观主体的过程，是推动政府自身职能的转变，为市场和产业充分发挥自主治理功能创造必要制度环境的过程。在食品安全治理改革领域，就是要将政府手中对于食品安全过多的社会责任、过于集中的规制权力以及过于沉重的规制压力，根据市场经济发展的需

---

① 王廷惠. 微观规制理论研究：基于对正统理论的批判和将市场作为一个过程的理解［M］. 北京：中国社会科学出版社，2005：469－473.

要，不断地移交给市场和产业的过程；是一个为企业自主治理保驾护航，激励企业主动提高伦理道德水平、承担社会责任、通过声誉提升竞争能力满足消费者日益提升的食品安全需求而优化制度环境的过程；是一个构建促进交易制度环境，推动双边交易能够顺利实施的过程。通过优化政府治理，使得优秀的企业能够在市场竞争中通过其努力获得竞争胜利，即“优胜”；同时，对生产假冒伪劣食品的企业进行有效的惩罚，停止其制假售假行为，对情节特别严重的，甚至给予终身禁商的处罚，实现“劣汰”。

（二）食品安全治理的目标模式

食品生产企业是在一定的内外部约束下进行相应的决策和生产经营行为的。不同的约束对应于不同的治理机制。因此，食品安全治理就包含但不限于以下几种治理模式：

政府治理，即政府制定的相关法律法规，相应的规制要求进而规制行为，如准入条件、生产质量规范及标准、清出市场的相关要求等，这些构成企业生产经营的制度约束。

市场治理，即市场中相关同行企业的竞争从而形成的共同遵守的市场秩序，以及企业同消费者的博弈和博弈规则。

社会治理，即新闻媒体、各种消费者保护组织等相关社会性组织，依法参与相关食品安全政策制定、规制过程的监督、规制绩效的评价等活动，这些活动对政府、市场和企业都具有一定的约束力。

企业自主治理，主要由企业内部的道德伦理，如企业经营管理者的道德伦理、社会责任，企业员工的道德伦理，以及企业内部的相应的管理制度等决定。

它们的关系如图 2－1 所示。

图 2－1 中，三个圆圈分别代表政府治理、市场治理、社会治理，方框代表企业自主治理。根据覆盖治理方式的不同，可以将其分为三类：一部分区域是政府治理能够覆盖的区域，即图中的 A 以及 A_1、A_2、A_3 区域；还有一部分是政府治理不能覆盖但是市场治理和企业自主治理能够覆盖的区域（图中的 B、D、E 区域）；最后一类是仅仅依靠企业自主治理的区域（图中方框内三个圆圈外的区域）。

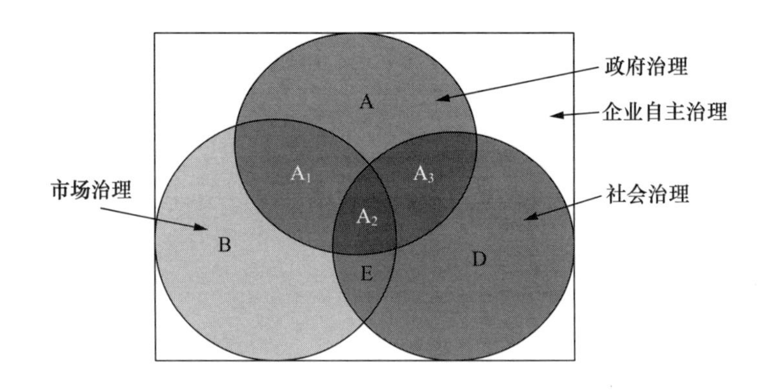

图 2－1　食品安全四维治理框架

由图 2－1 可以轻易得出，食品安全治理优化的思路应围绕着三条进路进行：第一条进路是，针对 A 以及 A_1、A_2、A_3 区域，尽可能实现政府治理的有效性，并力图降低制度成本，加强政府治理与企业自主治理的有效结合；第二条进路是，针对 B、D、E 区域，尽可能实现在缺乏政府治理的情况下，通过市场治理与企业自主治理，社会治理与企业自主治理，或者市场治理、社会治理与企业自主治理的有效结合，实现食品安全治理目标；第三条进路是，针对仅仅只能依靠企业自主治理的区域，即政府治理、市场治理和社会治理都无法覆盖的区域，通过优化制度，推动企业有效实施自主治理以实现食品安全治理目标。

前两条进路，不管是政府治理、市场治理和社会治理三种外部约束并存，抑或是仅仅存在社会治理或者市场治理这种外部约束，都需要企业将其外部约束有效内化为企业的自觉行为，防止企业丧失道德底线，才能够实现食品安全治理的目标；而第三条进路，更是需要企业在较高伦理道德水平上的企业自主治理，实现食品安全治理的目标。

可见，企业自主治理是最根本、最有效、最重要的治理方式，以政府法律法规体系建设、政府规制行为为主体的政府治理只能起到辅助、促进作用，只能通过增进市场机制运转进而构建有效的市场治理机制并有效进行优胜劣汰，从而通过企业自主治理的有效实施，更为有效地实现食品安全治理目标。

这是因为，即使在法制不健全、规制不完善的情况下，市场机制也可以通过增加交易成本等方式解决食品安全问题，对于丧失伦理道德底线的食品生产经营企业来说，市场机制会在一定时期内重复博弈，通过市场的自我矫正机制，将其淘汰清出市场。因此，相关的制度优化应该围绕企业自主治理的有效实施展开，通过构建有效的促进企业自主治理的制度设计，构建企业自主治理的激励相容空间，使企业真正承担起食品安全的第一责任。

当然，相对于市场治理中淘汰机制的缓慢和较高的交易成本，公正有效的政府治理能够通过明确产品责任制和加强相关规制形成的惩罚性威慑，对丧失伦理道德的企业进行及时有效的惩罚，有效降低制度运行成本。然而，政府治理可能是有效的政府治理，也可能是无效的政府治理，甚至可能是扭曲市场机制并带来不良后果的坏的政府治理，加之规制水平越高，规制的边际成本越高。因此，最有价值的食品安全治理优化的路径，显然是推进企业有效进行自主治理，从而通过企业与消费者双边交易合约的有效实施，构建以企业自主治理为核心的食品安全治理框架，实现食品安全治理目标。

众多研究表明，影响食品安全问题的因素有很多，主要包含微生物超标，造假、违法添加非食用物质或滥用食品添加剂，甚至恶意制售有毒有害食品。对于前者，一般可以立足于企业自主治理，在制度约束、市场约束、社会约束和伦理约束的四维交织作用下有效予以解决；而对于后者，则需要通过政府治理进行及时有效的惩罚，将其清出市场。

在专业化分工和自利价值推动下，食品安全市场的经济活动实现了由使用原则向交易原则转变、生产者对产品的态度由以自用为目的向以逐利为目的的转变，这成为造成食品安全问题的普遍性、频发性的原因[①]。因此，治理食品安全危机的根本途径在于构建相应的约束机制来确保食品生产经营企业按照食品的用途和食品安全的标准来进行生产经营。[②]

总之，食品安全自主治理的根本任务，是要降低消费者和食品生产者之间的信息不对称程度，增进信任，维护交易秩序，进而培养和推动社会的和谐与稳定。因此，一是要通过政府治理，强化产品责任，对生产不合格不安全食品的企业要强制退市，对丧失道德恶意生产不合格不安全食品的企业要进行严厉的惩罚，为企业自主治理有效实施奠定制度基础，同时为社会治理的有效运行提供制度空间。二是要积极推动市场秩序的维护，促进市场优胜劣汰机制的完善，为企业自主治理奠定市场治理基础；更重要的则是，激励企业进行声誉投资，完善声

---

① 蓝志勇，宋学增，吴蒙．我国食品安全问题的市场根源探析——基于转型期社会生产活动性质转变的视角［J］．行政论坛，2013（1）：80－84．

② 吴林海，尹世久，王建华等．中国食品安全发展报告（2014）［M］．北京：北京大学出版社，2014：82．

誉机制为基础的企业自主治理机制，实现企业自主治理的自我优化、自我完善。

张维迎等认为，食品安全领域的产品责任制和声誉机制之间既有替代性，又有互补性。既要充分考虑二者的协同，又要在市场机制有效运转时，积极推动声誉机制在维持食品安全中发挥作用。这就要求，在政府治理的实施中，既要注意在推进政府治理效能提升的同时，防止政府治理伸手过长，影响市场机制的有效发挥和对企业合法权利的侵蚀，又要以增进市场有效运转为目标，提升政府治理的效能。

当前，食品安全的最大问题是消费者在进行食品消费时，缺乏相应的信息，不知道吃什么才安全，尤其是消费者往往理性有限，面对相关负面信息时往往持有“宁可信其有，不可信其无”的心态，这往往加剧了食品安全负面信息的传播，也加剧了消费者的非理性选择。这一方面源自于中国近年来各种食品安全事件的曝光，不断摧毁着居民对食品安全的信心；另一方面，也源自于消费者和生产者之间的信息不对称。因此，企业和消费者的交易能否有效实施，也就是企业能否给消费者提供安全的食品，消费者在给企业进行匹配支付的基础上放心消费安全食品，需要一定的履约机制，从而在降低信息不对称的同时，逐渐提高消费者对食品消费的信心。这种履约机制可以是双方自我实施的交易，也可以是第三方履约机制。

青木昌彦总结了交易的 10 种治理机制，即个人信任、交易者社会规范、回顾关系、俱乐部规范、自我实施（雇佣）合同、第三方的信息传播、第三方的强制实施、道德准则、法制系统、数字化实施。① 上述治理机制可以归结为自我实施的履约机制和第三方履约机制。根据第三方履约机制的实施主体，可以分为政府强制实施的第三方履约机制和非政府实施的第三方履约机制，后者如由行业协会或新闻媒体或消费者保护公益组织实施的第三方履约机制。

为研究方便起见，暂将所有的第三方履约机制统一归为第三方监管，并将其分为有效和无效（监管缺失）两种类型；将企业简单划分为丧失伦理道德的企业和能够有效自律的企业（有伦理道德）。这样，企业行为的道德与否和第三方监管的有效抑或缺失，就构成了如表 2－1 所示的四种组合。

---

① 青木昌彦．比较制度分析［M］．周黎安译．上海：上海远东出版社，2001.

表2－1　企业与第三方监管的组合

企业＼第三方监管	缺失	有效
丧失道德	劣质食品横行，市场秩序崩溃，交易成本高昂	食品安全交易的信任度高，监管成本高昂
有效自律	市场秩序混乱，自律企业实现分离均衡，发信号成本高昂	食品安全交易信任度高，优秀企业获得声誉租金

表2－1中四种组合，（企业丧失道德，第三方监管缺失）显然是最为糟糕的状态，甚至可能是一个互害的状态。在这一市场中生活的消费者，显然对食品安全是丧失信心的，但食品作为生活必需品，必须通过高昂的交易成本，在缺乏信任的背景下进行食品交易。（企业有效自律、第三方监管有效）则是最为理想的状态，消费者对优秀食品生产经营企业信任，对第三方监管信任，从而食品交易信任程度高。这种状态下，虽然不能保证每件食品都是绝对安全的（任何有效的食品安全监管也不可能达到零风险），但是食品交易市场的关键——信任机制——是有效运转的，因此监管成本和交易成本相对都比较低。

迪克西特指出，机会主义、偷盗或掠夺行为一旦形成预期，就会阻碍潜在的有价值的投资行为，破坏互惠互利合约的协商签订，并对它们产生强大的负向激励。[①] 因此，在企业无法自律和政府治理无效的博弈组合中，消费者和生产者之间的互惠互利合约是无法签订的。然而，食品是一种必需品，人类必然需要采用其他方式来替代，而不是长期容忍这种非常糟糕局面的持续。部分支出能力较强，对食品安全敏感的消费者愿意付出更多的成本去搜寻相对安全的食品，同时，也会有部分生产者为了跳出这个旋涡，主动选择寻找有高支付水平的消费者，并主动通过某些专用性投资或者其他方式向特定的不确定消费者发出明确的信号，通过重复博弈的过程，签订有效的互惠互利的合约，实现从最差治理状态逐渐向好的治理状态演化。当然，这是一个长期的演化过程。当对食品安全容忍度越来越低、支付水平越来越高时，沉浸于低治理水平下的生产者逐渐会发现市场空间越来越小，并逐渐被清出市场。这恰恰是市场自我矫正机制的一个显著体

① 阿维纳什·迪克西特．法律缺失与经济学：可供选择的经济治理方式［M］．北京：中国人民大学出版社，2007：2.

现。而那些主动承担社会责任、提高自律水平的企业，也会越来越受到消费者的信任，并逐渐强化其核心竞争能力。

在这一演化过程中，社会各种力量对政府监管失效的批评，也将促使一个负责任的政府，或是受到强大压力的政府，不得不采取各种手段，加大治理投入和治理改革，逐渐实现治理效率的提升，并最终实现向（企业有效自律、第三方监管有效）的理想的治理水平演化。

从上述分析可以得出，食品安全治理的优化路径，应从有效促进企业自律和提高食品安全监管的有效性两条路径着手，通过制定有效的违规惩罚标准，使得企业能够自行选择承诺在一定安全生产标准基础上、在整个生产经营期间合法合规生产，提供符合安全标准的食品，一旦企业违背承诺，将由政府对其处以相应的惩罚。

必须强调的是，既不能一味地强调市场监管尤其是一味强调提高惩罚力度，又不能单纯依赖于企业的自主治理即完全自律。这是因为，一方面可能会导致市场监管成本过高（边际监管成本高于边际监管收益），另一方面可能导致被监管对象也就是企业会因为监管过度而大幅增加成本，甚至可能诱导风险中性的企业转变为风险偏好的企业，这是得不偿失的。

因此，必须厘清并界定好政府监管的阈值，使得政府在监管有效的前提下，尽可能通过企业的自主治理来降低食品安全风险。企业自主治理不是要替代政府治理，而是在政府治理、市场竞争治理、社会治理以及企业伦理约束的四维约束机制下，降低交易成本的治理方式，是治理现代化和提高国家治理水平的有效实现方式，是实现“使居民有更多获得感”目标的有效途径，同时也是推进我国与国际接轨，更好融入国际社会的积极有效手段。

市场交易的复杂化与多元化使得市场失灵的同时，也使其自我矫正更加具有可能性。在中国庞大的市场上，生产者和消费者数量众多，消费者也呈现出多元化趋势，使得一部分收入水平较高、对产品质量需求较高的消费者，需要付出一定的搜寻成本，从重复购买的经验与实践中，捕捉到自己所需要的产品，并成为其忠实顾客。而众多的生产者中，部分具有较高伦理道德水平的企业，也会主动发出积极有效的信号，也就是声誉信号，使有较高质量需求的消费者能够尽可能方便地找到自己，从而达成交易。为了固化这一交易合作，企业除了需要降低相关信息传递成本，更重要的是建设自己的声誉资本。为了获得声誉租金，企业必须时刻保持自己的产品质量高于竞争对手的产品质量，并使得消费者知晓，从而保证产品质量达到消费者的期望。史晋川（2015）论证了，在一定约束条件满足的情况下，当生产者的质量声誉和消费者实际感知的质量水平一致时，如果其他厂商生产低于均衡质量水平的产品，则消费者会放弃购买其产品并最终把低质量厂商驱逐出市场。这就说明，市场具有自我矫正功能，并且能够通过自我矫正功能实现对低质量水平的生产企业的淘汰，只不过其效率相对于强有力的政府监管淘汰机制要低。

作为一种社会经济组织，企业不可避免地处于各种社会关系之中，不可避免地在各种伦理关系中作为某种伦理道德主体而存在。[①] 因此，现实中并不存在没有丝毫伦理、不承担任何社会责任的企业和企业家，有的只是企业伦理和企业社会责任的强弱之分。这是因为，任何企业和企业家的活动，不管从其手段还是目的来说，都是以盈利为目标，都不可避免地被消费者和社会进行各种各样的评价。社会公众总可以根据其在与企业的交易过程中的体验对企业的生产经营活动做出相关评价，诸如产品质量好还是坏，企业行为善还是恶、道德还是不道德等，并由此传播给可以传播的人。传播学中有一个很有意思的定律：好事不出门，坏事传千里。这样，企业的不良生产行为就很容易被传播给其他没有与之交易的人，造成其他人与之交易的谨慎甚至回避。这个过程的重复博弈，就构成了市场的自我矫正机制。美国历史上的食品安全问题也曾经非常严重，尽管政府规制不断强化，但其始终定位于促进市场机制有效运转的职能上，通过市场的自我矫正机制，逐渐走向了一条政府治理保驾护航、企业自主治理担纲、社会治理承担辅助作用的食品安全多元共治的道路。

制度决定经济绩效。好的制度能够激励行为主体以善和道德作为行动准则，而坏的制度却激励行为主体以恶和不道德或者较低的道德水准作为行动指南。人类社会发展是一个历史过程，相应的道德评价也会随着社会发展而变化。在特定的历史时期，由于社会成员分裂为不同的利益对立的集团、阶级，人和社会的发展也是矛盾前进的，其道德评价也会呈现出矛盾的、复杂的特征。当人们仅能获得商品数量的满足时，对商品的质量以及企业道德的需求不是很强烈，因此对道德的评价相对不是很在意；而当人们对商品需求的满足从单纯的追求数量转向追求质量和对企业社会责任、伦理责任的需求时，对企业道德水准的要求就随之水

---

① 余晓菊．制度的德性——论企业伦理在企业制度建设中的灵魂性作用［J］．伦理学研究，2012（5）：84－88.

涨船高。如发达资本主义国家的消费者已经对企业是否雇用童工、是否有效保护自然环境、是否有效保护妇女儿童权益等提出了新要求，这在企业生产的SA800标准体系中得以显著体现。

由于企业的经济人特性，企业对于政府强制的规制要求，做出决策选择的考虑因素，主要有企业遵从政府规制能否产生经济效益与成本的比较、企业预期的治理压力以及企业决策层的境界（伦理、目标追求如追求永续经营还是打一枪换一个地点）等。其中，企业预期的治理压力，是指政府治理和社会治理等对违法违规生产行为产生的压力和惩罚的可能性。当企业预期政府治理和社会治理的压力较高时，企业就会降低假冒伪劣生产行为的可能性；反之，就容易提高浑水摸鱼的概率。而其预期到的政府治理和社会治理的压力，则取决于政府规制强度以及相关违法违规行为被发现并查处的概率，如执法检查的频次、规模和程度，对违法违规行为的惩罚力度（罚款、停业整顿、负面清单、清出市场、禁入等），以及各种社会力量监督强弱等。企业决策层的境界更多由企业家的道德强度和其感知到的产权保护程度决定①。尤其是当企业预期到产权保护程度较弱时，对于品牌和声誉资本的投资会显著降低，从而降低其伦理决策层次，表现为承担较少的社会责任，甚至抛开伦理道德，违法违规生产销售食品。

人类历史的特定时期，政府社会治理的目标、居民收入水平、居民消费需求与支付能力、生产者的伦理水平等都存在巨大的差异。如果单纯以经济发展为中心，忽视了精神文明、生态文明、政治文明等建设，社会制度呈现出牺牲大多数人利益和大多人发展的倾向，社会中的生产者、消费者都不能从制度中得到稳定的预期，不能有效进行长期化的声誉积累和物化资产的积累，相应的行为更多体现出短期化、短视化特征。因此，道德评价和经济价值的矛盾会更趋尖锐，同时，企业行为也会更加忽视大多数人利益、牺牲大多数人利益，不讲伦理道德的企业往往会大发横财，通过不正当竞争和不道德手段获取较大利益，并产生不良的示范效应，从而社会对道德的认同也会较低，对较高道德水准的需求和呼吁也会更加迫切；反之，当社会制度呈现出维护绝大多数人正当利益的倾向并能够有效执行时，社会道德的评价将会与经济价值的矛盾趋向一致，社会中的消费者和生产者往往因为能够得到较稳定的预期，而专注于通过达成稳定的交易合约来实

---

① 关于产权保护与经济绩效的关系，有众多学者已经进行了充分的研究。如周其仁之《产权与制度变迁：中国改革的经验研究》等。曾祥炎和林木西的《中国产权制度与经济绩效关系研究述评》一文对中国有关研究进行了比较详尽的综述。

现声誉资产和物化资产的积累，其行为更多体现出长期化的特征，道德水准低、承担社会责任意愿低的企业将会被大多数人所抛弃，较高的道德水准构成社会制度的主要内容，因此，企业伦理就更加主导企业的生产经营活动。但由于道德认知以及外在压力预期等方面存在差异，加上政府治理、社会治理等方面的波动和差异性，不同企业之间的道德水平表现就出现差异。

表 2－2　生产者与消费者的伦理道德组合

消费者 / 生产者	高道德需求	低道德需求
高伦理水平	理想的社会治理	不可持续的社会治理
低伦理水平	糟糕的社会治理	最糟糕的社会治理

当企业和消费者都表现出对高道德水平的需求时，双方的利益追求是一致的，也就是企业以高水平企业伦理和企业社会责任生产高质量商品，消费者为此付出相匹配的价格，此时道德伦理水准高的企业除了能得到正常的利润之外，还能得到相应的声誉租金，对不道德企业的产品，消费者能够坚持不消费从而由市场将其淘汰；当企业表现出高道德伦理，而消费者不愿意为高道德水准付费，并且不能有效惩罚不道德企业，那么企业的高道德伦理是不可持续的；当消费者由于经济条件好转、消费理念改进等原因从仅满足数量需求转向对更高质量产品的需求，从而对企业产生高道德伦理的需求时，如果企业不能适应这种需求或者不道德行为不能有效得到惩罚，会降低甚至抹杀消费者食品安全消费的信心，从而降低自己的支付意愿并不愿改善；更糟糕的是，企业的不道德行为得不到及时有效的惩罚，而且在消费者呈现低水平道德需求时，社会就呈现出最糟糕的治理状态，具体的表现就是，企业生产低质量的商品，消费者只愿意付出更低的价格，企业在更低价格的指挥下，更加不择手段降低成本，以获取扣除被偶尔惩罚的成本分摊和预期利润为目标，进一步降低商品的质量，此时若没有强有力的外部干预，将会导致现有社会秩序的崩溃，并最终推动社会秩序的重构，正所谓“物必自腐而后生”。但这样的社会秩序重构，社会付出的代价也太大了。

基于此，如表 2－2 所示，（高企业伦理，高道德需求）成为社会治理的理想目标，而（低企业伦理，高道德需求）和（低企业伦理，低道德需求）则是社会治理尽可能要避免的，但二者的治理方式却呈现出显著的不同，前者重心在于内生地激励企业承担社会责任，有效惩罚不良企业；后者除此之外，还要教育消费者，引导消费者改变其消费偏好。对不道德企业的有效惩罚可以来自于，政府监管和法律惩罚的强制实施，消费者用脚投票产生的优胜劣汰，社会公益性组织的引导，对政府监管的有效监督，以及社会有效惩罚压力下的企业自主治理。

作为多元治理的重要内容之一，企业的自主治理是在政府不断简政放权同时加强产权保护、促进市场竞争规范进行的过程中不断强化的。因此，作为食品安全企业自主治理的演进，应逐渐实现从强化干预市场失灵逐渐转向为构建有利于市场治理和企业自主治理发挥作用的体制机制，也就是说，要向构建食品经营企业激励相容的制度努力，实现对食品安全相关利益主体的激励相容，从而实现安全食品交易的有效实施。

二、食品安全企业自主治理的相关理论基础

（一）规制遵从与自我规制

规制遵从行为（Compliance Behavior）与规制执法（Enforcement）是一个问题的两个方面，主要指企业对待规制机构制定的各种规制标准的执行态度及相关行为。当企业在生产经营过程中选择规制遵从时，也就实现了企业的自我规制和自主治理。也就是说，只有当企业遵从规制执法措施时，执法才是有效的。[①] 1968 年，Becker 研究指出，犯罪的可能性依赖于被发现的概率以及定罪之后惩罚的严厉程度，而犯罪行为被发现的概率和定罪后惩罚的严厉程度都由政府行为所决定，由此揭开了规制遵从的研究。

作为食品安全的第一责任人，政府食品安全治理的目标能否达成，取决于企业的遵从决策，因此，规制遵从行为近来日益受到学者们的重视。在健康、安全和环境等社会性规制的相关研究中，通常都假设被规制企业对现行的规制政策和规制性行为是遵从的（Cropper & Oates，1992），但出于成本的考虑也可能选择

① 肖兴志，赵文霞．规制遵从行为研究评述［J］．经济学动态，2011（5）：135－140.

宁愿接受昂贵的处罚也不遵从，也可能因声誉需要而选择对政府规制过度遵从。国外学者认为企业的规制遵从动机主要来源于：一是特殊的消费群体愿意为目标商品支付更高的价格，激励企业自愿遵从相关规制；二是自愿遵从和配合政府规制，可以降低规制机构更严格规制的概率和频次，从而相应减少由此导致的成本；三是为了规避因不遵从规制而可能带来的更加繁重的社会责任。然而，仅仅从动机角度考察企业的遵从行为，显然是不够的。

企业决策时需考量成本和收益，当遵从政府规制时的收益以及由此减少的罚金等其他惩罚大于企业遵从政府规制而增加的成本时（即 $\Delta R-\Delta C_i>\Delta C$，其中 ΔR 为遵从规制所提升声誉带来的收益增量，ΔC_i 为遵从规制所减少的罚金，ΔC 为企业遵从规制增加的成本），被规制企业就会选择遵从政府规制；反之，如果规制遵从成本过高，使得 $\Delta R-\Delta C_i<\Delta C$，企业遵从政府规制的效率就会很低，从而治理的效率会很低。Tietenberg（1985）研究指出，企业的异质性、不同类型企业的数量、外部性的分布方式等，都会影响规制遵从成本。[①]

Becker（1968）假定政府公共政策的目标是社会福利损失最小化，其目标函数应包含违法引致净损失、预防犯罪成本以及违法行为惩罚成本。因此，社会总福利损失应为 $L=D(O)+C(\rho,\ O)+\beta\rho fO$，其中，$L$ 为社会总福利损失；D 表示违法引致的社会净损失；C 表示预防犯罪成本，且 C 取决于违法行为被发现并定罪的概率 ρ 以及违法频次 O；f 表示政府对违法行为所处的罚金，β（$\beta>0$）是转换参数，随执法机构惩罚方式而改变，从而 $\beta\rho fO$ 是执法机构对犯罪行为实施惩罚的社会总成本。因此，除其他因素外，最优规制水平还取决于预防犯罪、惩罚犯罪的成本。Becker 认为，执法并非越严厉越好，当参与人是风险中性时，定罪概率 ρ 和惩罚水平 f 一定程度上可相互替代。在其他变量不变的情况下，同时降低定罪概率 ρ 并同比例提高惩罚水平 f，有可能保证一定的遵从水平的条件下，使所耗费的社会资源最小。其隐含的基本思想是，如果实施一定的低规制频率高惩罚水平，则企业愿意自我规制，能够达到更好的规制效果。

在 Becker 之后，经济学家从执法成本大于零、考虑企业风险非中性，存在非货币惩罚以及行为人间不完全信息等假设出发，对规制遵从进行了深入研究。

Polinsky 和 Shavell（2000）考虑规制者的调查以及处罚成本等因素，认为最优罚金应为 $f=\frac{h}{\rho q}+\frac{s}{q}+k$，其中，$h$ 为企业不遵从政府规制的行为给社会带来的

① 肖兴志，赵文霞．规制遵从行为研究评述［J］．经济学动态，2011（5）：135－140.

损失，ρ 是政府规制机构发现企业不遵从行为的概率，q 是政府实施调查确认企业不遵从政府规制后对企业处罚的概率，s 是规制机构的调查成本，k 是对企业进行惩罚的成本。由于执法成本的存在，为避免企业不遵从政府规制，规制机构必须规定较高的惩罚水平才能有效威慑企业。这隐含着，食品安全的治理，需要建立起有效的惩罚机制，当企业有违法违规生产行为时，能够及时有效发现并予以相匹配的惩罚。

如果企业是风险厌恶的而非风险中性的，基于不确定性的损失和确定性收益的考虑，企业可能会对安全水平进行过度投资（即过度遵从）。最优处罚 f 除受规制者对企业行为的监测情况影响外，也受企业内部事故防范水平影响（Cohen，1987）。当规制执法成本大于零时，提高惩罚标准增加了企业破产的可能性，会导致风险中性企业可能转变为风险偏好型企业，并减少其为预防事故发生而进行的相应投资。也就是说，一味地强调对企业违法行为的惩罚，固然在一定范围内能够威慑企业，使企业按照政府规制性的行为空间从事生产经营活动，但一旦惩罚过度，则可能适得其反。因此，归根结底，合理的规制既要保持在较高水平，形成对企业的有效威慑，又不能规制过严从而使企业从风险中性变为风险偏好者，反而增加了企业违法经营的风险。对于食品安全治理的意义就是，既要建立较高水平的惩罚，使得企业遵从政府规制，同时，又要积极构建基于企业遵从的食品安全企业自主治理体系和治理框架。

在 Becker（1968）的模型中，转换参数 ρ 是一个随惩罚形式不同而变化的变量，当引入非货币惩罚时，如引入监禁、拘役等惩罚时，$\beta > 1$。若企业违法行为过于恶劣，可以对企业法人或相关责任人进行监禁等惩罚。出于这种考虑，若企业认为监禁等难以承受，则其最优选择只能为遵守政府规制。因此，监禁、拘役等相关非货币惩罚可以成为规制恶劣行为的手段。

Cohen（1997）认为，规制机构对违规企业实施的惩罚标准，应综合考虑企业违规行为对社会的危害程度及企业的事前预防努力。Arguedas 和 Hamoudi（2004）以规制有成本为前提，研究政府规制与企业技术选择和遵从程度的关系，认为企业的规制遵从水平是内生性的。

在实证分析中，学者的研究主要集中在对企业规制遵从动机的实证分析。Maxwell（2000）运用美国 1988 ~ 1992 年的数据，发现企业污染排放减少的影响因素有：企业的协调一致行动、较有影响力的环保团体、较高的产业集中度和产值规模，并且自愿减排在某种程度上是出于避免未来更严格监管的考虑。企业的遵从水平是对规制效率的最有效反应。Innes 和 Sam（2008）认为，一定额度的奖励，能够激励企业自愿进行污染防治项目的实施，能有效提高遵从水平，并降低规制机构的监督成本。

（二）激励性规制

激励性规制理论又称新规制经济学，产生于20世纪70年代末。激励性规制的核心问题是制定什么样的制度安排，使得自然垄断的成本最小化，换句话说，就是通过设计激励相容的契约，激励被规制对象能够按照规制者的预期行为，从而达到规制的目标。为解决传统规制经济学忽视信息不对称，从而规制方案和竞争替代规制根治在实践中陷入困境的规制无效率问题，以 Stigler 和 Friedland（1962）、Averc 和 Johnson（1962）的两篇开创性论文为起点，Demsctz（1968）主张用特许经营权竞标来替代规制。但在考虑服务质量和不确定性时，特许经营权竞标并不优于规制方案。

20世纪70年代，由于信息经济学及委托代理理论、机制设计理论、激励理论以及动态博弈论的迅速发展，为更有效率的规制和规制方案设计提供了新工具，加上70年代末波及全球的放松规制运动的影响，更有效率的且能够降低政府规制成本的激励性规制方案的出台势在必行。激励性规制理论的关注重心，突破和修正了传统规制经济学关于规制者与被规制者之间信息完全的假设，委托代理理论的分析框架引入了存在于整个规制过程的信息不对称，实现了从传统规制经济学的“为什么规制”转移到了“怎么进行有效率的规制”的研究主题。激励性规制理论将规制机构分为委托者（国会）、代理者（规制者），并承认规制者可能被企业或其他利益集团俘获或收买，从而创立了三层科层结构的利益集团政治的委托代理理论，在更复杂的框架下探讨规制的激励机制，意图实现更有效率的规制。

激励性规制理论因公共利益规制理论和利益集团规制理论的分野，而分别发展出公共利益范式下的激励性规制理论和利益集团范式下的激励性规制理论。[①]

1986年，拉丰和梯若尔将道德风险引入到规制模型，设计了一个最优线性激励规制方案，克服逆向选择和道德风险问题。随后，他们于1988年构建了两期委托代理模型，将激励契约的分析扩展到动态分析。萨平顿（1991）引入规制

① 张红凤．激励性规制理论的新进展［J］．经济理论与经济管理，2005（8）：63－68.

者对被规制企业经营环境的概率信息，率先提出一个重点研究道德风险问题的模型，力求解决委托人监控代理人行为存在困难时，克服代理人“不努力”的道德风险。①

Iossa 和 stroffolini（2002）创建了一个信息结构内生化模型，研究在价格上限规制下的信息获取激励和信息获取效应，同时比较了价格上限规制与最优机制。②

利益集团范式下的激励性规制理论主要的贡献者是拉丰和梯若尔。考虑到规制者自身利益及规制过程中可能存在的规制俘虏，拉丰和梯若尔（1991）在《政府决策的政治经济学：一个规制俘获的理论》中建立了利益集团政治的委托代理理论，构建了一个三层科层结构模型，重点考察被规制企业抽租和国会与代理人的代理关系对激励性规制方案设计的影响，以解决传统利益集团理论忽视信息不对称和规制机构内部的代理关系的缺陷。利益集团政治的委托代理理论认为，规制过程中利益集团切身利益大于或等于俘获规制机构的成本时，利益集团会影响政治决策从而获得相应的租。因此，需要构建一套减少或阻止规制机构被利益集团俘获的激励机制。③

激励性规制理论在一定程度上修正了传统规制理论严重背离现实的假设，对西方国家规制政策的制定与实施产生了重大影响，对具体的规制实践产生了积极的影响。但过于严格的约束条件，损害了激励性规制的适用性；同时，理论上越有效率的复杂的激励机制，越会因规制的执行难度和交易成本较高而难以广泛应用。

总之，忽视信息结构及过度抽象社会经济关系以及相关制度因素，使得激励性规制演变成探讨纯技术条件下的信息不对称条件下的政府决策或激励机制的选择，显然适用性大打折扣。但通过制度设计构建有效激励相容空间，激励被规制对象按照规制者的预期目标行为的思想，是可以借鉴并推广的。

（三）自主治理理论

针对市场失灵和政府失灵的同时并存，西方学者发展出了公共治理理论，把

---

① D. E. M. Sappington. Incentives in Principal Agent – Relationships［J］. Journal of Economic Perspectives，1991，5（2）：45 –66.

② F. Iossa，F. Stroffolini. Price – Cap Regulation and Information Acquisition［J］. International Journal of Industrial Organization，2002，20（7）：1013 –1036.

③ 张红凤. 激励性规制理论的新进展［J］. 经济理论与经济管理，2005（8）：63 –68.

政府的角色从单一社会治理者转化为多个参与公共治理的主体之一。自主治理是公共治理理论的一个重要内容。

为表彰埃莉诺·奥斯特罗姆在经济治理，尤其是在公共资源治理方面的卓越贡献，2009 年的诺贝尔经济学奖授予了她。她的相关研究表明，可以通过合理的制度安排，由公共池塘资源的使用者实现自主治理，其结果优于相关标准理论所预测的结果，这颠覆了传统观念，即公共财产不能通过自主治理有效实施，只有政府才能有效管理或完全私有化后才能有效管理，为公共资源的治理提供了一条新的思路（Ostrom，1990）。其代表作《公共事物的治理之道：集体行动制度的演进》充分展现了她的这一思想。

自 20 世纪 80 年代起，公共池塘资源自主治理的制度分析与发展框架（Institutional Analysis and Development Framework，IAD Framework）就成为她的研究重点，在对 5000 多个小规模公共池塘资源的案例研究基础上，证明了国家与市场之外的第三条道路的存在。[①]

制度分析与发展框架的逻辑起点来自于迈克尔·波兰尼。在波兰尼看来，“多中心秩序是与指挥秩序相对而来的，同时，‘多中心’与‘自发的’基本一致，即多中心在产生与发展有序关系方面是‘自生的’与‘自发的’。多中心允许个人决策者依据公共指定的法律规则进行自主治理。”[②] 除此之外，法国著名思想家托克维尔，对“政府能够管理本地的事务”与“公民为自己做事”进行了比较，认为后者能比前者创造出更大的社会福利，并进一步指出法国单中心结构与美国多中心结构之间的基本差异。受波兰尼和托克维尔的影响，埃莉诺的丈夫文森特·奥斯特罗姆认为，多中心的自发性与满足特定条件的建构直接相关。1961 年，他发展出“多中心政治体制”的概念，认为：集体中的任何个人能够以他们认为合适的任何方式来解决他们面临的集体选择问题。[③] 受丈夫文森特的影响，埃莉诺在一项关于南加利福尼亚地下水流域管理情况的调查研究中，通过对美国大洛杉矶地区南部发生的抽水竞赛，以及由此引发的地下水资源退化、相关诉讼博弈等的观察，发现相关利益者共同构建了一个复杂的多中心协调系统，来解决相关争端和冲突。尽管这一多中心系统没有提供完美的治理结果，但却比

---

① 王群．奥斯特罗姆制度分析与发展框架评介［J］．经济学动态，2010（4）：137－142.

② 迈克尔·麦金尼斯．多中心治道与发展［M］．上海：上海三联书店，2000：75.

③ 樊晓娇．自主治理与制度分析理论的进化——埃莉诺·奥斯特罗姆学术思想发展的逻辑轨迹［J］．电子科技大学学报，2012（1）：7－14.

附近其他州的流域更好地解决了许多问题，这一事实成为埃莉诺此后形成多中心治理的重要思想来源。

与此差不多同一时间，奥尔森（1965）的《集体行动的逻辑》以及哈丁（1968）的《公地悲剧》两本著作相继问世。与奥尔森和哈丁所研究的集体行动的困境不同，埃莉诺认为，西部流域案例中，并没有依赖于政府，而是在当地公共企业及不同的个人间的相互博弈中，演化发展出了一种解决集体行动困境问题的有效方案。因此，在奥尔森和哈丁集体行动研究的基础上，埃莉诺认为存在着一种集体行动选择困境的解决之道。

1969～1970年，埃莉诺梳理了政府改革与公共物品或服务的研究，认为存在着市场改革论者和公共经济学两种研究路径：前者认为，政府规模与公共物品或服务提供的效率及质量成正比；后者则认为，政府规模对公共物品或服务的效果取决于公共物品或服务的类型。埃莉诺通过对印第安纳波利斯市及芝加哥的各治安部门实地调查发现，中小规模警察部门的社区中，家庭获得的服务水平更高，治安水平更高，社区警察服务满意度的评价也更高。此后，埃莉诺对两个贫困的黑人社区和与之相似的芝加哥三个社区的警察服务进行了调查，发现警察部门规模越大，警察服务的人均成本和家庭受害率反而越高。通过一系列研究，埃莉诺发展出“合作生产”概念，试图从居民是重要的合作生产者出发，解释中小规模警察部门的服务更有效率更有质量的原因。

基于对斯密多中心秩序论和霍布斯单中心秩序论的思考①，埃莉诺在《公共服务的制度建构：都市警察服务的制度结构》一书中发展了大都市区公共物品或服务提供的多中心秩序论，认为合作生产者相互竞争与合作能够有效地解决公共服务供给；对复杂政策问题而言，授权给社区让其自己解决自己的集体问题具有现实的优势；包括居民在内的合作生产者与公共机构是作为竞争者与合作者的角色而存在的。在此基础上，埃莉诺最终提出了多中心竞争与合作理论。

埃莉诺认为，制度分析与发展框架是综合了多种学科的一组分析框架

① 亚当·斯密的市场秩序论认为，“在一组人们认同的规则之中，许多人追求自身利益独立的努力可能会导致有益的结果”，即在一个明确和确定的法律框架下，能够通过实施产权和契约安排在市场中的各主体进行相互竞争而产生正向激励，以达到较优的结果。霍布斯则认为，自主组织与竞争导致战争状态，因而有必要加入一个单一权利中心来支配所有的社会关系，并把合并与秩序强加给他人。现实中，人们的政策方案常常被局限在两种秩序论的框架之中，一旦出现市场失灵，就习惯性偏向于运用霍布斯的秩序理论，即让国家接管市场；出现政府失灵时，就转向斯密的秩序理论，建议实施市场民营化。这种非此即彼的习惯性思维，在某种程度上将思维局限在两个极端，不利于集体行动困境的解决。

(Ostrom et al.，1994)，该分析框架将人们的行为分解成若干相互关联、牵制的组成部分，既可以用来研究静态制度安排，又可以用来研究动态制度安排。如图2－2所示，一个完整的制度分析与发展框架应该包括7组主要变量：

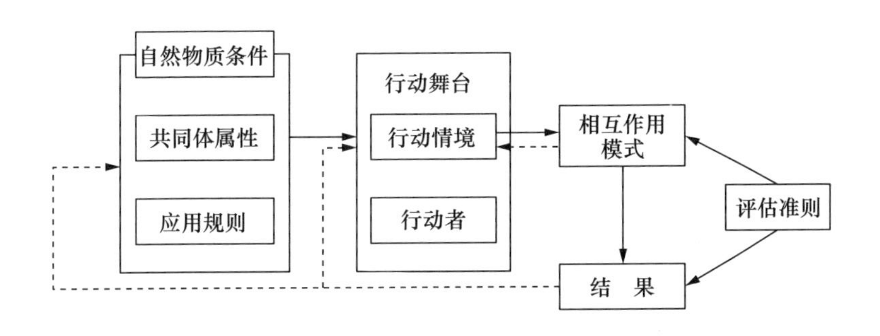

图2－2　制度分析与发展框架

埃莉诺认为，制度分析与发展框架中的7组变量在公共池塘资源和市场及立法中具有普遍的适用性和解释力，甚至可以摆脱路径依赖难题。运用制度分析与发展框架进行分析时，首要任务是确认一个概念单位，即所谓的行动舞台，关键是搞清楚行动舞台中行动情景和行动者与外生变量的影响作用和反作用(Ostrom，1999)[①]。也就是说，行动舞台既是一个自变量，又是一个因变量(Ostrom，2005)[②]。在2009年末的诺贝尔讲座中，奥斯特罗姆行动舞台和行动者，仅保留了行动情景，充分表明了行动情景的极其重要性。

埃莉诺的自主治理理论作为一种广义的自主治理，揭示了一个小的社群通过有效的承诺和信任机制的构建，实现了社群内公共资源的有效配置。这为食品安全治理研究提供了思路：在一个信息不对称程度较低的社群内，通过自主治理，是能够有效提升食品安全水平的；进一步地，通过有效的制度安排和制度优化，激励企业主动提升伦理道德水平，加强企业自律，也就是推进企业自主治理，是有可能实现食品安全治理目标的。问题的关键就演化成为：企业自主治理能不能实现？在什么样的交易类型和契约结构下能够实现企业的自主治理？

---

① Ostrom E. Institutional National Choice：An Assessment of the Institutional Analysis［A］// P. A. sABAtier（ed.），Theories of the Policy Process. Boulder［M］. Co：Westview Press，1999.

② Ostrom E. Understanding Institutional Diversity［M］. Princeton University Press，2005.

三、企业自主治理内容与实现机制

（一）企业自主治理及其工具

自主治理是对政府规制为主体的政府治理和第三方治理的有效补充。如上节所述，分为广义自主治理和狭义自主治理。广义自主治理是指企业自身、部分区域或行业的食品企业乃至整个食品行业按照国家法律法规的相关要求，主动进行的对自身经营活动的有效约束，作为获取消费者信任以及谋求行业特殊利益的行为和手段。狭义自主治理是指企业自身基于一定的伦理道德，主动实施的标准制定、规范生产、安全自检、资质认定、流程管控和问题产品召回等获取竞争优势的约束自身的行为。本书主要研究狭义的企业自主治理。

王旭（2016）总结了《食品安全法》（2015 版）中三种类型的企业自主治理：一是企业的自我规制，涉及建立标准、环境监控、自我追溯、安全自查、危害与关键点控制体系、全过程的查验制度、食品召回制度；二是平台企业根据合同进行的自我治理，涉及集中交易市场开办者对相关供应商、柜台承租者、入场食品经营许可证查验、经营环境检查等，网络交易平台对入网食品经营者的审查管理、食品广告的管理等；三是行业协会与企业的合作规制，涉及企业与行业和国家共同制定相关标准、检验检疫、信息技术服务、奖惩等。[①] 本书研究的企业自主治理主要是前两类，即企业的自我规制，具体包含以下内容。

1. 建立标准

企业在相关国家、地方和行业标准基础上，出于品牌声誉的需要和经营管理需要，建立更为严格和精益求精的企业内部标准，从而能够被国家与市场检验和监督，并成为企业区分竞争对手，实现与较低标准生产的分离均衡的信号工具。同时，对于新开发的尚未有相关食品国家和行业标准的，企业应尽到安全审查义

① 王旭．中国新《食品安全法》中的自我规制［J］．中共浙江省委党校学报，2016（1）：115－121.

务。与此同时，国家积极推动企业将企业标准上升为国家标准，以提高食品安全水平。《食品安全法》（2015 版）第三十条也明确，鼓励食品生产企业制定适用于本企业的严于国家标准的企业标准，报省级人民政府卫生行政部门备案。

2. 生产环境监控与交流

企业对其自身的生产经营场所的卫生环境、设备设施、生产经营从业人员、生产布局、健康管理等涉及影响食品生产的相关内外部环境的监控和管控措施与规定。这些要素和相关生产条件涉及企业食品生产经营的各个方面和每一个环节，对于食品安全具有显著意义，因此，新的《食品安全法》也对上述相关方面进行了严格的规定。这也是企业正当经营必须遵守的和必须严格执行的。同时，积极鼓励企业与公众进行多种形式的交流，促进企业自身生产环境监控水平提升和公众深入到企业了解相关信息。

3. 自我追溯

食品行业的工业化生产由于分工而形成的供应链，涉及众多企业。可追溯的体系建设，是企业进行风险控制、明确责任的必然要求。[①] 食品安全的自我追溯，也是企业发现食品安全问题时进行主动召回或者强制召回的前提，国家法律对追溯体系的建设有明确的要求，并鼓励食品经营企业采用信息化手段建立视频追溯体系。基于大数据的追溯体系建设，也成为食品安全治理的重要内容。

4. 安全自查

我国食品安全相关法律规定，企业须定期进行食品安全状况自我检查评估，发生不符合食品安全要求的生产经营条件变化，须立即采取整改措施；如存在相关食品安全事故潜在风险，应立即停止相关生产经营活动，并及时进行报备。这里尤其强调了食品安全潜在风险，既是与风险评估和风险交流制度的对接，又体现了食品安全治理从事故处理向风险管控的预防性治理的转变。

5. 危害分析与关键控制点体系（HACCP）

HACCP 建立在对潜在风险的科学分析和关键点的控制性从而从源头上有效预防潜在风险发生的基础上，是食品安全治理从事故发生后的惩治转向有效风险管控的关键。法律规定，国家鼓励企业符合食品良好生产规范（Good Manufacturing Practice，GMP）要求，并鼓励企业实施 HACCP 控制体系，对符合该体系

① J. Balzano. China Food Safety in Law：Administrative Innovation and Institutional Design in Comparative Perspective［J］. Asian－Pacific Law & Policy Journal，2012，13（2）.

的企业予以认证，希望通过食品供应链的风险控制与监管分解整体风险。

6. 全过程的查验制度

食品安全涉及整个供应链的方方面面，整体性的食品安全治理要求供应链的各个阶段能够相互监督、共同维护食品安全。《食品安全法》（2015）明确规定了食品供应链各环节各企业对上一阶段食品安全的查验制度，如供货者的许可证和产品合格证明文件、食品出厂检验记录、生产日期等。

7. 食品召回制度

食品召回分为两种：一种是政府实施的强制召回制度；另一种是企业主动实施的召回，是基于提供安全食品义务而采取的自主治理手段。一旦发现不符合食品安全标准的，或者有证据表明可能危害人体健康的，企业应当立即停止生产，并主动实施召回和相关工作。

8. 平台企业根据合同进行的自我治理

涉及集中交易市场开办者对相关供应商、柜台承租者、入场食品经营许可证查验、经营环境检查等，网络交易平台对入网食品经营者的审查管理、食品广告的管理等。

周应恒和王二朋（2013）总结了中国食品安全中的“无知”问题和“缺德”问题。显然，食品安全治理主要是解决好败德行为造成的食品安全问题，即“缺德”问题。企业在日常经营中如果能做好上述相关方面，对于一般的食品安全风险也就能够有效防范。

因此，相关的治理，应着眼于通过制度设计推动企业自己规避败德行为，主动实施自主治理。基于自主治理的制度设计，就是通过相应的制度供给，构建有效的市场优胜劣汰秩序，推动道德伦理水平较高的企业能够主动持续实现自我约束，使其通过声誉投资，能够在市场竞争中获取竞争优势并获取声誉租，而不注重声誉投资的企业难以通过有效竞争获取竞争优势。同时，由政府治理和社会治理有效淘汰丧失伦理道德违法违规生产经营食品的企业。

（二）企业自主治理的实现机制——声誉

由上述分析可见，食品安全企业自主治理的关键，就是通过制度设计构建激励相容空间，建立有效的制度约束和市场约束机制，激励企业按照食品安全的需要进行生产经营。在有效的政府治理和市场治理下，好的制度，能够有效约束恶的念头和行为，并能对恶的行为和结果进行有效的惩罚，能够激励更多的企业向善，也就是激励更多的企业主动提高伦理道德水平，主动承担社会责任，主动规范自己的生产经营行为，降低食品安全风险；而坏的制度，往往缺乏对恶的有效约束和惩罚，则可能激励企业竞相降低伦理道德底线，为牟取暴利，生产假冒伪劣食品，大大增加食品安全风险，甚至恶意制售有毒有害食品。

因此，立足于企业自主治理，优化制度安排，为企业自主治理提供良好的制度供给，是改善食品安全治理的有效路径。同时，从现实中看，食品安全还具有公共品的特征，也需要企业自主治理与政府治理、市场治理有机融合，实现食品安全治理的目标。

交易的履行需要一定的履约机制，其可分为单方独裁性履约机制、双方自我实施的交易履约机制和第三方履约机制。声誉机制具有自我实施的性质，是保证合约正常履行的重要机制之一，且能降低交易成本。亚当·斯密曾指出，荷兰商人忠于诺言并有良好的声誉是荷兰成为 17 世纪最发达商业国家的最主要原因。格雷夫（Greif，1989）认为，马格里布在中世纪时代能够实施长距离的地中海沿岸贸易，就在于信奉伊斯兰教的马格里布商人具有明显的身份特征和集体凝聚力，从而使得他们可以相互雇用以贸易代理商身份进行长距离贸易。维系这种集体凝聚力依赖于对欺骗过集体其他成员的代理商所实施的集体惩罚——不再雇用其作为代理商——使得马格里布商人努力保持良好的声誉。

企业有效进行食品安全自主治理，能够增强企业声誉，提升消费者对产品的认可度进而有效提升顾客忠诚度和消费需求，并能与顾客建立更强交易关系从而增加未来收入，获取更多企业发展、提高核心竞争能力的资源。基于声誉机制和产品责任制的不同惩罚基础和作用机理，一般可以利用产品责任制在短期内加强对企业的威慑和机理，而在长期，主要依赖声誉机制促进企业主动实施自主治理，提高顾客忠诚度，并通过声誉资本作用，向社会公众和潜在的消费者传递安全的食品信息，降低潜在消费者对企业搜寻和评价的成本，吸引优秀员工加盟获得优秀人力资源；通过声誉从社会响应性投资者那里获得金融资源等；实现向利益相关者传递企业良好声誉信息，提高利益相关者对企业的认同度和满意度，降低其对价格的敏感程度，进而使得利益相关者对企业的决策产生影响，并形成道德资本，获取利益相关者的好感和信任，降低企业运行的外部成本，从而为企业提供类似保险的保护。一旦发生不利于企业的负面事件，企业业已建立的道德资本，可以有效缓冲利益相关者对企业的不良印象，使利益相关者趋向于认为负面事件的发生非企业管理者蓄意或恶意所为，而更可能是因为企业管理不够严格或经营不足所导致，从而为企业通过积极采取相应措施恢复公众信任奠定基础。

针对法律和信誉的替代和互补作用，张维迎指出，许多复杂的交易都需要法律和声誉同时起作用，缺一不可。蔡洪滨（2006）也强调指出，企业信誉的建立是一个动态演变的过程，即便最差的均衡，如果满足一定的条件，通过足够长时间的相互博弈，也会实现从低效率状态的均衡到高效率状态的均衡的转变，进一步地，这种转变的快慢决定了社会总体效率。史晋川（2015）则强调，这种转变的快慢，取决于市场法律和经济制度环境的优劣，好的有效率的法律制度与声誉机制的搭配，能更好地维持有效率的交易秩序。

一般而言，声誉机制（Reputation Mechanism）包括双边声誉机制和多边声誉机制。前者是指两个交易者自愿遵守当前的交易合约，并保证不背叛的一种自我实施机制；后者则是多个交易者自愿遵守当前的交易合约，并保证不背叛的一种自我实施机制。通常情况下，多边声誉机制的有效实施，要求交易各方之间的信息充分交流、对共同认可的规范的尊重以及对不合作者的有效惩罚等条件。多边声誉机制中，龙头企业需要承担更多的责任，引领相关交易者主动承担集体声誉的义务。有效的声誉机制的实施依赖于交易的规模、交易范围和交易频率。交易频次越密集，声誉的可维持性就越强；反之，就越缺乏持续性。

Kreps 和 Wilson（1982）与 Milgrom 和 Roberts（1982）从声誉对行为决策的影响以及声誉机制的机理出发，创立了 KWMR 声誉模型。在他们看来：消费者充分经常地重复购买相关厂商的产品或服务（也就是博弈的时间足够长，重复次数足够多），厂商就有高稳态声誉投资的动力，保证持续的产品或服务的质量。鉴于厂商的良好声誉会给厂商带来长期收益，企业需要与消费者采取合作的态度，也就是尽可能保证持续的产品或服务的质量满足消费者的需求，尽管这种合作可能会给厂商自身带来损失或增量成本。

声誉作为一种激励，在给厂商带来利益的同时，也给厂商以约束。基于此，Holmstrom（1982）从法玛（Fama，1980）的有效市场理论假设出发，建立了代理人市场声誉模型，认为有效的声誉投资能够有效替代显性激励契约。

以分工和合作为基础的市场经济是建立在信用体系基础之上的，信用是连接不同经济主体之间关系的纽带。企业如能建立良好声誉，取得消费者的价值认同，能够显著提升企业竞争能力并提高市场份额，从而，声誉机制可以替代针对企业的各种显性管理约束。反之，当企业行为有损企业声誉，且被消费者知晓并广为传播，消费者会拒绝再购买企业的产品和服务，严重的甚至可能导致企业陷入危机。因为企业盈利能力和企业的声誉密切相关，同时企业的盈利能力直接影响企业内部成员的利益，因此，企业的声誉形成对企业及其内部成员的有效约束，替代了各种强制性的外部约束。声誉机制也就从事实上构成了对企业生产高质量商品的正向激励，实现了将社会对企业的要求内化为企业对企业内部的约束从而成为生产、销售高质量商品或服务的内在激励，形成有效的能够自我实施的机制。

在互联网已经深入到人们生活的方方面面，移动信息处理终端已经智能化普及化的时代，信息的传播呈现出了便捷化、低成本化、多通道化，同时社会价值观更趋多元化，企业经营中的负面信息，极可能通过互联网迅猛传播并给企业带来难以想象的声誉损失，甚至招致灭顶之灾。尤其是在备受人们关注、信心不足的食品安全领域，企业食品安全方面的生产经营的不足一旦被新闻媒体或者社交网络传播出去，对于企业的声誉损失是无法估量的。因此，具有企业伦理的以持续经营为目标的食品生产经营企业必须小心谨慎地进行声誉投资。而同样地，在声誉领域投资的成效也是显著的。甘其食短时间内迅速成长为杭州人民热爱的包子品牌，并成为包子行业唯一一个被风险资本注资达 8000 万元的企业，就充分证明了食品生产经营领域声誉投资的重要性，以及对传统生产经营模式的重大转变。

一般而言，企业的声誉外在表现为社会和消费者对企业的品牌形象、价值认同、情感归属、质量水平等方面的认可和接受，进而通过消费者购买倾向和购买结果影响到企业的经济绩效。

博弈中具有不同风险态度或拥有不同信息的参与人，可以使用策略行为去控制和操纵不完全信息博弈中的风险和信息。[①] 由于规制者对企业的信息难以有效收集和处理，因此，可以通过以声誉机制为基础的激励性规制实现食品安全治理的目标。

声誉是推动有社会责任的持续经营的企业有效自主治理的基础，然而现实中难以有效实现分离均衡，使得合法合规生产的企业不能有效与其他企业分离并得到消费者的认可，这也是现行食品安全治理亟待解决的问题。

由于市场交易中存在的信息不对称，如何有效签订合约并确保合约履行，是

① 阿维纳什·迪克西特，苏珊·斯克丝，戴维·赖利．策略博弈［M］．北京：中国人民大学出版社，2012：275.

不完全合约理论研究一直着力解决的问题。尤其是，在信息不对称条件下交易各方在实施交易过程中普遍存在机会主义倾向，交易参与者是否能够签约、履约，均有赖于其对相关行为的权衡和相关约束是否有效执行。国内外食品安全状况的差异，进一步证实了不同食品安全治理制度的效率差异，进一步证实了能否在信息不对称条件下，有效约束交易各方的机会主义倾向，确保交易参与者有效签约、履约，是能否有效进行食品安全治理的基础，换言之，企业在什么制度约束下，才能有效自我约束，用符合企业伦理的道德生产行为，确保食品安全？

梯若尔在《产业组织理论》一书中对企业生产动机进行了详尽阐述。在 Nelson 将食品分为经验品、搜寻品和信任品基础上，基于食品生产者和消费者之间的信息不对称，梯若尔认为食品交易中存在大量的生产者的机会主义行为即道德风险和消费者预期假货泛滥不愿购买的逆向选择，这成为食品安全问题的根源所在。[①] 针对贸易中的信息不对称，梯若尔提出企业可以通过提供质保、打广告等发信号手段来解决，但他同时指出，这些手段由于食品安全信任品的属性而往往无法让消费者信服。另一种有效的实施途径就是企业声誉机制（Klein - leffler, 1981; Shapiro, 1983），也就是通过建立企业声誉，激励消费者重复购买并逐渐建立对企业的信任。

在信息较为完备时，在企业与消费者和企业与契约之间的博弈中，企业能够获得足够的激励生产高质量的食品，这时候完全可以通过企业的自主治理而不是政府强制的规制措施来实现食品安全治理目标。此时，政府只需要提供必要的外部制度环境，也就是能够有效保护产权、有效打击不良生产行为的好的监管制度安排，如果不能，则需要政府以此为目标，对相关制度安排进行优化。

事实上，在一个监管制度比较健全、市场机制能够有效运行的市场中，信任品如食品生产企业的失德违法行为较易被发现，故丑闻较少发生。当某生产企业遭受质量丑闻的意外曝光时，一般会被消费者视作偶发个例，而对政府的监管和整个行业仍有足够的信心。反之，在监管制度不健全、市场机制不能有效运作的市场，很容易发生竞争效应和传染效应，消费者对整个国家的监管和整个行业丧失信心。[②]

---

① 余建宁．诺贝尔经济学家给中国食品安全问题的启示［J］．经济资料译丛，2014（4）：71－75.

② 王永钦，刘思远，杜巨澜．信任品市场的竞争效应与传染效应：理论和基于中国食品行业的事件研究［J］．经济研究，2014（2）：141－154.

第三章　食品安全企业自主治理四维约束的现实考察

如前文所述，企业的生产经营是在一定约束下进行的，这些约束主要由制度约束、市场竞争约束和伦理道德约束等构成。外部约束通过企业的感知进而和内部的伦理道德约束共同作用，影响企业的伦理决策。企业能否保持较高的伦理标准，主动承担社会责任，合法合规生产安全食品而不是违法违规生产不安全食品，主要与以下因素有关：一是与企业感知和预测到的制度压力预期（P_A）相关，也就是与政府治理的制度约束相关；二是与消费者的意愿支付所带来的市场压力预期（P_B），以及社会组织监督所带来的社会约束（P_C）相关；三是和企业决策层的道德素质以及其对自身财产权得到保护程度的伦理约束（P_D）相关；四是与其持续经营目标等其他因素密切相关。如图 3－1 所示。

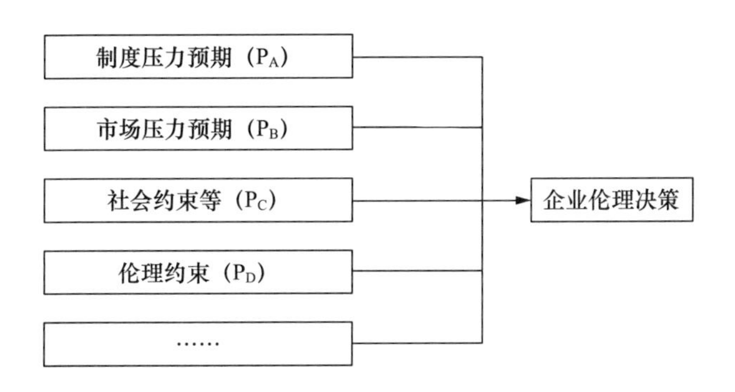

图 3－1　伦理决策框图

本章就企业自主治理面临的四维约束机制，即制度约束、市场约束、伦理约束和社会约束展开分析。

一、企业自主治理的政府约束

（一）制度与制度环境

制度决定经济绩效，是制度经济学的最核心观点。这是因为，相应的制度安排决定一个社会中核心经济要素的激励和激励结构，从而对这个社会的物质资本、人力资本投资、技术和生产组织等产生重大影响（Acemoglu and Robinson，2004）。

凡勃伦和康芒斯强调制度的“自然性”和建构性。在凡勃伦看来，制度应被理解为自然习俗，是类似公理的、社会生活必不可少的东西。而在康芒斯眼中，制度则是对社会有利的强制性的社会控制手段，其实质是“集体行动控制个体行动”①。

新制度主义更多地关注特定体制形态内的相互作用。以科斯、诺思、威廉姆森等为代表的新制度经济学者，从两个不同的侧重面理解制度：一是从交易成本范畴出发，认为制度包含了市场、组织和组织间的契约关系等一系列治理交易活动的结构；二是制度可以被理解为，旨在约束制度内个人行为的一系列被制定出来的规则、守法程序和行为的道德伦理规范，诸如人们有意识设计的各种正式规则约束（如宪法规则），以及演化的非由人们有意识设计的习俗、惯例等非正式规则约束。正如诺思（1993）所言：“制度是人所发明设计的对众相互交往的约束。它们由正式的规则、非正式的约束（行为规范、惯例及自我限定的行为准则）和它们的强制性所构成。”因此，在制度构成上，新制度经济学把制度划分为正式制度、非正式制度以及更加重要的制度实施机制。

正式制度是人们基于特定目的，而有意识创造的各种政治规则、经济规则和契约（包括治理社会的各种法律法规和政策），以及由这一系列的规则生发和构

① 康芒斯．制度经济学（上册）［M］．上海：商务印书馆，1962：87.

成的秩序。正式制度涵盖了宪法、成文法和不成文法，以及各种特殊的细则和个别的契约，这些正式制度共同约束着人们的行为。林毅夫指出，在经济增长时出现的制度不均衡，有些可以由诱致性创新来消除；有些则将因私人和社会在收益、费用之间的分歧而继续存在。若诱致性创新是新制度安排的唯一来源，那么社会中制度安排将出现供给不足，少于社会最优需要。①

非正式制度是指人们共同恪守、约定俗成的行为规则，其产生于人们长期社会交往中的博弈并在无意识状态下世代相传，成为大家共同遵守的行为规则。

实施机制是制度的第三个部分，也是最重要的部分。制度是否有效，除了跟正式规则和非正式规则是否完善有关外，更主要的在于制度的实施机制是否健全、是否能够有效实施。缺少了实施机制，任何制度尤其正式制度都将成为悬置的摆设。制度实施机制是否有效或是否能够有效实施，主要看制度内行为人的违约成本的高低和惩罚是否有效。强有力的实施机制能有效提高违约成本并形成对潜在违约者的强大威慑，减少违约行为和违约现象的发生。

正式制度、非正式制度和实施机制的共同作用，为行为主体在有效的制度环境内行为提供了预期和规则，也就是制度约束。制度环境的各个子系统相互影响而又相互合作。制度本身也具有稀缺性特征，因此，新制度的创设和制度的演化，使得新制度与现行制度间的冲突和矛盾将始终伴随，制度变迁的过程也就表现为重新改变或调整个人和利益集团的利益格局的过程。

科斯传统新制度经济学的目标是，研究制度演进背景下制度内的人如何决策以及这些决策又如何影响世界，其特点是以产权、交易成本、经济组织等为核心，侧重从微观个体角度分析研究制度的构成、运行以及制度在经济生活中的作用。

科斯于 1937 年在其经典论文《企业的性质》中，提出交易费用这一概念，经济分析的核心从生产转向了交易，并在此基础上形成了所谓的“科斯定理”。此后，企业理论、产权理论、交易成本理论、制度创新与变迁理论、契约理论、公共选择理论等逐渐兴起。交易费用理论及其派生理论，使制度分析成为一种被广泛运用的分析工具，在制度与人类行为的关系以及制度和人的行为与经济效果之间的关系方面具有很强的解释力。

---

① 林毅夫．关于制度变迁的经济学理论：诱致性制度变迁与强制性制度变迁［C］//科斯，阿尔钦等．财产权利与制度变迁——产权学派与新制度学派译文集．上海：上海三联书店出版社，1991：274.

产权理论主要说明如何通过界定和调整产权的制度安排，降低交易费用，提高资源配置效率（科斯等，1996）。交易成本理论主要研究交易成本及其测度、交易类型与契约治理结构，以及不同组织形式的交易成本等（迪屈奇，1999；克劳奈维根，2002）。制度创新与变迁理论主要探讨制度起源及其变迁，如制度变迁的主体、动力、方式、类型以及路径依赖等，旨在说明制度因素在经济发展中的作用（科斯等，1996）。

契约理论可分为委托代理理论和不完全合约理论两个发展阶段。其中，主流的是不完全契约，即在契约不可能完全的条件下，契约条款是如何将交易者的负激励降到最低点。克莱因（2011）通过构建模型分析了契约条款如何为自我执行机制的运行创造便利条件，而声誉资本的存在为契约的自我执行提供了保证。委托代理理论是以信息经济学为基础，研究各种委托代理关系的性质以及如何进行最优机制设计（陈郁，1998；科斯，1999）。不完全合约理论主要是研究合约不完全性的原因，以及由此引发的权力和控制的有效配置问题。

基于科斯传统的新制度经济学，还发展出了新经济史学、公共选择理论、法经济学等，进一步深化了制度环境、正式规则与实施机制的研究。此外，制度分析应用于微观经济组织研究过程，丰富和发展了现代企业理论、经济组织理论、现代金融契约理论等。

制度经济学的前一条主线是在演化经济学框架下进行的。在纳尔逊、温特等演化经济学家的努力下，在有限理性、演化、制度等方面共识的基础上，从动态和生物学演化观的角度深入考察人类行为特征，以及这些行为特征与经济增长和经济制度变迁的关系，力图发展动态的演化制度分析框架，实现对正统的静态均衡制度分析框架的超越，取得了显著的成果。演化分析一方面强调技术变迁基础上的演化制度分析，强调惯例性企业行为；另一方面，沿袭哈耶克“社会秩序”和“扩展秩序”中的自发演化思想传统，运用现代博弈论分析制度的形成与演化过程，即演化制度分析。乌尔曼·玛格里特（Ullmann－Margalit）断言，可以从重复的囚徒困境博弈中自发地演化出来有效率的规范或制度。肖特尔（Schotter）则坚称，最优的制度可以在重复的囚徒困境博弈中演化出来。梅纳德·斯密斯、罗伯特·萨格登等则认为，因为经济主体的有限理性，他们不可能正确知道自己所处的利害状况，但可以通过观察和模仿等被认为是最有利的战略，而最终达到经济中稳定的均衡。

20 世纪 90 年代以后，以青木昌彦为代表运用演进博弈论框架所进行的比较制度分析，认为制度可以概括为关于博弈重复进行的主要方式的共有信念的自我维持系统，社会体制是由历史的初始条件以及过去的环境变化过程、社会中进行的实验、政府的介入以及同异文化的接触等决定的。

青木昌彦创立的博弈均衡制度观，认为相互依赖的制度构成了整个制度环境的均衡状态。[①] 作为具体的制度安排，交易规则很大程度上依赖于其运行的制度环境，交易规则的有效性是博弈均衡的结果；同一规则在不同的制度环境下往往会产生不同的效果。鲍莫尔区分了企业家的活动，将其分为生产性活动、非生产性活动和破坏性活动，证明了并非所有的企业家活动都是对社会有利的。[②] 一个国家或地区，专注从事生产性活动的企业家越多，从事破坏性活动的企业家越少，这个国家或地区的企业伦理道德水平就越高，对这个国家的经济发展就越有利；反之，这个国家或地区越容易陷入道德旋涡，这个国家或地区的经济发展越困难。Sobel 使用 2002 ~ 2007 年美国 48 个州的相关数据，首次从经验上证实了：制度质量和制度结构决定了生产性企业家的经济行为，好的制度能够有效鼓励生产性的企业家活动，进而能够保持较高的经济增长率。[③] 万华林和陈信元的研究也表明，减少和改善政府干预、加强法律保护有利于减少企业非生产性支出。[④] 因此，一个国家或地区，生产性企业家总量的变化，不是由人口中具有企业家才能的潜在供给变化引起的，而是很大程度上由制度结构也就是制度的质量引起的，这是因为，不同的制度环境决定了不同企业家活动类型的报酬前景。

制度影响行为人的预期，并为行为人的行为提供制度环境。制度环境为行为人提供了形形色色各种各样的正式的或非正式的博弈规则，规范和约束了包括企业家活动在内的人类交往行为，减少了交易和生产成本，相应地提高了经济绩效。[⑤] 一般认为，较高水平的法治、较好的政府治理和良好运转的市场机制等是市场经济有效运转的基础，是经济增长的基础。

---

① 青木昌彦．比较制度分析［M］．周黎安译．上海：上海远东出版社，2011.

② Baumol W. Enterpreneurship: Productive, Unproductive, and Desstructive［J］. Journal of Political Economy, 1990, 98 (5): 893 - 921.

③ Russell S. Sobel. Testing Baumol: Instituional Quality of Institutions［Z］. World Institute foe Devolopment Economics Research Working Paper, No. 07, 2009.

④ 万华林，陈信元．治理环境、企业寻租与交易成本——基于中国上市公司非生产性支出的经验证据［J］．经济学（季刊），2010 (1): 554 - 567.

⑤ North D. C. Institutions, Institutional Change and Economic Performance［M］. Cambridge: Cambridge University Press, 1990.

因此，制度的好与坏就决定了经济运行中企业家的行为。企业家是选择承担企业社会责任还是拒绝承担企业社会责任，是具有较高的伦理道德水准还是较低的伦理道德水准，就由制度的好坏来决定。一个能够惩恶扬善、灭浊扬清的制度结构，有利于激励企业伦理道德水平的提升，遏制企业家的机会主义倾向；一个不能有效惩罚不道德行为的制度结构，不但不能激励企业主动承担社会责任，反而由于不道德企业能够通过不道德的行为获得超额利润，不但产生了负的外部性，还产生了极其不良的示范效应和竞次效应[①][②]。较好的制度质量能够有效降低交易成本，减少政治游说和犯罪等非生产性企业家活动，能够实现交易规模的扩大以及更加专业化的分工，富有创造性的个人更有可能通过产品革新等生产性的企业家活动创造财富；当没有良好的制度时，对产权、合同不能有效保护则无法减少不确定性和机会主义行为，相同地，这些人可能尝试通过游说、诉讼等政治和法律手段甚至是直接的犯罪手段来转移财富。[③][④] 因此，当一个国家的企业家大多采取山寨或者偷工减料方式生产产品而得不到有效的惩罚时，具有较高伦理道德水平的企业家的产权得不到有效保护，在竞争中就会处于劣势，甚至有可能被驱逐出市场。在此情况下，企业家预期到不道德行为得到惩罚的概率较小，因此他的理性选择就是采取同样的甚至更加恶劣的不道德行为进行生产；反之，当不道德的生产行为能够得到及时有效的惩罚（不管这些惩罚是来自于政府的强制力抑或是消费者在知晓相关信息后的用脚投票再或者是社会第三方组织有效组织的抵制行为等），正规生产企业的合法利益能够得到有效的保护，消费者的道德预期也能维持在较高水平，企业的理性选择就是提高产品质量、积极创新、实行差异化竞争。这本身不但是承担社会责任的行为，更能通过其经营活动的盈利诱导其他企业采取同样的符合社会道德需求的生产经营行为。

（二）交易类型与契约选择

新制度经济学（New Institutional Economics，NIE）明确考虑了制度环境约

---

① 邵军，徐康宁．制度质量、外资进入与增长效应：一个跨国的经验研究［J］．世界经济，2008（7）：3－14.

② 竞次效应是指企业由于面临不道德企业的低成本经营策略，自身为了获得利润甚至求得生存，而采取的不道德的低成本经营策略，生产不合格产品。

③ 李晓敏．制度质量与企业家活动配置——对鲍莫尔理论的经验检验［J］．中南财经政法大学学报，2011（1）：135－140.

④ 高质量的制度，即完备的、能够对制度约束下的行为人产生良好预期的制度体系，意味着制度能够为行为人提供安全的产权保证、公平和公正的司法、有力的合同执行以及对政府进行有效的约束。

束、信息不对称以及经济行动者之间相互作用的性质，但也保留了新古典经济学的核心假设：稳定的偏好，个人的理性选择，以及可比较的均衡（Eggertsson，1990）。NIE 近年来的发展一直围绕着代理理论和交易费用理论两条主线发展。代理理论将组织视为定义委托人和代理人之间关系的显性和隐性合约的约束，委托人和代理人围绕各自的利益采取行动。交易费用理论由科斯创建，并由威廉姆森（Willamson，1985）进行了最全面的发展。交易费用理论区分了不完全合约和不能完美执行的合约，前者是因为签约时不可能预见所有可能的偶然事件而造成的，后者则是因为对违约的监督和惩罚成本很高。Hechathorn 和 Master（1987）划分了三种类型的交易费用：准备合约阶段各方的投资、合约条款谈判时的资源耗费，以及违约风险和被迫重新谈判的风险。合约是否可行，其关键在于承诺是否可信，因此，可信承诺问题是交易费用理论的中心问题。

交易成本经济学则是将缔约成本、不完全合约和资产专用性引入到制度分析中。契约的选择由交易费用所决定。借助于交易费用，张五常和威廉姆森都做出了较大贡献，分别发展了不同的契约选择理论。

张五常对契约选择理论的贡献主要在于深刻分析不同土地契约的选择及其原因，提出了有关契约选择的履行定律和选择定律。① 基于中国台湾地区分成式的契约的考察和研究，张五常指出，在零交易费用情况下，无论何种产权制度安排，不管是分成制合约，还是工资契约抑或固定契约，其结构都是有效的、相同的。在交易费用不为零时，自然风险和交易成本会影响到契约选择，契约安排的结果是在交易成本的约束下，从分散风险的制度安排中收益最大化。② 张五常进一步发展了履行定律和选择定律：凡是被量度而作价的特质，其监管费用较低；反之，监管费用较高。换言之，合约一旦签订，履行的困难集中在没有被量度作价的其他特质上。合约提供的选择越多，监管的交易费用就越低，当然，不同的选择方向会有不同的降低交易费用的效果。合约的选择可能受政府管制，又或者生产的情况或其他局限不容许交易费用较低的选择。但总体而言，政府管制是倾向于增加交易费用的。③

威廉姆森认为，制度安排是对交易成本节约的结果。经济组织问题的研究是

---

①③　袁庆明．新制度经济学教程［M］．北京：中国发展出版社，2011：182－189.

②　张五常．制度的选择（《经济解释》第四卷）［M］．香港：花千树出版有限公司，2007：175－177；转引自袁庆明．新制度经济学教程［M］．北京：中国发展出版社，2011：183－185.

基于不同的治理结构选择不同的交易方式，以有效降低交易成本。[1] 也就是说，经济组织的问题，是设计能实现节约交易成本的合约与治理结构，也就是制度供给。威廉姆森认为，任何交易都或明或暗总是在一定的合约关系（治理）下进行，契约人客观上只能做到有限理性和以不诚实或欺骗方式追求自利的机会主义。任何合约的缔结都包含三种交易成本：一是对合约中所能预见到的所有情况作出相应计划的成本；二是难以用语言写在合约中的相关情况的处理和应对的成本；三是作为第三者的外部权威如法院能够理解和强制执行的成本。因此，现实中的合约都只能是不完全的合约，随时需要进行修改或再协商。而不完全合约的再协商会增加事后讨价还价的成本和担心被敲竹杠而引起的事前投资低效率问题。

威廉姆森对资产专用性、不确定性和交易的频率等影响交易成本水平与特征的三个特质进行了研究（见表3-1），并在不完全合约背景下研究了关系专用性投资，从而不仅揭示了这两种事后再协商成本居高不下的原因，更重要的还揭示了不完全合约、资产专用性、套牢与事前投资低效率的关系。[2][3][4] 此后，哈特对这些理论进行了充分的应用和发展。

表3-1　交易的六种类型[1]

交易频率 \ 投资特点	非专用	混　合	特　质
偶然	购买标准设备	购买定做设备	建厂
经常	购买标准原材料	购买定做原材料	中间产品要经过各不相同的车间

① 威廉姆森. 资本主义经济制度［M］. 上海：商务印书馆，2002：30-31.

② 费方域. 企业理论：合同论视角的回溯（代译者序）［M］//戴维·L. 韦默. 制度设计. 费方域，朱宝钦译. 上海：上海财经大学出版社，2004.

③ 为便于分析，威廉姆森先假定影响交易的不确定性程度适中，从而先着重考虑交易的另外两个维度——资产专用性和交易频率。先根据交易频率的不同，将交易分为偶然型交易和经常型交易，再根据资产专用性的不同，将其分为非专用型、混合型和高度专用型，从而将交易分成六种类型。威廉姆森. 资本主义经济制度［M］. 上海：商务印书馆，2002：105-108；转引自袁庆明. 新制度经济学教程［M］. 北京：中国发展出版社，2011：187-188.

④ 威廉姆森认为，对于非专用型交易，无论偶然进行还是经常进行，都可以采取市场治理结构，与之相对应的是古典式合同，对于偶然进行的混合型交易，应该是三方治理结构，对应的是新古典合同。而对于重复进行的混合型交易和高度专用型交易，则应该采用双方治理结构和统一治理结构，与之对应的契约形式是关系合同。威廉姆森. 资本主义经济制度［M］. 上海：商务印书馆，2002：105-108；转引自袁庆明. 新制度经济学教程［M］. 北京：中国发展出版社，2011：187-188.

威廉姆森还研究了合约关系、治理结构与交易类型的对应与匹配问题。他指出，治理结构就是合约关系的完整性和可靠性在其中得以决定的组织框架，通过将不同的交易匹配以不同的治理结构，有效降低交易成本（见表3－2）。

表3－2　交易与契约治理结构的匹配[2]

投资特点 / 交易频率	非专用	混　合	特　质
偶然	市场治理	三方治理（新古典式合约）	
经常	（古典式合约）	双方治理（关系或统一治理合约）	

威廉姆森强调，企业形式的治理结构的特征，就是内部交易代替外部交易，谁控制企业谁就获得了对交易条件和交易水平的决定权，这对于减少由高度专用性资产带来的重新协商成本和事前投资不足成本有显著的效果。

人为什么甘心受制度约束？这是因为，监督和制裁可能足够严厉，以至于个人发现遵守制度更符合自身的利益。米尔格罗姆、诺斯和温加斯特（Paul Milgrom，Douglass North & Barry Weingast，1990）在对中世纪“法律商人”（law merchant）制度的研究中，构建了一个重复博弈，随机选择一对交易者决定是否签约和履行合约。他们证明了，向私人法官或法律商人登记合约能够成为有关定立和遵守合约的均衡的一部分，这些法官或法律商人通过对违约行为进行判决，以保持较好的裁判声誉。换言之，由于法律商人或法官的第三方裁决或惩罚机制的存在，使得商人之间的交易成为能够自我实施的制度。诺斯和温加斯特（North & Weingast，1989）指出，由于政府有能力改变正式规则，政府的可信承诺是相当困难的，但市场可以寻找对未来行为做出可行承诺的方式。Patrick Croskery通过考察引入管理与规范来进行制度设计的可能性，在遵循制度理性选择的前提下，将惯例解释为重复协调博弈的均衡的结果，将规范解释为重复合作博弈的均衡，对惯例和规范如何影响制度设计进行了深入研究。

（三）制度约束的实现：强制实施与重复博弈

食品安全制度约束功能的实现方式，可以通过政府构建的相关法律法规以及相关的规制行为，形成对制度约束对象即食品生产企业的强制约束力，也可以通过构建有效的基于企业和消费者以及企业与企业之间的重复博弈环境来实现。

事实上，食品生产企业几乎所有的经济决策都有两个重要的背景特征，第一，决策过程是在一系列的相似或相关的制度约束下进行的，决策当事人必须在这些制度约束下行为，要么主动遵从，要么被动遵从或者部分遵从，这取决于决策当事人对制度约束力在重复博弈过程中得到的制度约束力或者制度压力强度的预期。第二，决策当事人采取的行动趋于模式化，也就是说，他们在相似背景下来用相似的行为方式。当然，决策还有第三个特征，即决策的当事人拥有各自的利益和偏好。因此，决策的当事人所采取的任何行为模式都必须是给定的行动环境下的理性行动。围绕这三个特征，可以发现，本组织或其他组织内个体的行动，上级的行动，外部职业团体、利益集团或交易对象的要求，其他已经明确的外部行动和预期模式，以及成文的法律法规和各种惯例、习惯、习俗、规范等，共同构成了制度运行的环境。交易作为经济分析的重要组成部分，必须在这些因素构成的制度环境下进行。

重复博弈为制度环境有效作用提供了作用机制。重复博弈理论将政策制定或执行描述为相关行动者之间的阶段性博弈，且博弈不断重复，并使参与人及他们的机会与偏好可能有所变化。在一个博弈理论的均衡中，给定参与人的偏好和他们关于博弈以及彼此行动的共同预期，参与人在一系列环境下行动的结果就是一组结论，说明博弈中参与人的行为和博弈结果如何由博弈的参数和参与人的预期所决定。

由赫维茨（1960）开创的机制设计理论，把机制定义为一种信息系统，制度的参与者相互传递信息或向信息中心传递信息，从而实现了市场或类市场制度与相关备择制度的比较。Marshak 和 Radner（1972）的团队理论引发了随后的大量研究。根据规制的需要，为参与者提供“激励相容”使得机制设计理论获得了广泛应用。激励相容的思想是，将激励引入对自利参与者的分析，尤其是对自利的且拥有私人信息的经济体或行为人进行分析。

决策制度的设计者可以设计代理人在决策时所必须遵循的博弈规则。但规则的制定不是随心所欲的，如果一个设计者希望通过监督者根据代理人的行动实施奖惩，来决定代理人的收益，那么设计者必然会对以下情况十分担心：监督者也是博弈的参与人，并且其偏好也可能不完全符合设计者的目标，监督者也必须给予激励，使得让他按照设计者所希望的方式来实施惩罚和奖励是理性的。基于企业自主治理的制度设计，必须充分考虑相应的博弈环境、行为人的博弈空间等。

将决策看作是重复博弈得到的结论时，博弈中的许多行动模式都能以稳定的均衡形式维持。

在重复博弈的阶段博弈中，发现信息和参与人的行动决定博弈的结果。参与人根据观察的结果及得到的支付，进入下一阶段博弈，并重复无限次。参与人的策略选择取决于所有以前阶段博弈的结果。即使另一个参与人偏离了均衡，参与人的战略将要求他按照在此情况下所能做出的最佳反应，来实施惩罚和其他行动①。如果一些参与人采取与某个均衡一致的策略，而其他参与人采取的是与另一个均衡相一致的策略，那么结果可能是每个参与人都得到更低的支付，因此，重复博弈的参与人面临着在某一个单一均衡上进行协调的问题，必须达成协议以避免给大家带来最低支付。

因此，需要通过制度设计，确保某种结果的出现。在食品安全治理领域，一是要通过政府制定的食品安全的相关法律法规体系，并通过政府规制机构进行的各种政府规制行为，对食品生产者的部分不确定行为予以明确化，使其行动符合食品安全治理的需要；二是确认被认为在决策制度中具有普遍重要性的一般博弈类型，并构造和分析能以一般形式反映这类博弈的模型。

制度设计隐含了两个重要命题：一是制度是重要的，二是最优制度可以安排。科斯（1991）在领取诺贝尔经济学奖演讲时指出："我所做的事情就是指出，对于经济体系的运转来说，生产的制度结构是重要的。"② 科斯强调，企业与市场最大的不同在于，企业是靠权威而不是靠价格协调活动、配置资源，用长期合约代替了一系列的即期合约。推而论之，在食品安全领域，就是要通过制度设计，使得企业愿意与消费者用长期合约代替一系列的短期合约，也就是说，企业愿意通过声誉投资，建立有效的食品安全品牌效应和声誉，以有效区分自身与其他企业，获得消费者的长期青睐与购买。

由于合约是交易关系的基本构件，将不同的交易制度剖析成不同的合约安排，将企业看作合约网络和治理交易的制度，就是非常自然的。

企业理论中的委托代理机制的核心就在于，通过最优激励合约的制度（机制）设计，使代理人采取最大化委托人福利的行为。这就要求最有激励合约的设计，从而使委托人根据可观察的绩效给予报酬，满足代理人的参与条件和激励相

---

① Selten, Reinhard. The Chain Store Paradox［J］. Theory and Decision, 1978, 9（2）：127－159.

② 罗纳德·科斯．论生产的制度结构［M］．上海：上海人民出版社，1994.

容条件，使得代理人必须承担努力成本，给委托人带来好处。在企业内部，就体现在设计对企业成员的最佳激励方案，尽量避免企业成员的“偷懒”行为；在企业外部，就是能够与企业的交易对象达成合作博弈。将其进一步扩展，就是通过设计最优激励合约，使得制度设计的参与人能够根据可观察的经济绩效得到相应的报酬，满足激励相容条件，愿意按照制度设计的预期行事。

在食品安全领域，制度设计的目标就在于，使企业与消费者在食品交易过程中能够按照消费者安全消费的需要，生产安全食品并能够与质量等级不同的食品显著区分，达到分离均衡，向提供匹配支付的消费者提供安全的食品；生产不合格食品的企业自动退出或者能被有效惩罚清出食品市场。

威廉姆森指出，不同的交易应该匹配不同的交易契约，进而由不同的治理方式予以匹配。因此，不同的食品交易，应该由不同的食品交易的治理方式进行治理。为方便起见，假设食品生产的资产专用性大小已知，根据食品质量信息的特征，可以将食品质量信息分为质量明显可显示、质量部分可显示和质量高度不显示三种。根据食品消费的交易频率，可以将食品交易分为偶然性交易和长期性交易。质量可明显显示的食品，一般是商品的质量属性能够明确肉眼可见或者消费者通过长期消费积累的经验，能够明确判断出食品质量的优劣；质量可部分显示的食品，是指食品的质量信息可部分显露，或者消费者可以根据有关仪器设备、辅助信息等技术或信息手段能够部分判断出食品的质量优劣；质量高度不显示，是指食品的质量属性非常难以被消费者所判断，即使是通过相关的仪器设备、技术手段等都难以准确判断，唯有靠企业的社会责任和企业伦理，严格通过第三方的质量检测并确认。根据上述假设，可以将食品交易分为六种（见表 3－3）。[①]

显然，根据上述分类，不同质量显示水平，也就是信息不对称程度的食品，在交易频率的影响下，对应的交易类型也各不相同。

对于食品质量属性显著可显示的食品，企业如果生产质量水平较低的食品，消费者因为可以直接判断，就可以拒绝购买，从而避免消费不安全食品。

---

① 实际上，消费者还可以根据观察到的企业生产食品的专用性投资的大小进一步判断食品是否可以购买。一般来说，专用性资产投资越大，企业制假售假或者生产低质量商品，一旦被消费者发现，其损失要大于专用性资产投资较小的企业。因此，可以假定，专用性资产投资规模大的企业生产低质量食品的概率相对较低。

表3-3　食品交易类型

食品质量属性 / 交易频率	质量明显可显示	质量部分可显示	质量高度不显示
偶然	根据质量决定购买与否	根据声誉、品牌等购买	回避购买或者在没有选择时根据品牌、声誉和国家或第三方认证信息购买
经常	根据质量决定购买与否	根据声誉、品牌等购买	根据品牌、声誉和国家或第三方认证信息购买

对于偶然进行或者经常进行交易的食品质量可部分显示的食品，消费者通过一定的技术手段或信息手段，如企业声誉、品牌影响等，可以部分确定食品的安全属性特征，从而可以根据声誉和品牌信息的可靠性进行交易。此时，如果食品的品牌信息和声誉在建设过程中有造假行为或者搭便车行为，消费者就会受到欺骗。这就需要政府或第三方治理方式，使得企业发出的声誉和品牌信息真实可靠。因此，政府此时的食品安全治理职责就是要对搭便车或者造假的企业进行惩罚，使得其不能搭便车或造假。

对于偶然进行的食品质量属性高度不显示的食品交易，风险回避型消费者的第一反应显然是回避交易的，只有在别无选择时，才不得不进行交易。因为这种交易是偶然进行的，消费量不大，市场空间也不大，政府治理的重心显然不在这里，而且治理成本也非常高，市场机制由于博弈次数少难以有效运转，只能依赖于企业的自律。

对于经常进行的食品质量高度不显示的食品交易，其交易风险特别大，且事关消费者的安全和身体健康，单纯依靠企业与消费者的关系性契约，难以有效治理。这时，需要政府或者第三方组织通过有效的监督如随机质量检查和信息公开，以及产品责任制下的惩罚机制和威慑机制等，保证消费者的食品安全。而由于政府同样存在信息不对称，且有可能存在规制俘虏等造成的食品安全规制失灵，在消费者保护组织、公益性组织和新闻媒体等第三方组织能有效进行治理时，政府规制可以适度退出，仅仅保留维护市场秩序、维持最低的质量安全标准、实施严厉的第三方惩罚等职能即可；若消费者保护组织、公益性组织和新闻媒体等第三方组织尚未有效进行治理时，政府可在介入相关治理的同时，积极推动消费者保护组织、公益性组织和新闻媒体等第三方组织治理的制度建设，推动相关第三方治理合法、合规、有序进行。

更一般地，政府可以通过各种信息公开制度，如激励企业主动披露有关信息、鼓励社会第三方组织公正发布相关信息等方式，降低信息不对称程度，引导企业通过增加专用性资产投入替代通用性资产，推进企业自主治理结构和治理方式的实现。

综上所述，各种食品交易类型对应的治理结构和治理方式如表3－4所示。

表3－4　食品交易中的治理结构与治理方式

食品质量属性 / 交易频率	质量明显可显示	质量部分可显示	质量高度不显示
偶然	企业自主治理	多元共治	企业自主治理
经常	企业自主治理	多元共治	多元治理

因此，企业自主治理的制度优化，就是以产品责任制为基础，针对食品交易中高度信息不对称（也就是质量高度不显示从而高度信息不对称）的领域，围绕企业自主治理的需要，构建必要的政府治理和市场治理约束，使得企业在企业伦理道德作用下，主动选择生产高质量食品，并主动降低信息不对称程度；在其他领域，构建和维护市场机制中的双边交易机制，使得企业在双边交易机制中能够有效自律，实现安全食品交易。这就需要，通过各种手段，如严格责任制下的对低质量食品生产经营行为甚至是恶意制售有毒有害食品的行为进行相应的有效的惩罚，对企业主动进行自律，甚至主动提高食品安全标准的生产经营行为进行相应的表彰和奖励，使企业认识到在规范的市场竞争中，只有通过企业自身的努力，向消费者发出适当的质量信号，并实现与不同质量的其他产品显著区分，才能获得与企业自身努力相匹配的收入回报，否则，即使可能在短时间内和消费者达成低质量食品的交易，一时获利，也随时可能因为被曝光而被消费者所唾弃，长期积累的声誉资本将毁于一旦。

二、企业自主治理的市场约束

（一）食品生产者与消费者的博弈

完全信息条件下，假设食品企业 A 的行动集合为（生产安全食品，生产不安全食品）。当其选择生产安全食品时，食品的销售价格和生产成本分别为 P_H 和 C_H，即企业的利润为 $P_H - C_H$；当其选择生产不安全食品时，食品的销售价格和生产成本分别为 P_L 和 C_L，即企业的利润为 $P_L - C_L$。假设 $P_H > P_L$，$C_H > C_L$，即食品企业采取优质高价、劣质低价的定价策略，企业选择生产安全食品付出的生产成本要高于选择生产不安全食品付出的生产成本。消费者 B 的行动集合为（高价，低价），即消费者愿意为安全食品支付高价 P_H，为不安全食品支付低价 P_L；消费者认为安全食品和不安全食品的价值分别为 U_H 和 U_L，由于消费者购买食品支付的价格为 P_i（$i = H, L$），所以消费者购买安全食品和不安全食品时的消费者剩余分别为 $U_H - P_H$ 和 $U_L - P_L$。

可以得到食品生产企业与消费者之间的支付矩阵如表 3 - 5 所示。

表 3 - 5　信息完全条件下生产者与消费者间的支付矩阵

生产者 \ 消费者	高价	低价
生产安全食品	$P_H - C_H$，$U_H - P_H$	$P_L - C_H$，$U_H - P_L$
生产不安全食品	$P_H - C_L$，$U_L - P_H$	$P_L - C_L$，$U_L - P_L$

从上述支付矩阵可以看出，在信息完全公开的条件下，可能存在（生产安全食品，高价）和（生产不安全食品，低价）两种纳什均衡。当然，在卖方市场条件下，生产者成为先行动方，此时，如果 $P_H - C_H > P_L - C_L$，即当生产者生产安全食品获得的利润大于生产不安全食品时，生产者会选择生产安全食品，因此纳什均衡为（生产安全食品，高价）；如果 $P_H - C_H < P_L - C_L$，即当生产者生产安

全食品获得的利润小于生产不安全食品时，生产者会选择生产不安全食品，因此纳什均衡为（生产不安全食品，低价）；而 $P_H - C_H = P_L - C_L$ 时，两种纳什均衡都有可能出现。在买方市场条件下，消费者成为先行动方，此时，如果 $U_H - P_H > U_L - P_L$，即当消费者消费安全食品获得的效用大于消费不安全食品时，消费者会选择支付高价消费安全食品，因此纳什均衡为（生产安全食品，高价）；如果 $U_H - P_H < U_L - P_L$，即当消费者消费安全食品获得的效用小于消费不安全食品时，消费者会选择支付低价购买不安全食品，因此纳什均衡为（生产不安全食品，低价）；而 $U_H - P_H = U_L - P_L$ 时，两种纳什均衡都有可能出现。

然而，由于食品具有“经验品特性”和“信任品特性”，消费者往往难以辨别其真实质量，因此消费者和生产经营者之间存在着信息不对称，后者在食品安全质量信息方面通常拥有较前者更多的信息，在企业缺乏社会责任和企业伦理以及外部监督时，企业会产生以次充好的机会主义倾向和行为。

在博弈过程中，食品生产企业如果生产不安全食品但以次充好时获得的利润将为 $P_H - C_L$，此时消费者获得的剩余则为 $U_L - P_H$。然而，（生产不安全食品，高价购买）并不是博弈的均衡解。理性的消费者虽然无法识别食品质量的高低，但仍会预期到生产者生产不安全食品的机会主义行为，从而不愿为此支付较高的价格 P_H。假定消费者购买到安全食品和不安全食品的概率对等，理性的消费者将按所有食品均是中等质量的意愿来支付价格 $P'(P_H < P' < P_L)$，这将导致生产安全食品的食品厂商仅能获得 $P' - C_H$ 的利润，使其因产品价格下降而盈利减少乃至亏损（当 $P' < C_H$ 时），从而食品经营企业提供安全食品的意愿也会随之降低，最多只愿意提供相对较安全的食品，从中获取相应的利润 $P' - C'(C_H < C' < C_L)$。经过如此反复地连续动态博弈，直至整个市场被不安全食品所占据。

正是由于食品市场中的这种“柠檬效应”，导致安全食品最终被不安全食品驱逐出食品市场，最终得到的纳什均衡将为（生产不安全食品，低价），即食品生产企业只愿意生产不安全的食品，而消费者也只愿意为此支付低价来购买不安全的食品。[①] 但是，长此以往，整个社会的食品质量安全水平将会随之不断下

① 食品市场并不会出现（生产者不生产，消费者不购买）的均衡结果，即乔治·阿克诺夫所谓的“市场崩溃”的极端情形。其主要原因在于食品属于生活必需品，是人类最基本的消费品，它的特点是需求弹性小，消费的替代品少。因此，即使在食品经营企业全部生产不安全食品时，人们也不得不冒着健康甚至生命危险去购买和消费食品。正是食品作为人类社会生存和发展的基本物质条件及与消费者的密切相关性，也恰恰说明了食品公共安全规制问题的重要性。

降，食品生产企业竞相比坏，食品安全问题将会在这种恶性循环中走向难以挽回的境地，从而对双方的长远利益造成严重的损害。而每个食品生产商也不得不时刻担心自己和家人购买的其他企业生产的食品安全，并受到良心的谴责。这恰恰成为了食品生产经营企业伦理道德约束的内在动力。

当然，在现实的食品市场中，并非所有的食品经营企业都会实施假冒伪劣等机会主义行为。抛开企业的社会道德责任不谈，只要 $P_H - C_H > P_L - C_L$，即当生产者生产安全食品获得的利润大于生产不安全食品时，如果能够通过良好的信息传递和信息甄别机制来克服或缓解食品经营企业和消费者之间的信息不对称问题，食品经营企业仍然会有意愿主动向消费者提供安全的食品以获取更高的利润。同时，政府监管和媒体、消费者保护组织等的监督也是对食品生产者有效的约束力量。

由此可见，当信息完全时，如果消费者愿意为较高的食品安全水平付费时，企业生产安全水平，这种结果恰恰为企业自主治理提供了思路，也就是，如果能尽可能促进信息公开，则更有可能实现食品安全的自主治理。因此，食品安全企业自主治理的实施有赖于外部机制对相关信息公开的促进机制。可以通过政府自身作为第三方信息提供者、激励企业主动发布相关信息和鼓励社会组织参与公正的信息发布等方式尽可能促进信息披露朝着信息完全公开的目标前进。

另外，可以积极引导消费者为高的食品安全水平支付更高的价格，引导消费者树立正确的消费理念，通过消费者预期和支付意愿，就有可能实现（生产安全食品，高价）的纳什均衡，避免糟糕的（生产不安全食品，低价）均衡的结果。因此，社会治理中的新闻媒体、自媒体等加强消费者教育，积极引导消费者用质优价必须优的观念替代质优价廉的观念，承担自身应当承担的高质量成本，自觉减少低质低价的食品消费行为。

事实上，互联网的兴起，使信息传播速度、传播方式和传播渠道都得到了革命性的变化。快速、低成本、多渠道、发散性的信息传播，使得企业的违法违规行为能快速被传播，从而形成消费者整体对企业用脚投票的结果，这是因为信息传播的成本更加低廉，几乎为零；传播方式更加多元；传播渠道更加通畅；传播速度更为迅猛。如利用微博，几乎一天时间，就可以达到上千万人的传播量，这是非常巨大的对企业违法违规行为的制约因素。即使信源不是由官方出来的，也会非常快地被消费者所接受并广为传播。互联网的兴起，尤其是基于互联网的信用体系的建设，正极大改变着人类社会生活，食品安全领域概莫能外。

因此，食品安全企业自主治理的关键是，企业能不能坚持自律，并向市场发出信号，且被消费者所接受，形成以质量信号差异为基础的分离均衡，而非质量信号差异基础上的混同均衡。

（二）企业间的竞争与企业行为

我国食品加工生产领域的典型特征是从事食品生产经营的企业数量众多、规模普遍较小、生产技术水平较低。因此，食品安全企业为达成同消费者的交易，面临着激烈的市场竞争约束。本节拟从完全信息博弈和不完全信息博弈两个层面分析竞争约束对企业行为的影响。

1. 完全信息条件下的博弈分析

在完全信息条件下，假设：

（1）博弈过程中两个生产同类食品的企业 A 和 B，它们的行动集合均为（生产安全食品，生产不安全食品）。

（2）企业 A 生产安全食品和不安全食品的成本分别为 C_{11} 和 C_{12}，企业 B 生产安全食品和不安全食品的成本分别为 C_{21} 和 C_{22}。且 $C_{11}>C_{12}$，$C_{21}>C_{22}$。

（3）消费者在食品为安全食品时选择购买，不安全食品则不购买。两家企业为安全食品制定的市场价格分别为 P_1 和 P_2。

（4）市场对安全食品的需求总量为 Q。两家企业的市场份额分别为 a 和 b，$a+b=1$。

两家企业的支付矩阵如表 3－6 所示。

表 3－6 信息完全条件下两家企业的支付矩阵

企业 A ＼ 企业 B	生产安全食品	生产不安全食品
生产安全食品	$aQ(P_1-C_{11})$，$Q_2(P_2-C_{21})$	$Q(P_1-C_{11})$，0
生产不安全食品	0，$Q(P_2-C_{21})$	0，0

由表 3－6 可知，完全信息条件下，不管生产成本和价格如何，两家企业生产不安全食品相对于安全食品均是严格劣策略，因此双方都会选择生产安全食品，以此满足自身利益最大化的目标，从而达到一个（生产安全食品，生产安全

食品）的纳什均衡，实现食品市场的安全供应。当然，双方占据的市场份额和获取的利润的大小主要取决于各自的生产成本和采取的定价策略。一般情况下，对于需求价格弹性较大的食品而言，生产成本越小，产品价格越低，在市场竞争中就越能取得优势地位。

2. 不完全信息条件下的博弈分析

在不完全信息条件下，一方面由于消费者通常难以辨别食品的真实质量，另一方面由于企业也不确定其他企业将会采取怎样的行动策略。因此，企业往往会采取以次充好的机会主义行为，从中牟取更多的利润。

假设两个企业的产品价格和市场份额不变，得到如表 3－7 所示的支付矩阵。

表 3－7　不完全信息条件下两家企业的支付矩阵

企业 A ＼ 企业 B	生产安全食品	生产不安全食品
生产安全食品	$aQ(P_1-C_{11})$，$bQ(P_2-C_{21})$	$aQ(P_1-C_{11})$，$bQ(P_2-C_{22})$
生产不安全食品	$aQ(P_1-C_{12})$，$bQ(P_2-C_{21})$	$aQ(P_1-C_{12})$，$bQ(P_2-C_{22})$

由表 3－7 可知，在不完全信息条件下，由于 $aQ(P_1-C_{12})>aQ(P_1-C_{11})$，$bQ(P_2-C_{22})>bQ(P_2-C_{21})$。因此，不管生产成本和价格如何，两家企业生产安全食品相对于不安全食品均是严格劣策略，此时双方都会选择生产不安全食品，以此满足自身利益最大化的目标，从而达到一个（生产不安全食品，生产不安全食品）的纳什均衡，这是一个最让人担忧的竞相比坏的博弈均衡①，最终导致无法实现食品市场的安全供应。

当然，在现实中，企业之间可能存在着重复的博弈，在信息传递和信息甄别机制的作用下，随着博弈次数的不断增加，信息不完全的情况将不断得以缓解，

① 中国食品安全的现状是，由于媒体曝光了很多食品安全不达标、恶意制售有毒有害食品的新闻事件，导致国人非常担忧于中国的食品安全状况，甚至有媒体提出中国陷入了竞相比坏的境地，相关信息在微信朋友圈等广为传播。客观说，中国的食品安全状况确实让人担忧，但比 20 世纪 90 年代遍地的制假售假、食品安全不达标等状况，已经得到了显著改善。在极端的竞相比坏博弈中，每个生产者都要担心其他的生产者也生产经营不安全的食品并出售给自己或自己的家人，这个社会的交易成本将会非常高。通过加强食品安全的产品责任制对应的惩罚机制以及加强对全社会的食品安全教育和道德教育，使广大生产者认知到恶意制售有毒有害食品是丧失道德的行为会受到良心的谴责，从而使生产经营安全食品内化为企业的自发自主行为，这也是改善食品安全状况的必然选择。

使得不安全食品的市场份额逐渐被蚕食。在经过N次重复博弈后，企业之间博弈的支付矩阵将会与完全信息条件下一致，即最终达到（生产安全食品，生产安全食品）的纳什均衡，从而实现食品市场的安全供应。

但是，基于以下原因，在目前的中国食品市场上，这种重复博弈的均衡结果实现的成本可能较高，历时较长：一是中国食品生产者众多，难以实现外部性内部化，导致生产者传递安全食品信息的动力不足；二是消费者由于收入水平不高往往更加青睐相对低价的食品，而且信息甄别能力又比较薄弱；三是中国的食品市场非常广阔，加之信息沟通渠道不够畅通，生产不安全食品的企业完全可以通过转移销售场所来避免销售量和利润的减少，企业之间多为一次或有限次博弈，难以通过食品安全自主治理解决相关问题。

然而，政府治理和市场治理可以通过多种方式有效改善上述窘境，并为企业有效自主治理奠定基础。

一是可以通过惩罚和奖励相结合的手段，辅之以公共信息平台上的信息发布，激励企业传递安全食品的信息，使得食品企业继续向消费者传递真实的食品质量信号，使信息传播速度慢、信息传播量少造成的信息不对称状况能够有效改善。从长远看，还需要通过有效的收入分配机制的调整，提高社会公众的收入水平，使他们能够支付得起安全食品的价格，而不至于因为贫困，明知食品安全标准不高而不得不接受低质低价的食品。

二是可以通过社会治理，尤其是新闻媒体、自媒体及各种公益性组织，形成对企业传递安全食品信息的推动力（如推动市场上的食品安全评级机构、信息发布机构等的市场化建设）；同时引导消费者树立正确的消费观，激励消费者为优质食品提供相匹配的支付，促进食品生产者和消费者最终达成（生产安全食品，消费安全食品）的纳什均衡，从而实现食品市场的安全供应。

三是构建有效的市场竞争机制，激励优秀企业扩大规模，有效通过提高大型企业生产能力，增强为消费者提供合格食品和高质量食品的能力，通过产业组织结构的调整，有效压缩小型规模企业的市场空间，并通过大型企业供应链的倒逼机制和引导机制，倒逼和引导更多的小型企业成为真正符合社会道德需求的生产企业。而这样的结果，也能够使得优秀的企业与不道德企业有效区分，形成分离均衡，并最终通过有效的外部约束机制和惩罚机制，逐渐使后者退出市场，最终实现食品安全治理目标。

（三）企业分离均衡信号模型分析

食品安全企业自主治理的目标，是优秀的企业向市场发出信号，并得到消费者的认可，从而实现与其他食品企业的分离均衡。如果能够实现分离均衡，则优秀的食品生产企业会主动进行自主治理，并向市场上的消费者发布相关信号。因此，能否通过制度设计实现分离均衡，是企业自主治理能否有效实施的关键。

根据斯宾塞的信号分离模型，构建食品安全企业分离均衡信号模型。

将所有食品生产者分为两组，组Ⅰ和组Ⅱ，在总食品生产商中的比例分别为 q 和 $1-q$。组Ⅰ的生产质量水平为 1，组Ⅱ的食品质量水平为 2。他们都要花费一定的成本才能完成相应质量的产品生产。假定组Ⅰ的企业达到食品质量水平 Q 的专用性投资的成本是 C_1，组Ⅱ的企业达到食品质量水平 Q 的专用性投资的成本是 C_2。

假定消费者认为食品生产企业的质量水平 Q 低于一定水平 Q^*，假设为政府监管机构规定的最低质量标准，即 $Q<Q^*$ 并进行相应的价格支付，那么企业质量水平就是 1；反之，则 $Q>Q^*$，食品质量水平就是 2。如果存在对应的主观概率，那么食品生产企业得到的消费者支付价格 $P(Q)$ 如图 3－2 所示。

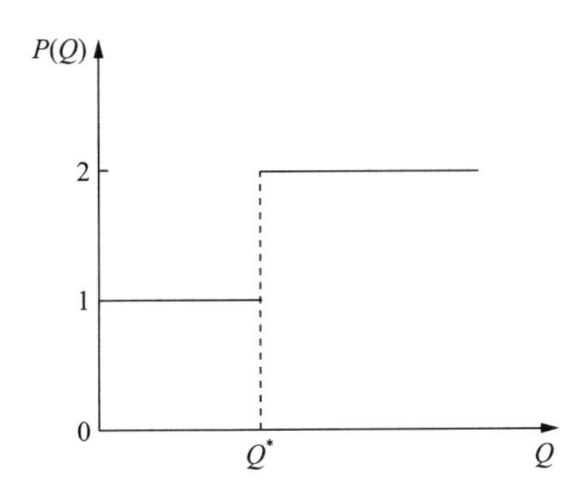

图 3－2 消费者支付价格与质量均衡

食品生产企业会根据经验得到的消费者意愿支付水平来选择自己的最优食品质量水平。不难发现，那些选择 $Q<Q^*$ 的食品生产企业实际上都会选择 $Q=0$（即生产不合格食品），因为生产合格食品是需要支付一定的食品原材料、精力

和广告费等信息费用的，这些企业明白在达到 Q 之前为提高质量水平而增加的所有专用性资产投入都是一种“浪费”，选择 $Q=0$ 是最优的。同样的道理，那些选择 $Q>Q^*$ 的食品生产企业实际上只会选择 $Q=Q^*$（假设 Q^* 是国家规定的最低合格质量水平，也就是国家标准，在此基础上，企业的标准越高质量水平越高，当然这样的质量成本也是高昂的）以最大化自己的净利益。总体来说，所有企业选择 $Q=0$ 或者 $Q=Q^*$。在一定的条件下，上述结论意味着组Ⅰ的食品生产企业会选择 $Q=0$，组Ⅱ的食品生产者会选择 $Q=Q^*$，如图 3－3 所示。

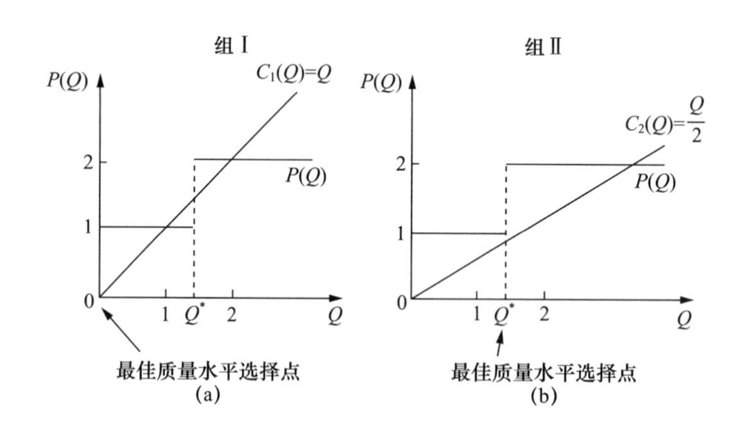

图 3－3 食品质量分离均衡信号模型

也就是说，如果 $1>(2-Q^*)$，组Ⅰ的食品生产企业会选择 $Q=0$；如果 $(2-Q^*/2)>1$，那么，组Ⅱ的食品生产企业会选择 $Q=Q^*$。把上述两个不等式合在一起，得到：$1<Q^*<2$。当 Q^* 满足 $1<Q^*<2$ 时，该模型存在均衡（很多个均衡），并且是分离均衡①——不同生产能力的食品生产企业选择不同的质量水平，且都达到国家规定的质量安全水平。这时候，质量水平成为消费者区分食品生产企业质量水平的信号。

在上述模型中，$1<Q^*<2$ 只是存在分离均衡的必要条件，而不是充分条件。要保证模型一定存在均衡，还要考虑其他因素。

考虑如下情形：如果食品生产企业不根据消费者的价格信号即消费者对购买

① 分离均衡是指在每种状态中所有类型的代理人选择不同的策略，而混同均衡则是指在每种状态中所有类型的代理人选择相同的策略。

商品的意愿支付价格，而是根据对食品生产企业的平均期望边际产出来支付食品价格，即 $q+2(1-q)=2-q$，再假设 $q=0.5$，组Ⅱ的食品生产企业提高食品质量水平投入后的净收入为 $(2-Q^*/2)$，由于 $1<Q^*$，所以 $(2-Q^*/2)$ 一定小于1.5。但是组Ⅱ的食品生产企业不投资提升食品质量水平的净收入为 $(2-q)=1.5$，所以组Ⅱ的食品生产企业是不会选择投资提升质量水平的。加上组Ⅰ的食品生产企业不投资比投资好，所有食品生产企业都选择不投资提升质量水平。换句话说，此时食品生产企业的最佳选择是不发出信号（混同均衡，即不同质量水平的食品生产企业选择同样的食品生产质量水平）。只有当 $Q^*<2q$（意味着 $q>1/2$）时，才存在一个均衡保证组Ⅱ的食品生产企业提升食品质量水平比不提升质量水平好。

需要指出的是，上面的模型假定了质量水平不影响食品生产企业的实际生产能力（提升食品生产质量水平的投资前后的生产能力没有变化），并且忽略了提升食品质量水平的投资的所有外部性。这样做的目的是抽离掉食品生产企业提升质量水平的其他功能，以便更清楚地观察食品质量水平的信号传递功能。

如果令组Ⅰ达到食品质量水平 Q 的成本是 a_1Q，组Ⅱ达到食品质量水平 Q 的成本是 $a_2Q(a_2<a_1)$，可以得到上面模型的更一般结论。和前面一样，所有食品生产企业只可能选择 $Q=0$ 或者 $Q=Q^*$。从 $1>(2-a_1Q^*)$ 和 $(2-a_2Q^*)>1$ 可以解得：

$$\frac{1}{a_1}<Q^*<\frac{1}{a_2}$$

如果组Ⅱ投资于提升食品质量水平的努力比不投资好，那么：

$$\left(2-\frac{a_2}{a_1}\right)>(2-q)\Rightarrow q>\frac{a_2}{a_1}$$

只有当上述条件满足时，分离均衡才会存在。除此之外，上面的模型只存在混同均衡。不论是分离均衡还是混同均衡，都不止一个。

显然，如果能够实现分离均衡，使得企业生产出来的高质量产品能够获得高价格，即实现企业和消费者（生产优质食品，支付高价）的纳什均衡，是有利于食品安全治理的，这时，事实上也就可以通过企业自主治理实现食品安全的要求。而混同均衡的结果，必然导致（生产低质量食品，支付低价）的纳什均衡，这样的结果只会进一步降低消费者对食品质量的预期，从而进一步降低消费者对食品的支付意愿，显然是不能达到食品安全治理目标的。这时候，就必须通过有效的制度设计或者是强有力的监管措施，使得企业生产不合格食品得到的惩罚大于其收益，同时，对优秀企业进行有效的奖励和补贴，使得生产高质量食品的企业能够得到更多的收益，对一般的企业可以采取技术支持和补贴等手段，引导其提高质量水平。

需要指出的是，上面提到的信号成本同生产能力成反比的假设只是发出信号的必要条件，而不是充分条件。因此，还需要提供相应的制度环境和健全的实施机制，才能使得这个信号机制有效运行。

三、企业自主治理的伦理约束

（一）企业伦理与企业社会责任

企业作为社会基本经济单位和产品质量的第一责任人，承载着整个社会发展生产、创造财富、满足公众需要的重任与使命。企业要想在激烈的市场竞争中健康发展，就必须承担对社会和消费者的伦理责任。企业伦理是以企业为核心、围绕企业运作的方方面面而建构的一整套价值观念和行为准则，主要调节的是企业及其成员与利益相关者之间的关系。[①] 企业伦理不仅是企业是否遵守道德规范的问题而且涉及企业的生存和发展。[②] 这是因为，企业伦理的现实状况不仅会影响企业内外的利益相关者与企业的关系进而可能影响企业的经济绩效，而且企业对各利益相关者的伦理行为也会深刻影响企业内部员工的态度和行为，并最终反映到企业的生存与发展上。而网络时代信息传播和获取的低成本、高速度、扩散性，使得利益相关者能够以更快捷、低成本、多渠道方式了解到企业的伦理行为，从而会影响到企业的内外部行为和绩效。

伦理约束主要包含外部社会的伦理约束和企业内部的伦理约束。外部伦理约束事实上是一种对企业的非正式制度约束，本书研究将其纳入到制度约束。因

① 朱贻庭，徐定明．企业伦理论纲［J］．华东师范大学学报（哲学社会科学版），1996（1）：1－8.

② 白少军．企业伦理对员工行为的影响机制研究［D］．西北大学博士学位论文，2012.

此，这里的伦理约束实质是企业内部的伦理约束。

彼得·德鲁克强调，健康的企业和病态的社会难以共存。哈佛商学院的佩因教授指出，整合了道德和财务两个维度的公司绩效全新标准下，一个道德上的污点，极可能会葬送一个企业的前途。

现实中，中国企业层出不穷的败德行为使得企业伦理备受关注。温家宝总理多次强调，企业的血管里需要流淌道德的血液。安然、安达信、三鹿等企业的违规行为所引发的轩然大波足以证明企业伦理对于企业生存和发展的重要性。

人们对商业道德问题的关注可以追溯到古希腊和中世纪时代。关于企业伦理的研究则可追溯到亚当·斯密。最早提出企业伦理概念的学者是马克斯·韦伯，其《新教伦理与资本主义精神》重点阐述了符合资本主义精神的新教伦理与经济发展的关系。

20 世纪 60 年代，一系列美国企业被曝出环境污染、忽视安全生产、生产销售不合格产品等经营丑闻，引起了学界和公众的高度关注，掀起了旨在揭发企业以次充好、危及消费者安全或健康的保护消费者利益的活动。[①] 1963 年，T. M. Garret 等搜集了形形色色的企业伦理案例，将其深入分析后编入《企业伦理案例》一书。1968 年，C. Walton 出版《公司的社会责任》，倡导公司的竞争要以道德目的为本。此外，R. C. Baumhart（1961）关于企业管理者伦理规范的调查和 R. Bartels（1963）的《企业中的伦理》及其伦理决策模型对伦理研究做出了重大贡献。

“水门事件”后，更多企业被曝卷入非法政治捐款、非法股票交易、窃取商业机密等事件，以及相当一部分白领阶层的犯罪行为引发了 20 世纪 70 年代美国的道德危机。为改善企业在公众中的形象，学术界就企业社会责任、企业内外部的伦理关系等问题进行了深入讨论。P. French 认为，企业具有法人地位，就意味着它具有道德人格属性，应当承担企业对环境的责任、对政府和公众的责任、对顾客和雇员的责任等社会责任。此外，Beauchamp 和 Bowie 的《伦理理论》以及 Donaldson 和 Werhane 的《企业中的伦理问题：一种哲学的探讨》等文献，也集中了关于企业与政府、股东、雇员和消费者之间的权利与义务的讨论。1974 年 11 月，堪萨斯大学发起召开首届企业伦理研讨会，标志着学术研究领域的企业伦理学的诞生。与此同时，一场关于“利润先于伦理”与“伦理先于利润”的

---

① 吴新文．国外企业伦理学：三十年透视［J］．国外社会科学，1996（3）：15 -21.

争论使得学界开始关注忠诚、仁义、感恩和企业经营有机融合的日本企业伦理模式。围绕企业经理人员伦理道德观和企业伦理现状的调研，是企业伦理学的经验研究的主要内容。Carroll 在 1975 年针对 400 名企业经理人员不道德行为的调研，发展出了企业与社会互补的企业活动模式理论；Brenner 和 Molander 在 1977 年针对 1227 名企业领导人的调查显示，绝大多数企业领导人把企业对消费者的责任排在对股东的责任之前，反映了“道德生成运动”（Moral Genesis Movement）帮助企业走出“后水门时代”道德危机的积极影响。

国外企业伦理学的全面发展阶段是在 20 世纪 80 年代，企业伦理的研究从美日扩散到了加拿大、西欧、澳大利亚和东南亚等地，相关研究开始急速丰富并广泛应用，到 80 年代末，已经发展成为一门地位仅次于医学伦理学的应用学科。美国学者 Lewis 在数百种企业伦理的定义基础上，对其重新作了定义，即企业伦理主要提供了各种规则、规范、标准或原则，为企业及其员工在各种具体情境中的行为提供了指南。[①] Bowies 认为，企业是具有法人资格的独立实体，应该具有道德主体应具有的权利，履行道德主体应尽的义务。更多的学者论证了经济活动与道德活动的统一性，把“伦理道德与企业活动是相容的”作为企业伦理学的理论前提。[②] 基于不同的伦理观，学者们还提出了若干企业伦理理论模型，分析伦理因素如何影响企业决策与行动，为评价企业活动和进行企业决策提供参考。

20 世纪 90 年代，随着全球经济一体化和区域经济合作进程的加快，大大加速了企业伦理研究的发展。《企业伦理欧洲评论》季刊和《企业伦理学百科全书》的出版，标志着企业伦理学研究的繁荣。企业伦理学的研究对象扩展到区域伦理、全球伦理、转型经济过程中的企业伦理等。企业伦理学的研究内容也从单向研究转向跨学科研究，企业伦理学的学科性质和地位备受关注。

进入 21 世纪以来，在西方发达国家，企业伦理已经成为诸多大企业的自觉行动。佩因于 2003 年在《公司道德：高绩效企业的基石》中强调，符合伦理的企业行为能形成良好声誉，进而帮助企业在竞争中获得机会和优势，获得不断增长的潜在收入与市场份额。针对企业经营管理的“利润动机神话”，所罗门强调，商业伦理中利润和社会责任之间错误的对立会演变成“双输”的结果[③]。

---

①② 吴新文．国外企业伦理学：三十年透视［J］．国外社会科学，1996（3）：15－21.

③ ［美］罗伯特·C. 所罗门．伦理与卓越：商业中的合作与诚信［M］．罗汉等译．上海：上海译文出版社，2006；转引自：龚天平，窦有菊．西方企业伦理与经济绩效关系的研究进展［J］．国外社会科学，2007（6）：36－42.

O. C. 弗雷尔等的研究表明，相对于价值观念弱的公司，价值观念强的公司财政收入增长了将近 4 倍，且股票价格增长了将近 12 倍。[①]

作为一种经营价值观，企业伦理具有特有的独立的价值。积极的企业伦理，不但不会浪费企业有限的经济资源，更能通过积极的行为提升企业的声誉，从而为企业获得更多的支持和资源，获得更好的绩效奠定基础。但现有的研究还无法回答众多企业不愿意承担社会责任、用不符合企业伦理的手段牟取利润甚至是不道德利益的现状。在食品安全领域，曝出的企业丑闻和不道德行为，使公众不敢相信也不敢寄希望于企业自身会主动遵从企业伦理规范，因此，必须通过制度设计，使得企业在激烈的市场竞争中主动遵循企业伦理。

企业是生产质量的第一责任人。企业的社会责任对于食品安全治理具有至关重要的作用。具有高伦理道德水平的企业，往往是主动承担社会责任的企业。作为各种社会资源拥有者之间的契约联合体，企业应该从全社会的整体利益出发进行生产经营。企业必须满足社会公众对它们的期望，以合理的价格，生产提供社会所需要的，隐含着一定的质量和服务要求的商品和服务。因此，企业社会责任实质上是企业对其消费者以及社会的一种契约性义务。

一般认为，企业社会责任研究经历了狭义企业社会责任、社会回应思想、企业社会表现、企业社会责任和利益相关者理论、企业公民五个阶段。20 世纪 70 年代与伯利（Adolf A. Berle）有关的两次著名论战，使得部分学者认为企业不仅应该关注所承担的义务，更应该回应企业对社会需求能够做什么，将关于企业社会责任的研究从狭义企业社会责任推向了新阶段。在阿克曼（1973）、阿克曼和鲍尔（1976）的基础上，弗雷德雷克（1978）和塞西（1979）等认为应由企业社会回应取代企业社会责任，将企业社会回应作为企业和社会领域研究过程的新阶段；爱泼斯坦（1987）和伍德（1991a，1991b）等则认为，提供执行社会责任原则行动维度的企业社会回应和企业社会责任同等重要。这也意味着企业社会责任研究发展到社会回应阶段。

沃德（1991）在塞西（1979）的“企业社会表现应包含企业社会责任的准则、社会回应的过程以及解决社会问题的政策间相互作用”基础上，明确指出，企业社会表现应由企业组织的社会责任准则、社会回应过程、解决社会问题的政

---

① ［美］O. C. 弗雷尔等．商业伦理：伦理决策与案例（第 5 版）［M］．陈阳群译．北京：清华大学出版社，2005.

策与方案，以及其同企业的社会关系相互作用所产生的后果共同构成。斯旺森（1995）扩充了沃德的企业社会责任的内容，试图通过伦理过程和价值过程的连接来建构企业的决策。卡罗尔（1991）、克拉克森（1991，1995）、唐纳森和普雷克顿（1995）、哈里森和弗里曼（1999）等进一步推动了企业社会责任与利益相关者理论的结合。

进入21世纪后，洛格斯登和伍德（2002）将公民权从个人公民扩展到企业公民，推动了企业参与社会治理的发展。Hess（2008）认为公开透明的企业社会责任报告是监督企业履行社会责任的重要治理工具。Midttun（2008）基于全球经济大背景，将企业的自主治理（企业主动承担社会责任）和公共治理（政府社会性规制）结合起来，进而探讨了共同治理对于企业社会责任的影响与推进。

在国内，袁家方、王明洋和唐焕良等于20世纪90年代前期，开始向国内进行企业社会责任的理论介绍。90年代中后期，以杨瑞龙和刘俊海为代表，分别从公司治理和法学角度对企业社会责任问题进行分析，标志着国内企业社会责任研究进入了新阶段。进入21世纪以来，企业社会责任相关研究快速发展，并进入了实证研究阶段，在国外文献引入和企业社会责任（SA8000）专题研究等方面取得了重要进展。在相关研究推动下，政府有关部门开始倡导、推动企业逐年公开发布企业社会责任报告，中国企业履行社会责任显著加强。但在基于企业社会责任进行政府规制，进而实现规制与自我规制的共同治理方面，尚有较大的差距。这从我国各行各业屡见不鲜的质量安全事件中可见一斑。

可见，在众多学者眼中，企业具有企业公民的身份，应当承担相应的伦理责任，承担对各利益相关方的责任和承诺。在食品安全方面，食品生产经营企业作为人类食品安全交易的供方，自然而然应当承担对消费者食品安全的伦理责任和安全承诺，这种责任和承诺是“蕴含在契约网络中的现代契约关系内生的”①。同时，食品生产经营企业的生产经营活动涉及众多不同利益群体，在生产经营中必须考虑诸多利益相关者的利益，尊重他们的意愿，因此，承担对消费者食品安全的伦理责任和安全承诺，也是利益相关者理论的内在要求。

市场的供求机制、价格机制和竞争机制的有效运转，是实现资源优化配置的基础和保障。现实中，食品安全领域的市场失灵，导致了食品安全问题。中国食品安全领域的市场失灵，除了典型的信息不对称等导致的市场失灵之外，还存在

① 杨瑞龙，周业安．企业的利益相关者理论及其应用［M］．北京：经济科学出版社，2000：11.

现阶段具有典型历史特征的市场经济不成熟、政府管制不完善等导致的市场扭曲从而造成的市场失灵。因此，这种市场失灵的后果，带来的是更加严重的道德风险和逆向选择，也加剧了中国食品安全状况的恶化。然而，需要指出的是，随着市场经济的不断发展，社会结构日趋复杂，社会利益主体的日益多元化和社会分工的细化程度加深，企业作为最主要的市场主体，必须承担市场外部性的内部化，也就是通过主动承担社会责任，主动减少机会主义倾向，提高食品安全的等级。这本身就构成了对企业自身的伦理约束。随着中国经济市场化程度、全球化程度的进一步深化，更多国际市场通行的国际准则和企业行为标准，也使得中国食品生产经营企业的生产经营标准、企业伦理道德、企业文化等渐趋统一，成为共同遵守的行为准则。这一过程，本身也是企业伦理约束逐渐强化的过程。同时，对企业改善与政府、社会、消费者的关系具有重要意义，对树立企业良好声誉、提高企业核心竞争力、为企业持续发展创造良好环境也大有裨益。越来越多的研究证明，企业提高伦理道德水平，主动承担社会责任与企业的经济绩效是正相关的。[①] 同时，企业经济绩效的改善，也能够提高企业履行社会责任的能力，有力推动企业提高伦理道德水平，更加积极履行企业社会责任。

在韦森教授看来，在一个讲诚信的商业体系中，商人守诺履约的态度和诚信的声誉与他的财富多寡呈正相关关系，那些无财富的人更无可能攫取在有个人主义文化信念的商业体系中所可能获得的“租金”。这是因为，在“自私、不讲诚信和丧失伦理道德的商业文化中，社会内部的结构、秩序和组织变迁的张力较小；而讲诚信和道德的集体主义社会内部的秩序、结构和组织变迁的张力较大”，[②] 因此，不讲道德诚信的个人主义社会，相关交易往往难以形成，其内在的变迁动力和变迁可能性就因为交易合约难以达成从而社会稳定性程度较差而获得更大的动力；反之，道德诚信程度较高的社会，相关交易合约很容易达成并实施，内在稳定性较强，内在变迁动力的基础就相对薄弱，从而使得财富的获取、积累和继承就相对重要，维持相应的秩序的动力基础反而更加强大。

事实上，从人类历史的不同发展阶段和不同国家区域的比较，很容易发现，

---

① 相关成果参见：舒强兴，唐小兰．论企业社会责任与经济绩效的关系［J］．湖南大学学报（人文社科版），2006（9）：79－82；刘茂平．企业社会责任信息披露质量与企业经济绩效：基于 CSR 报告（2009～2011）的经验证据［J］．武汉科技大学学报（人文社科版），2012（10）：567－571.

② 韦森．经济学与伦理学：市场经济的伦理维度与道德基础［M］．上海：商务印书馆，2015：146.

当一个国家道德诚信程度较高时，这个国家或区域的交易成本往往相对较低，也更容易促进该国的持续发展；反之，这个国家或区域的交易成本往往较高，呼唤通过制度变革降低交易成本的压力也比较大。与此同时，当一个国家和地区对于私人财富的获取、积累和继承的保护程度越高，也就越有利于推进社会道德和诚信程度的提升；反之，则很容易促使私人或企业主更多采取短视化的行为，也就是功利主义的思想和行为更加盛行，道德和诚信水准就越低。尤其是在企业的生产经营中，当对私人产权的保护程度较低时，企业往往选择捞一把就走、赚一把就换名号继续干的做法；而对私人产权的保护程度较高时，企业往往对其财富的积累和继承有稳定的预期，从而愿意选择更长期化的经营策略，注重品牌声誉的积累。①

在中国食品安全领域，企业伦理约束的强度正处于一个“爬升”的阶段，这与中国食品企业的数量众多、规模普遍较小、创新能力和盈利能力普遍较弱的现状密不可分，同时也与我国市场经济尚不成熟有关。但是，随着中国经济社会的发展，对食品安全的要求更加迫切，政府治理水平不断提高，社会对食品安全的监督逐渐加强，食品领域从业者的道德水准在公民教育和食品安全教育的过程中逐渐提高，这种伦理约束对食品生产经营企业必将产生积极而深远的影响。

（二）企业生产经营中的伦理风险与伦理决策

食品安全的伦理因素是指食品生产经营决策者在伦理上的是非判断，其依据由公正原则、人道原则、安全原则等基本的伦理准则构成。不可否认，作为一个经济人的企业，不可避免地面临着各种诱惑，必然存在着伦理风险，尤其是对盈利能力较低、规模较小、丧失伦理的机会成本较低的食品经营企业来说，这种伦理风险往往更大。作为一种生活必需品，人们对食品安全的伦理要求自然也就更

---

① 围绕“产权是道德之神”抑或“产权是道德之魂”，汪丁丁和韦森之间存在争议。在前者看来，产权也就是有效保护私人产权的制度安排，是道德的基础；而在后者看来，道德伦理才是私人产权保护的基础，韦森教授还引用哈森伊名言“除非人们已经接受了一种要求他们恪守契约的道德准则，他们将不会有理性地履行契约的内在驱动。因此，道德并不依赖社会契约。这是因为契约是从人们对道德的一种验前的恪守中获得其所有的约束力”以证明其观点。事实上，两位学者的观点都具有合理性，也具有一定的片面性。产权和道德是互相促进的关系，只是在特定的历史阶段，尤其是当正式法律制度和相关执行规则以及人们的道德观念中，对私有产权保护都严重不力的情况下，尤其是处于从一度取消私有产权的历史阶段向市场经济转型的过程时，对私有产权的保护应被提到更高的程度来认识，才能促进社会步入产权和道德互相促进的良性发展阶段。

加显著。食品安全伦理风险是在食品安全的决策与运行中，有关利益主体在追求自身利益的同时，由于正面或负面的影响可能使食品在人与人、人与社会、人与自然、人与自身的伦理关系方面产生不确定事件或条件，未受伦理的约束而使食品产生危害社会等伦理负效应的可能性。[①] 一旦产生上述负效应，轻则给消费者身体带来伤害，重则将会给社会带来灾难性的后果。

企业的伦理道德、诚实守信是一个世界性的话题。在企业生产经营行为发生之前，存在一个大多数人看不见的决策过程，即伦理决策。诺贝尔经济学奖获得者赫伯特·西蒙认为，“管理就是决策”。随着现代社会企业责任的备受重视，评价某决策是否合理时，加上伦理道德的考虑已经毋庸置疑。

20 世纪 70 年代，美国发生的一系列公司丑闻案引起学术界对企业伦理决策研究的兴起。1974 年，首届企业伦理学研讨会的论文和会议记录后来被汇编成书出版，标志着企业伦理学的正式诞生。此后，经济伦理学发展成为包含研究个人伦理行为的微观层次、研究企业等经济组织决策和行动的中观伦理，以及研究经济制度和工商活动的全部经济条件塑造的宏观经济伦理学三个层次的庞大学科体系。

叶文琴（2004）研究了企业伦理的三大构成要素，即“伦理感知”、“伦理判断”和“伦理意图”。[②] 相关结果支持了其假设，即当事人的伦理感知越强，当事人就越容易做出伦理判断，进而其伦理意图也越强。

显而易见，影响食品安全水平的诸多因素（诸如经济、政治、社会和伦理等）中，经济因素是最重要的因素。食品生产经营企业必须认识到公众一般都希望得到安全的食品消费，否则就会对政府监管或食品生产经营企业产生猜疑和不信任。

伦理决策过程是企业收集相关信息、处理信息并作出决定如何行为的过程。其对象和结果分别是伦理问题与伦理行为。[③]企业在相关信息搜集和处理的基础上，对伦理问题做出相应的判断并付诸实施行动。食品生产经营企业在进行伦理决策时，会对伦理决策方案进行权衡后决定应该如何行为：坚持伦理标准生产安全食品，并坚持进行声誉投资，抑或昧着良心丧失伦理道德，违法违规生产低质量食品从而赢得超额利润，并承担被发现从而被惩罚的风险，甚至还承受着各种

①③　姜启军，苏勇．食品安全伦理风险与伦理决策分析［J］．商业研究，2009（12）：9－12.

②　叶文琴．企业伦理决策过程的构成要素及其相互关系——模型与实证［J］．软科学，2004（8）：75－77.

良心谴责的煎熬。在这一过程中，企业通过搜集以往政府监管和社会组织监督以及消费者消费选择的各种信息，在判断伦理道德对企业的影响基础上进行伦理决策，管控伦理风险。进一步地，企业根据伦理决策的需要，形成关于伦理道德的共同认识，在企业内部建立相应的伦理道德管理制度和规定，并通过一样的惩罚和奖励规则，在企业内部要求全体员工执行。企业领导层的态度会影响到对员工伦理行为的预期、道德认知、道德强度、群体规范等多方面的因素进而影响到企业员工的伦理行为。如果企业内部管理层对伦理道德的认知层次较低，并且在伦理道德执行中的奖惩过于宽松，会使得内部员工认为企业的伦理道德只是一种口号，进而在食品生产经营中采取懈怠的态度。福喜事件中，被电视台记者偷拍的企业员工的各种不符合食品安全需要的生产行为，既存在员工自身伦理道德水平较低的因素，也与企业属于伦理道德决策与执行的管理相关。作为一个跨国企业，在美国本土能严格坚持食品安全生产的伦理道德标准，但在中国却伦理失范，显然是多种因素并存所致。

事实上，按照萨格登的观点，当相关社区内的每个人（几乎每个人）都遵守某一规则；且任意一个人遵守该规则，与之交往的人也遵循该规则时，才符合其个人利益；在此基础上，每个行为人都遵守该规则，符合每个行为人的利益。也就引出一个有意思的结论："一项惯例"不需要在任何方面对社会福利做出贡献，便能获得其道德力量①。而这种道德力量，成为对每个行为人的约束。换句话说，当相关社区内的很多人都不遵守这种规则时，这一规则就成为大家共同不遵守的规则，因为这样才符合大家各自的利益。于是，当一个在母国表现优异的大型跨国企业，在另一个不怎么遵守行为规则的国家，相关规则失效，导致员工的机会主义倾向以及不遵守企业食品安全管理的制度，并最终酿成了一场悲剧。

在发达的市场经济国家，随着消费者对企业伦理的需求发展，以"道德过滤器"为中心的决策流程已为许多知名企业所采用，优选符合社会道德规范和企业伦理标准的行动方案。而不少国家和地区都开始对企业履行社会责任和道德伦理方面的情况进行了特殊的管制，如强制要求上市公司发布年度企业社会责任报告。

作为追求持续经营的企业，应该建立企业自身的伦理道德规范，对食品安全

① Sugden, R. The Economics of Rights, Co - operation and Welfare [M]. Hampshire: Palgrave Macmillan, 2004: 170.

进行伦理与收益评估。企业还可以通过定期发布的年度企业社会责任报告，加强与消费者和社会公众的交流，向社会公众彰显自身伦理道德水平和履行社会责任水平，从而作为自身声誉投资获取消费者信心的重要举措。

针对中国食品领域的现状，以龙头企业、大型企业和部分伦理道德水平较高的企业为核心，推动实施社会责任担当工程，进行声誉投资，建立良好的示范机制和倒逼机制，带动整个产业链伦理道德水平的提升，进而提升对整个食品生产经营领域的伦理约束力，这显然是有效提升中国食品安全治理水平的良治之路。

四、企业自主治理的社会约束

（一）企业自主治理社会约束的主体与优势

除了政府约束、市场约束和企业自身的伦理约束之外，市场上的企业还面临着行业协会、新闻媒体、消费者权益保护组织等各种社会性组织的约束，也就是社会约束。事实上，近年来我国爆发的多次食品安全事件，也充分说明，单纯依赖于政府约束和市场竞争约束，是难以有效实现食品安全治理目标的。这也为社会力量有效参与食品安全治理提供了可能。

《食品安全法》（2015）第九条明确规定，行业协会应当加强行业自律，引导和督促企业诚信生产、合法经营，推动行业诚信建设；消费者协会和其他消费者保护组织可依法对损害消费者利益的行为进行监督。该法第十条进一步明确了新闻媒体、社会性组织在食品安全治理中的地位、作用和参与治理的方式。此外，第十二、第十三条也明确了个人参与食品安全治理的地位、参与方式和表彰奖励。

该法为行业协会、新闻媒体、社会性组织和各种消费者权益保护组织等参与食品安全治理提供了法律依据。

之所以应该引入上述各种社会力量进入食品安全治理，并构成企业自主治理的社会约束，是因为社会约束机制具有自身的优势。

一是进一步实现了治理主体从单一的政府治理转向社会多元共治，把更多的社会资源动员加入到食品安全的治理体系内，使得食品安全领域的信息不对称程度有效降低。比如新闻媒体、消费者权益保护组织可以通过其信息获取优势，对消费者难以企及的企业相关违法违规生产行为能够及时发现，并通过信息网络传播渠道等方式，及时周知相关消费者，一方面形成对企业的强大舆论压力，另一方面也使得知情的消费者可以用脚投票，不再被蒙蔽。如新闻媒体对相关违法违规生产经营行为的曝光、相关专业食品安全网站的信息公开和披露等，一方面可以通过负面报道形成对企业违法违规生产经营行为的舆论压力，另一方面可以有效降低消费者与企业之间的信息不对称程度。当然，这一过程中，要谨防媒体、消费者权益保护组织以维护公众利益名义而肆意侵害企业的合法利益。

二是可以有效弥补政府和消费者专业知识之不足，提高食品安全治理的专业化程度。由于各种原因，尤其是食品工业的技术性程度越来越高，政府治理机构的相关人员和消费者很难全部掌握相关食品安全的专业知识，也就影响了他们参与食品安全治理的效果。这就需要具有专业知识和专业能力的相关人员进入到食品安全治理中。部分消费者保护组织、新闻媒体等可以组织有关专业人员，甚至他们自身都是某食品生产领域的专业人士，能够有效提高食品安全治理的专业化程度。尤其是专业人士参与食品安全治理，能够在应对食品安全问题时给予公众和消费者更加专业准确的信息和指导意见，能够推动社会公众更加理性认识、对待食品安全危机。

三是可以有效缓解食品安全危机带来的不良影响。每一次食品安全事件的曝光和大范围传播，必将带来公众的恐慌和对政府食品安全治理的信任下降。尽管政府可以通过多种手段，逐渐恢复公众对政府治理的信任，但代价往往不菲，效果往往不尽如人意。具有相关专业知识的社会组织在食品安全危机事件后的积极参与，可以有效获得消费者的认可，并利用这种认可，成为政府和企业、社会与个人之间的沟通桥梁，有效推动社会治理认知，减少不安全和不信任的恐惧心理，同时又可以把公众的担忧和期待及时有效地传递给政府监管部门，为政府治理的有效改进奠定基础。

四是对食品安全治理的有效监督。在日常的食品安全治理中，各种新闻媒体、行业协会、消费者保护组织又能够在政府食品安全政策制定、监督执行和治理效率评估等方面有效参与，使得政府的治理政策更加科学公开、规制过程更加透明理性、规制效果评估更加科学有效，从而为政府治理的改革提供建议和意见。与此同时，社会约束的各种力量，本身就是对企业的一种有效约束，使得企业时时刻刻受到除政府治理以外的各种社会力量的约束（一旦他们发现企业的相关违法违规，可以直接披露或者上报给政府规制部门，由其对企业进行相应的惩处），有效促进政府治理的有效性。

（二）企业自主治理社会约束的优化与完善

各种社会组织参与食品安全治理，尽管具有各种优势，然而由于我国食品安全治理领域存在的立法开放性不足、法律法规体系不完善等制度性缺陷，使得食品安全领域的社会参与存在诸多不足。一是社会性组织参与食品安全治理的合法性普遍存在不足，社会地位难以得到有效保障，因此带来的权利、义务和规范性问题颇多，并导致部分社会性组织参与食品安全治理时权力滥用、侵害企业合法权益现象时有发生。二是资金普遍不足，难以有效支撑社会组织参与食品安全治理，进一步导致了社会性组织难以有效提高食品安全治理的专业化水平，存在部分志愿者专业水平低、自律性差的问题，甚至导致对公众传播错误的信息和知识，如近日某机构对不锈钢烧水壶的错误信息传播，使得公众一度陷入恐慌。三是政府治理机构和社会性公益组织在治理目标上存在差异，并进一步引发治理参与中的冲突和分歧。

为有效解决上述问题和不足，可以采取以下方式予以弥补和完善：

一是以《食品安全法》（2015）实施为契机，及时修订并完善相关法律体系，为社会性组织参与食品安全治理提供立法保证，赋予其合法性和相应的地位。《食品安全法》（2015）虽然明确了相关社会组织参与食品安全治理的地位和作用，但还需要相关的实施细则予以进一步明确，并对其可以参与的职能权限、方式、违法违规惩治标准等进行完善，以为相关社会性组织更加理性、科学参与食品安全治理奠定法制基础。

二是强化社会性组织的能力建设。从经费投入保障和专业水平提高两个方面着手，提高社会性组织参与食品安全治理的能力建设。在经费保障方面，一方面要加大政府对食品安全治理领域的各个社会组织的经费支持力度，另一方面鼓励相关社会组织提高自身的经费筹资能力，尤其是推动行业内相关企业共同出资，有效维护行业生产经营秩序。在专业水平方面，一方面是鼓励和吸引更多优秀专业人才进入到社会治理中，另一方面积极构建高校、研究机构专业人才对相关社会性组织的技术支撑机制。与此同时，应引导和加强社会组织的自律，缓解社会治理机构自律性较差的问题。

三是加强社会性组织与政府的合作与协调。为有效解决社会性组织和政府之间存在的目标差异和分歧，可通过加强政府与社会性组织的沟通、对话和协调，形成良性互动，并对社会性组织给予充分的信任和赋权，使其在合法合规合理合情的制度环境下有效积极参与食品安全治理，有效提升食品安全治理水平。如政府可以通过进行相应的制度建设，为相关第三方认证机构奠定良好的制度环境，使得公众对认证机构的认证结果产生信任，形成良好的治理效果。[①]

综上所述，鉴于产品责任制和声誉机制的关系，即产品责任制是声誉机制的基础，声誉机制既可以降低产品责任制的制度实施成本，又可以部分替代产品责任制，可以通过二者有机结合，通过构建基于产品责任制的声誉机制推动食品企业自主治理的有效实施。

值得强调的是，企业的自律，也就是企业自主治理，虽然是最根本、最有效、最重要的治理方式，但鉴于中国市场化改革的历史发展阶段及中国国情，短时间内一蹴而就地实现食品安全企业自主治理，显然是不可能完成的任务，需要通过渐进式的治理改革进程，逐步推动企业自主治理在更广阔的范围，更加深入地实施。与此同时，实现企业自主治理，必须通过对企业自主治理的内外部约束协同并进的方式，通过综合改革，不断优化完善企业自主治理的内外部约束机制，推动企业自主治理的深入实施。

因此，以企业自主治理为核心的食品安全治理改革，短期内通过监管部门严格查处形成威慑、树立规则并严格按照既定规则行为，形成对政府治理的信任和以政府治理有效实施为基础的制度与政策环境，为市场机制、社会参与机制等共同作用的多元治理机制的有效运转提供基础，从而为企业自主治理的有效实施奠定基础；长期则应依靠政府、市场、社会共同治理下的企业自律机制，实现产品责任制和声誉机制的有效互补。这就要求，一是有效加强对规制者的规制，使得政府规制能够相对稳定、系统有效，推动规制者的正当规制，有效避免在规制过程中利用规制的选择权进行选择性规制而牟取私利，甚至通过渎职或者滥用权力牟利等违法违规行为，使得食品安全政府治理有效有力；二是要通过有效的政府规制，推动有效的市场秩序构建，使得市场竞争能够推动优秀的企业不断壮大，

---

① 莫家颖，余建宇，龚强等．集体声誉、认证制度与有机食品行业发展［J］．浙江社会科学，2016(3)：4－17.

有效淘汰劣质企业，同时丧失伦理道德的企业能够受到及时、沉重、有效的打击，并形成对所有企业的有效威慑；三是积极构建新闻媒体、公益组织、消费者保护组织等第三方参与者积极有效参与食品安全治理的制度环境，利用其优势和资源形成对规制者、企业的有效约束，并积极引导消费者树立正确的消费观念，加强食品安全教育，共同推进食品安全治理水平的提升。

在下一阶段的食品治理改革中，一方面要加大力度打击各种扰乱市场秩序的行为，从而建立有效的市场惩罚机制，形成对违法违规生产行为的有效威慑；另一方面以促进市场主体履行产品责任为目标，围绕政府、市场和社会三种外部约束以及提升企业内部的伦理约束的需要，优化制度安排，构建企业自主治理的政府治理约束、市场治理约束、社会治理约束和伦理约束，推动企业有效进行自主治理。

第四章　食品安全企业自主治理的制度障碍：管制模式的制度困境

理论上，企业自主治理是食品安全治理的一种理想模式，但如前文所述，企业自主治理是在政府治理、市场治理、社会治理有效运行下，和企业伦理约束共同作用的治理模式，而市场治理的有效运转，也需要通过有效的政府治理来维持。因此，政府治理，包含相关法律法规体系，以及政府规制机构的规制行为，必须以推进企业自主治理为目标进行优化，从而实现以下几个目标：一是以增进市场为目标，通过相应的法律法规体系的建设和规制行为，维护稳定有效运转的市场机制，并通过市场机制有效及时地实现优胜劣汰；二是对恶意制售有毒有害食品的违法犯罪行为能够及时有效地进行惩治，有效解决市场失灵带来的食品安全问题，形成对恶意制售有毒有害食品的违法犯罪行为的有效威慑。现实中的食品安全治理虽然已经开始向多元治理转型，但传统管制模式下的食品安全治理转型尚未完成，仍存在诸多问题和缺陷。

自20世纪60年代我国《食品安全卫生条例》颁布至今，现已先后出台《中华人民共和国食品卫生法》、《中华人民共和国食品安全法》及数百部相关法律法规。最新的《中华人民共和国食品安全法》历经2年多的修改完善，已于2015年颁布实施。然而，随着食品安全监管的法律制度体系日趋完善，公众感知的食品安全状况却日益恶化。食品安全领域的接二连三曝光出来的相关问题，使得公众陷入不知道吃什么才安全的尴尬境地。这充分折射出我国食品安全治理领域的不信任，以及单纯依赖政府规制、缺乏企业自主治理从而使得政府规制难以有效治理食品安全的深层次问题。2006年10月党的十六届六中全会发布的《中共中央关于加强党的执政能力建设的决定》首次提出构建“党委领导、政府负责、社会协同、公众参与”的社会管理新机制，于2011年在《中共中央、国务院关于加强和创新社会管理的意见》中再次强调。2013年党的十八大三中全会发布的《中共中央关于全面深化改革若干重大问题的决定》要求加快形成“党委领导、政府负责、社会协同、公众参与、法治保障”的社会管理体制。这些要求均是对现行社会管理从单纯地依赖于管制到建立多元治理体系的转变。但管制模式下的食品安全治理的制度逻辑及由此进行的制度更新，尚不能适应食品安全企业自主治理的需要。

一、中国食品安全管制模式的制度逻辑及其内生缺陷

我国食品安全管制的法律法规体系，具有一贯依赖于政府管制的特征，也就是通过强调政府的严格监管来确保食品安全的治理思路符合我国长期以来的社会治理原则，这也就决定了我国食品安全法律制度体系的鲜明特色和制度路径。

（一）我国现行的食品安全监管制度逻辑

长期以来，由于我国未能有效解决温饱问题，所以解决食品的充足供应即数量安全一贯是政府工作的重点，其根本目的是发展社会经济。因此，相关法律法规的出台和颁布实施，多以便利部门管理为目的、以具体问题解决为导向、以对相关违规违法行为的惩治为主要内容，从而未能以“食品安全”为中心进行立法体系的精心构建和筹划，“食品安全”始终未被明确为相关立法的整体性目标和根本性目标，体现出逐步“自发”形成的特征。[①] 这些法律法规，既没有及时反映国内外食品安全形势的变化，也未能跟上食品安全技术科学和管理科学迅捷发展的步伐，相互之间的冲突性以及空白仍然大量存在。尽管2002年以后，因食品安全形势更加严峻，国家迅速认识到这一问题，并于2009年出台首部《中华人民共和国食品安全法》，但相关配套法律法规体系仍然未能有效及时跟上食品安全治理的需要，食品安全并没有被确立为地方经济社会发展中的首要目标。上述立法问题依然存在于诸多法律法规中，尤其是，被视为中国食品安全治理的

① 叶永茂．中国食品安全立法若干思考与建议［J］．上海食品药品监管情报研究，2006（3）：12－21.

热点和难点的监管体制，尽管随着政府机构调整而屡有调整，但制约食品安全治理的部门间的协调机制中仍存在诸多问题，如监管时的交叉、重叠、空白和执法效率低下、行政资源重复建设带来的浪费问题等，依然没有解决。虽然也曾成立了国务院食品安全委员会，办公室挂靠国务院，但依然没有成功完成相关协调职责。

此外，相关法律制度的制度目标以食品安全行政管理为主线，围绕政府食品安全行政管理职能赋权开展制度设计，强调向相关部门的确权与授权，制度手段上偏向于行政命令式的制度安排，在制度类型上，偏重于“命令—服从”性制度安排。上述制度安排产生了严重的不良后果。

首先，在制度逻辑上，由于现行的食品安全管制的法律体系多是适应经济社会发展逐步自发形成的以便于行政管理部门立法形成的块块式碎片性法律体系，难以有效协调不同监管部门协同执法，无法适应食品安全治理的整体性和协同性需求。在现阶段，食品安全改革虽已实现职能整合和机构重构，实现了从分段监管向统一协调监管的转变，但事实上还是有国家食品药品监督管理总局、农业部、卫计委、国务院食安办、国家工商总局等若干部门参与到食品安全治理中，分工不明、政出多门、职权交叉等问题依然存在，中央与地方、同级政府部门之间的执法冲突、监督缺位甚至错位也时有发生。一个很典型的案例是，2011 年沈阳毒豆芽事件[①]发生后，工商、质监、农业等相关部门各互相推诿，此时，地方政府才发现豆芽监管处于空白，后来沈阳市委、市政府明确农委全权牵头处理“毒豆芽”事件，豆芽的监管才得以落实。事实上，“毒豆芽”在沈阳乃至全国来说，并不是一个“新生事物”，而是一个由来已久的老问题。但从国家层面上来说，这依然是一个尚未完全得以有效解决的问题，并没有随食品安全治理体制机制改革而消除。2016 年 4 月，国家商标局长达 7 个月不能进行商标注册许可证打印被有关自媒体和新闻媒体曝光，国家商标局官方披露的原因居然是采购程序烦琐、部门之间协调困难，从而缺乏商标注册许可证打印纸。问题的关键是，商标局内部的部门之间协调都如此困难，那么部际的协调岂不是更加困难重重？

其次，在制度实施上，科层式的行政权力运行特征，使地方政府在解释和适用相关上位法律制度时，存在法律在解释和政策界定过程，以及地方政府经济发

① 张国强，霍仕明．沈阳查获 40 吨毒豆芽　各监管部门均称不归我管［N］．法制日报，2011－04－20.

展等相关目标与上级行政主管部门的不一致性，使得最终的食品安全监管很容易异化，并且未能鼓励和促进食品行业协会的发展，从而难以实现政府监管和食品行业协会协同治理的治理框架。

再次，在制度工具上，行政权力主导的“命令—服从”型制度工具目标主要是通过发放卫生许可证、制定食品卫生/安全标准等手段实现，但在创设食品安全/卫生标准方面，则存在标准过高企业普遍难以实现最后流于形式和标准过低无法保证食品安全的两难境地，并由此衍生出不敢把制定标准的权力部分甚至全部让渡给负责任的企业，实现让负责任的企业充分自主治理的困境，尤其是，当三鹿这样的大型企业都会发生道德风险时，免检制度也因备受诟病而收回。

最后，在制度功能上，由于制度目标根本落实在经济社会发展而不是食品安全和消费者保护的宗旨上，公众一直呼吁的集体诉讼和集体惩罚制度未能建立，加之消费者的维权成本相对高昂，使得企业违规违法生产假冒伪劣食品所得的惩罚严重偏低，又因为对相关人员和企业缺乏清出市场的管制，使得食品安全领域胆大的企业肆意妄为，遵纪守法的企业往往因竞争力较低而盈利水平较低甚至退出市场，出现劣币驱逐良币现象。

（二）食品安全管制模式的内生缺陷

从上述制度逻辑可以看出，食品安全管制模式存在各种弊端。然而，为什么又难以有效进行改革呢？这是因为，当前食品安全治理模式的一个隐含假定就是，食品安全是公共物品，在市场失灵的情况下，政府肩负着对居民食品安全的当然责任，理所当然应该成为解决食品安全市场失灵的最佳主体，这也被居民认为是必须的，一旦出现食品安全问题，公众对政府加强食品安全监管的呼声往往显著增强，给政府带来巨大压力的同时，也赋予政府监管食品安全的正当性。同时，市场机制在食品安全治理中的负外部性，在一次又一次的食品安全事故中不断得以强化，使得食品安全成为考量政府有无能力进行社会治理的一个重要指标。习近平总书记在2013年中央农村工作会议上就强调：食品安全长期做不好，会被质疑执政不够格。因此，习近平总书记多次强调要在食品安全监管中贯彻“四严”总方针。

然而，现实中的食品安全管制模式却有着种种内生缺陷。

第一，地方政府食品安全目标悬置与制度异化。政府食品安全监管由于其法定强制力和信息获取规模经济等优势，能够在准入、产品成分列举、安全标准确定等方面发挥积极作用，能够有效遏制企业的机会主义倾向和节约消费者的信息搜寻成本，同时，政府由于其强制力能够在一定程度上预防和矫正企业利用合约不完备性损害消费者利益的行为。[①] 然而，不得不注意的是，地方经济社会发展的首要目标和食品安全目标有时会有严重的冲突。这是因为，我国地区经济社会发展不平衡，中央政府和地方政府应当适度分权共同承担食品安全治理的责任。这就导致，因有限理性和信息不完全，以及需要在地方差异性基础上加强政策与法律的普遍适用性，因此中央政府层面的食品安全政策与法律只能比较粗略和宏观，只能做出原则性管制规定；地方政府负责在结合地方实际情况基础上，根据国家立法和中央政策，制定相应的制度和管理条例，并进行执法。

由于行政权力科层制的制度安排，食品安全治理中的执法与立法分离，在事实上构成了中央和地方的委托代理关系。而被视为代理人的地方政府，往往因为政绩或地方经济利益，并不会完全根据中央和国家的委托进行执法行为；或者地方政府利用对抽象食品安全政策进行再解释再界定的机会，虚化与悬置中央政府的食品安全管制目标，从而使得食品安全管制行为异化。在准入上，监管者往往以发放许可证作为主要监管工具，日常监管中心在于经营者是否有证或曰“查无”；在准入标准上，根据中央要求和公众压力，设置过高的准入标准或进入壁垒，把大量零散小企业或个体经营者从市场中排除出去，为后续监管带来极大的隐患，甚至导致大量的小食品经营者并不在监管范围之内；在执法上，由于对法律法规理解的差异，以及执法者心理偏好、个性及执法目标的差异，导致以法律为准绳的执法，缺乏统一性，在不同区域的差异是非常大的。其结果，一方面可能使得中央政府的食品管制往往得不到完全落实，另一方面使得地方政府之间的利益冲突进一步加剧。

为了解决上述矛盾，依据相关规定，国务院食品安全委员会和地方人民政府综合协调相关食品安全监管空白、职责交叉等问题，堵塞监管漏洞。但由于信息不完备和信息不对称，很多问题很难事先预知，往往是事发后才发现问题所在。如媒体公开报道，2010 年，武汉市农业局称，发现来自海南的豇豆（俗称豆角）使用了禁用农药“水胺硫磷”，于是向海南省农业厅发出协查请求，并对海南豇豆实施为期三个月的市场禁入。武汉方面的管制行为，使得全国各地纷纷禁止海

---

① 崔焕金，李中东．食品安全治理的制度、模式与效率：一个分析框架［J］．改革，2013（2）：133－141.

南豆角进入本地市场。按一般逻辑，海南地方政府应当严厉查处相关生产厂商。然而，相关报道称，海南有关方面考虑到豆角生产周期，认为武汉方面对海南豇豆实施的三个月市场禁入实际上等于禁入一年，对海南豆角生产企业会造成严重的影响。因此，海南方面努力争取各地恢复销售海南毒豆角，还积极协调武汉方面解禁海南豆角禁售令。显然，这种行为与保障公众食品安全的目标并不一致。

第二，运动式的食品安全执法治标不治本。由于食品安全监管制度本身存在的问题，使得食品安全问题一旦爆发，就成为公众关注的焦点。尤其多次食品安全问题累积的结果是，公众谈食品安全问题色变，加上部分媒体不负责任的煽风点火式的报道和监管部门遮遮掩掩式的信息披露，使得食品安全问题一旦暴露往往会导致次生灾害。而为了应对公众对食品安全的关切，监管部门习惯于采取“突击式”、“被动的”、“救火式”、“马后炮式”的运动式执法方式。加上我国食品产业组织的高度分散化和小型化，现有监管力量难以有效覆盖，监管工作往往难以做到主动化、常态化、职业化、专业化，不能真正把食品安全风险扼杀在摇篮之中。此外，地方政府往往因经济发展之考量，未必能够把食品安全真正放在首位，维护社会稳定和满足公众食品安全需求的双重压力使得政府的行为常常漂移，甚至以邻为壑。回顾近年来的食品安全事件，在发现并揭发“问题食品”上，媒体记者的作用远大于食品安全监管相关部门：有毒工业染料“苏丹红四号”的红心鸭蛋事件、“瘦肉精”内幕等都是《每周质量报告》等记者暗访后揭露的。[①] 食品安全监管部门基本都是在媒体曝光并引起公众恐慌之后才开始介入，开展运动式执法检查，甚至是全国性的运动型执法检查。以至于有人戏言，只有此时食品最安全。例如，2014 年底，新华社曝光江西省高安市病死猪肉流入市场，引发社会高度关注。农业部、公安部以及江西省农业、公安、工商、食药监等部门均成立工作组，赶赴高安市开展调查。高安市纪委成立专案组，追踪问责失职渎职行为。事实上，养猪是当地的重要支柱产业，此事件曝光之前当地莫非就没有病死猪肉？病死猪肉就不会流入市场？但当地的监管部门“浑然不觉”直到被国家媒体曝光，才开始会同各级监管部门开始执法。其实，2005 年 10 月 10 日《南方日报》报道，深圳市农林渔业局抽检发现产地为高安的生猪及其他有害成分多批次抽样检验不合格，被禁售 90 天。2006 年 8～9 月，深圳市肉

① 徐小平．我国食品安全执法体制的反思与完善［J］．河北工业大学学报（社会科学版），2011（12）：54－59.

食品卫生检验所再次在产地为高安的生猪中检测出瘦肉精，并禁调高安生猪。2009 年 5 ~8 月，多地再次发现产地为高安的生猪猪肉中含有瘦肉精。瘦肉精被喊打已经多年，但为什么这一问题就一直难以得到有效遏制？高安当地监管部门也多次进行了监管查处，但效果却难尽如人意。据江西省农业厅网站报道，为切实履行畜牧兽医部门“瘦肉精”监管职责，认真做好生猪定点屠宰环节“瘦肉精”监管工作，按照省、市文件精神要求，近日，高安市畜牧水产局认真督促城区屠宰场加大“瘦肉精”自检抽查，同时派人驻场严把生猪入场尿样抽检关。按畜主（户）或屠宰收购人员进行逐个抽测，每天由市局驻场执法人员进行生猪入场前的尿样抽检。从 2012 年 9 月 20 日开始到 10 月 31 日，已抽检尿样 265 个，超额完成了宜春市下达给该市在规定期限内抽检 150 个屠宰环节尿样的任务，所抽尿样全部呈阴性。[①] 由此可见，由于缺乏生猪养殖户自主治理的有效配合，即使是基层规制机构超额完成政府规定的规制行政指令性要求，仍然未能有效防止瘦肉精猪肉流入市场。

第三，管制的选择性与选择性管制。管制是管制机构根据法律授权，通过制定一定的规则，或者通过某些具体的行动对个人和组织的行为进行限制与调控。由于监管对象和监管内容的不确定性，必然需要授予监管机构一定的自由选择空间，使监管机构能够根据实际情况采取相对应的监管措施，确保管制目标的实现，这就是管制的选择性，也就是管制机构在授权权限内享有的作为和不作为以及如何作为的权力。在法学上，这种根据监管的实际情况进行的自由选择称为自由裁量权。王名扬认为，自由裁量是指行政机关做出何种决定有很大的自由，可以在各种可能采取的行动方针中进行选择，根据行政机关判断采取某种行动或不采取行动。选择性管制，则是指管制者根据特定目的，在合理的裁量空间内，选择有利于自身利益的管制行为或者受管制对象的俘获进行利于管制对象的管制行为。

在食品卫生条例和新旧两版《食品安全法》中，存在大量的裁量权的规定和描述，皆是赋予食品安全监管部门的管制选择性空间。单从监管对象的不确定性和监管内容的复杂性而言，赋予监管部门一定的管制选择空间是必要的。然

① 高安市全面完成生猪定点屠宰环节“瘦肉精”监督抽检任务，http：//www. jxagri. gov. cn/News. shtml？ p5 =167850（江西农业厅官网新闻）。然而，这种所谓的尿样抽检漏洞太多，监管者不可能随时候在现场，更不能保障取得的尿样就是真正的检测对象。而且，抽检的样本是否合理都存在问题，更不用说样本抽取过程中存在的各种猫腻。

而，由于缺乏对行政行为的监督，也就是对规制者规制的不足，现实中，监管机构很容易受到监管对象的俘获，利用这种管制的选择性，对监管对象进行选择性管制，甚至主动利用这种监管的选择空间，谋求部门利益或个人利益。更有甚者，由于现行的官员晋升锦标赛的政治激励模式，地方政府官员往往会选择逃避食品安全监管中的必要责任，选择你好我好大家都好的处理结果，应付上级考核和诉求，比较典型的做法就是大事化小、小事化了，在尽可能的情况下，压制食品安全事件的披露，比如限制当地媒体报道相关食品安全问题，只是在没有办法掩盖事实时才选择主动表态严厉查处有关食品安全问题责任人。再比如对特定生产企业发出不得影响其正常经营的相关禁令等。尤其是当国务院规定将地方食品安全治理成效纳入到对地方政府的考核中，更加剧了地方政府大事化小小事化了的倾向。

第四，管制模式下的食品安全执法要求采取统一的监管制度和治理模式，企业应该根据相关法律进行生产经营。如根据《食品安全法》（2015），食品生产经营应当符合相应的食品安全标准及相关要求。但这样详细的规定没有办法考虑企业千差万别的情况，以及相应的经济情况、技术水平和边际成本，因此，很多企业千方百计规避法律，而监管者出于监管力量不足、地方保护和政绩等考虑，在保证不出大问题的情况下，往往也会默许或纵容企业的相关违法行为。例如，现实中卫生监督管理部门对小餐饮店的管理往往是默许或者纵容的。甚至有时只要被监管对象能够适当考虑监管者利益，二者之间出现合谋也不意外。现实中，由于政府管制的重心工作在于准入（也就是发放许可证并根据许可证有无查处无证经营者），同时，设置过高的食品安全标准或进入壁垒以驱赶零散小企业或个体经营者。虽然形式上，这些小企业和个体经营者在市场上并不存在，但由于其传统经营的声誉效应或道德自律机制，仍然能够长期在体制边缘存在。而监管部门围绕无证的运动式监管，不但牵扯和耗费有效的监管资源，还加剧了监管对象的机会主义倾向。现实中重复博弈的结果，使得监管行为本身成为食品安全的扰动项，不但无法充分发挥监管的规模经济优势，同时由于不断放大监管对象的机会主义倾向，加剧了交易环境的不确定性，从而使得消费者逐渐丧失了对食品安全和食品安全监管的信心。可以说，消费者信心的缺失，成了当前食品安全领域最大的问题之一，使得公众更加相信管制者会进行选择性管制以最大化牟其私人利益，从而缺乏对食品安全的信心。

第五，上位法与下位法（实施条例等）缺乏有效衔接和配套。我国的立法习惯是先有上位法，再在上位法的基础上制定配套的实施办法、实施条例。如《食品安全法》制定出台后，再由全国人大授权国务院制定出台《食品安全法实施条例》等配套文件。《食品安全法》（2015）的法律条文中大量充斥着相关需由具体实施办法处理的内容。例如，《食品安全法》（2015）三处涉及转基因食品的内容，但该法生效后就面临一个缺乏对转基因食品进行界定的窘境[①]。此外，未经批准的转基因作物和食品的混杂状况非常严重，多个国家和地区现有的转基因标示法规已经面临无法按标准执行的困境，远不能适应转基因技术发展的步伐。其实，关于转基因食品安全的问题，在责任归属上的购者自慎或者卖者自律方面，挺转派和反转派的争议一直甚为激烈。这在前央视著名主持人崔永元和著名的打假人士方舟子之间的激烈冲突中可见一斑。由于相关研究的缺失，尤其是相关法律法规对相关责任归属界定的空白，这方面的争端将持续演进。而在更广范围的食品安全问题，如互联网食品交易等，在安全责任界定的购者自慎和卖者自律方面的空白从而导致的消费争议，也大量存在。

二、管制模式下食品安全治理制度缺陷的原因

现实中，管制模式下的食品安全治理制度弊病丛生且治理机制改革步履维艰，其根源在于食品安全治理理念上的封闭和制度上的僵化。

（一）监管机构的碎片化和监管机制断裂

现行食品安全监管法律制度体系中，食品安全监管的各单行法律法规往往是根据食品安全要素的分类分别立法，如《农业法》、《农药管理条例》、《农产品质量法》、《无公害农产品管理办法》、《转基因食品卫生管理办法》、《新资源食品管理办法》等。这些法律法规分别由全国人大、国务院和相关部委制定，虽然随着时间推移和国务院相关职能部门的调整而有废止和相关新法律出台，但大多

① 其原因是原卫生部《转基因食品卫生管理办法》已于2007年12月1日废止，目前仅农业部颁发的《农业转基因生物标识管理办法》仍在生效中，其规范对象仅为几种转基因作物，远不能覆盖规模非常庞大的转基因食品。

是对应于专门的政府职能部门作为其执法的依据。由于制定法律法规的机构不同，监管的出发点也不同，利于部门行政执法的法律法规体系体现出了规制机制的断裂。具体表现和原因体现在以下几个方面：

一是以食品安全要素分类为依据的立法，难以充分重视到各要素之间的联系性，从而造成监管空白。汪丁丁曾指出，凡包含自相矛盾的制度（如法律体系），实施的时候必定有多重准则，或将太多的自由裁量权交给制度的执行者，于是有了腐败和造假的机会。[①] 现行的法律体系，由于缺乏相关要素联系性，出现了不少空白或者重复，加上必要的自由裁量空间，造成监管存在空白区域以及选择性监管的必然存在。如前所述，由于缺乏整体性的立法规划和安排，《食品安全法》（2009）颁布实施时间不长，最新《食品安全法》于 2015 年 10 月 1 日才实施，配套法规、规章滞后问题仍然比较突出，如授权省级人大常委会制定的食品生产加工小作坊和食品摊贩管理办法，至今绝大多数省份还没有制定这方面的地方性法规。再比如，部分中药原材料能否纳入食品管理？这些中药和日常的药食同源的原材料为基础的食品能否同样监管？

二是食品安全的整体性、系统性、联系性，使得食品安全治理需要做到系统化、整体化。然而，现行的食品安全法律法规体系具有显著的碎片式、割裂性特征，难以实现食品安全治理的整体治理，难以将有限的行政资源优化合理配置。因此，现实中也就容易出现为了抢夺利益甚至专门建有“馒头办”、“西瓜办”等诸多办公室[②]，而一旦出现食品安全问题时，诸多本应负责的监管部门却推诿扯皮，如前文所述之毒豆芽事件，出事后诸多部门都声称不归自己监管。此外，质监、工商、卫生等诸多监管部门都建立了自己的相关检验检疫力量，然而在县级层面，很容易出现重复建设的同时，由于编制及人员素质等问题，该检验检测的没有能力去做，或者不愿意去做（业务量太少没有积极性）。如果能够建立统一的县级检验检测中心，统筹安排食品、药品、化妆品等各种各类产品的检验检

---

① 汪丁丁．新政治经济学讲义：在中国思索争议、效率与公共选择［M］．上海：世纪出版集团，上海人民出版社，2013：563.

② 1998 年，郑州市、区两级成立了“馒头办”，对该市馒头生产销售实行执法，对馒头生产实行审批制。要生产馒头，必须到市“馒头办”或者区“馒头办”办理“馒头生产许可证”。2000 年，郑州市政府决定从第二年开始将馒头生产许可证的审批权由原来的市、区两级所有归为市“馒头办”所有，由此引发了两级馒头主管部门之间的矛盾与冲突，最终“馒头办”被撤销。新华网在 2006 年曾发表评论：“馒头办”、“西瓜办”都是“麻烦办”。在群众路线教育实践活动中，全国砍掉馒头办、生猪办等 13 万余个，其中仅湖南减少 1. 3 万余个，江苏、内蒙古分别减少 8472 个和 8081 个。

测，既能保证充分的业务量，又能强化食品检验检测效果，还能有效避免重复建设和无效建设。

三是现行模式下的食品安全监管容易忽视附加风险或者替代风险。也就是说，预期通过管制减少某些食品安全风险，却可能导致其他类型的食品安全风险。比如，全国人大常委会在《食品安全法》（2009）实施的当年在全国范围内开展的执法检查中发现，尽管《食品安全法实施条例》（2009）规定了由同级财政列支和实行经费保障，但中西部和其他困难地区食品安全监督抽检买样费和检验费等仍存在缺少经费来源、经费缺口较大等问题，直接导致监督抽检缩水，影响执法的效果，也容易埋下食品安全隐患。

监管机制法律法规体系的碎片化，加上监管机构监管职能的条块分割，导致在监管实践中的冲突、空白与不协调，这在馒头办和毒豆芽两个轰动全国的案例中得以明确显现。食品安全问题的此起彼伏，接二连三的曝光，使得公众脆弱到不知道吃什么是安全的地步，食品安全领域的信任问题十分严重。要明确的是，这一结果的出现，绝非一朝一夕之功，而是碎片化的监管体制和监管法律法规体系的弊端日积月累的结果。在现实中，监管机构条块分割，并在部门立法的基础上，分别负责各自食品安全监管的职责，与食品安全治理整体性、系统性和协调性的要求相冲突，不能满足当前食品安全治理的需求。这种条块分割的结果是，各食品安全监管职能部门根据相应的部门法规，承担相应的监管职责，呈现出分散管理模式和分业监管的体制，即使会对职责范围内的风险高度敏感，但同时也分割了食品安全治理体系，导致了食品安全治理中的不协调甚至冲突。如新《食品标识管理规定》第十一条与《食品安全法》（2015）第四章第三节“标签、说明书和广告”第六十七条，由于表述的不一致性，具体牵头实施的部门也不一致，必然会产生相应的冲突或不协调。

不但如此，食品安全治理的整体要求，还有可能演变成职能部门之间的权力争夺和资源竞争。由于各种原因，行政部门大多更加重视部门利益，现实中政府是否重视，进而投入大量资源治理某一类型食品安全风险，取决于该风险监管部门公共资源支配能力以及该风险是否引起社会关注。如瘦肉精事件屡次曝光受到公众关注后，国家显著加大了对此类风险防治的重视和投入，相关职能部门趁机扩充相应的机构、人员、检测设备和相关投入，而前文所述高安生猪依然多次被检测出瘦肉精，由此看来最根本的基层风险防治和治理机制的调整依然步履维艰。根据国务院发布的《中国的食品质量安全状况》白皮书（2007），全国共有

44.8万家食品生产加工企业，其中10人以下的小企业、小作坊35.3万家，约占80%；从食品销售环节来看，各类食品经营企业1000多万家，其中有一定规模的企业不足3%，绝大多数为个体工商户。这更加凸显了基层风险防治和治理机制构建中的薄弱和不足。

（二）监管制度的单向性和封闭性

众所周知，食品安全是生产出来的而不是监管出来的。因此，企业应该是食品安全的第一责任人。政府治理推动企业自觉保障食品安全，可以采取如下几个途径：一是推动企业自主治理，自觉保证食品安全，降低监管成本；二是加大食品生产流通违规违法行为惩治力度从而提高威慑力；三是提高食品安全监管的效率，增强威慑力。第一种方法主要靠以竞争为中心的市场治理和自我规制为中心的自主治理；后两种方式主要依靠政府实施，通过立法建立强有力的监管体制并严格执行既定规则（吕忠梅，2009）。[①] 梳理《食品安全法》（2015）可以发现，全文共5处“禁止”、51处“不得”、263处“应当”，也就是说，这部由全国人大通过的法律，在制度思路和结构上依然采取的是命令—服从、标准—遵守、违法—处罚的二元关系模式，显著呈现出单向性和封闭性。

应当说，强制性法律规定是食品安全治理的必要前提，但更高水平的食品安全治理有赖于监管者和被监管者以及利益相关者的共同努力，在协调处理监管者和监管对象及利益相关者的目标价值和利益诉求的基础上找到利益共同点；有赖于在监管者的监管下，通过与被监管者也就是监管对象以及利益相关者的良好沟通，促进被监管者的规制遵从也就是自我规制、自主治理，使得规制落到实处，最终达到良好的治理目标。《食品安全法》（2015）虽然也有诸如“国家鼓励食品生产企业制定严于食品安全国家标准或者地方标准的企业标准，在本企业适

① 事实上，不仅仅是食品安全治理，在药品安全甚至环境和安全生产等方面的治理莫不如此。一个典型的案例是，2015年“8·12天津港特大化工起火爆炸案”后各部门推卸责任的种种表现。吊诡的是，国家安全生产监督管理总局（下文简称国家安监总局）局长杨栋梁作为此次爆炸的国务院安全生产事故调查组组长于8月18日被中纪委宣布调查的前一天，国家安监总局的网站首页还全文推出交通运输部2012年颁布的《港口危险货物安全管理规定》。对于全文没有一处跟安监系统有关的字样，从危险货物的安全评价审批到监管，全部都是“港口行政管理部门”的这个规定，在敏感时刻挂在部门官网首页，涉及的另一个部门——交通运输部的相关工作人员认为这是典型的卸责做法，并认为安全生产监督管理，责任应该在安监部门才对。而整个事件从爆炸发生到安监总局局长被调查，整整8日未见交通运输部发出任何声音。

用，并报省、自治区、直辖市人民政府卫生行政部门备案”等类似规定，但对于企业标准如何使用、如何备案等，尚没有明确的规定，使得企业标准的实施推广尚存在不小的难度。如在公众的观念中，不少人还认为国家标准是最高标准。企业若执行企业自己的标准，能不能被公众所接受所认可？再如，召回制度本是降低食品安全风险的有效手段，在美国等发达国家，企业如果在发生食品安全风险时能够主动召回相关食品，是体现企业社会责任和伦理的有效手段，往往能促进企业声誉和品牌价值的提升。然而，在中国，一旦媒体报道某个企业对某批次食品实施召回，公众第一反应往往是这个企业生产的食品不安全，风险很高，不负责任，再也不能购买这个企业的产品。而超市等终端也会采取下架等手段，避免引起消费者和潜在顾客的不满。这样的现实导致负责任的企业往往低调召回，不负责任的企业干脆就不实施召回。这与《食品安全法》（2015）“国家建立食品召回制度”显然是不协调乃至冲突的。2008 年，三鹿奶粉明知送检的 16 个批次奶粉中 15 个批次均被检出三聚氰胺，事态已经非常严重，然而当时紧急召开的高层经营扩大会上，除了新西兰恒天然派驻三鹿的董事认为应立即召回外，其他高层均认为召回会影响企业声誉，最后决定用偷偷换回方式而不是召回方式解决相关问题。结果半年后三鹿就破产了。为什么会造成这样的结果呢？这很值得深思。

事实上，在“监管者—企业”的二元行政关系中，作为被监管对象的企业，其利益诉求往往难以得到体现①，食品安全法的历次修改和具体食品安全治理实践中，虽然部分企业由于地方保护主义的影响得到了保护甚至是超保护，但作为生产者群体的整个企业群体的利益，甚至作为食品安全第一责任人的企业，其整体利益诉求和相应的权利没有得到完整的表达和实现。因此，在未来的食品安全治理改革中，如何通过制度设计，使得企业能在正确的激励下，主动遵从相关监管，主动进行自主治理，从而推动食品安全治理总成本，也就是实现上述保证食品安全的第一种方式，是未来突破现行食品安全治理制度障碍的首要任务，而不是一旦发现食品安全问题就在公众和上级机关压力下，采取一禁了之的粗暴治理方式。这就要求，在治理理念上改变单向和封闭的管制路径，注重企业的自主治理和以竞争为核心的市场治理，实现政府治理、市场治理和自主治理协同互动的治理理念与制度路径，最终实现食品安全治理的目标。

① 刘超．管制、互动与环境污染第三方治理［J］．中国人口·资源与环境，2015（2）：96－103.

（三）闭环逻辑导致的制度僵化与规制俘虏

单向性和封闭性的食品安全监管制度特征，使其陷入了“闭环逻辑”进而导致治理制度僵化，这并不会因为新《食品安全法》提出了“鼓励社会组织、基层群众性自治组织、食品生产经营者开展食品安全法律、法规以及《食品安全标准》和知识的普及工作”，“食品行业协会应当加强行业自律”，“国家鼓励食品生产企业制定严于食品安全国家标准或者地方标准的企业标准，在本企业适用”之类的规定，就说明食品安全治理的理念已经实现了从单纯依靠政府监管转向了多元共治的公共治理路径，但不能说明食品安全治理实现了从单纯政府监管转向了政府治理、市场治理和自主治理协同互动治理。行政权力主导的食品安全监管制度逻辑，使食品安全治理的效果往往取决于食品安全监管制度和行政手段的完善与丰富程度，以及食品安全行政执法的绩效。这就导致，监管对象自身的特殊性和态度往往并不会被纳入考量范围，也不实质影响食品安全治理制度构建。因此，一旦食品安全事故发生，公众的思维习惯和路径依赖使得社会的第一选择就是加强监管力度，加快制度更新，加大违规违法惩罚力度。然而，相关规制机构却一再用自己的言行让公众逐渐失去对其信任。一个很讽刺的案例是，2016 年 4 月 7 日媒体报道，食药监总局发言人称，近日通报上海公安部门破获的 1.7 万罐假冒名牌奶粉案时所说的假奶粉符合食品安全标准不存在安全风险，主要目的是避免恐慌。[①] 一方面，该案件通报不够及时；另一方面，规制机构居然可以为了所谓的避免恐慌，谎称假冒奶粉符合婴幼儿奶粉国标，这样的行为极有可能引起更大的恐慌。

现实中，规制俘虏和规制偏在是食品安全治理效果不佳的重要原因。规制俘虏是指由于立法者和管制机构也追求自身利益的最大化，因而某些特殊利益集团（主要是被规制企业）能够通过“俘获”立法者和管制机构而使其提供有利于自己的规制。[②] 规制俘获的后果就可能体现在两个层面：一是在相关规制政策设计层面，即规制对象通过各种途径影响甚至操纵规制政策的制定者，从而使规制政

① 胡笑红，潘珊菊．假冒奶粉波及贝因美——食药监总局：此前说假奶粉符合国标是为避免恐慌［BE/OL］．http：//epaper. jinghua. cn/html/2016 -04/07/node_ 353. htm.

② 杜传忠．政府规制俘获理论的最新发展［J］．经济学动态，2005（11）：72 -76.

策符合自身利益[①]；二是规制政策执行层面，规制对象通过俘获公共执法人员，弱化现行规制法律的执行，以维护一己私利。[②] 规制偏在则是，由于各种原因，政府相关职能机构的监管对象往往是在册企业的相关经营活动，对于不在册企业无力监管；甚至对在册企业的违法违规经营活动都存在无从监管的现象。造成这种现象的原因是多方面的：一方面是因为监管机构人员不足、信息不充分，无法监管各种不在册企业和在册企业的违法违规经营活动；另一方面是由于规制俘获和机会主义倾向导致的"偷懒"行为。人们有理由相信，某些违法违规行为的长期存在，相关规制机构是知情的，只是因为各种原因导致了规制机构的"偷懒"。这是因为，一旦规制机构在日常监管中足以勤奋，检查出相当多的违法违规行为，上级考核未必会认为其绩效好，因此最终导致了逆向选择。虽然不完全契约可能会导致缔约失败，也就是会产生食品安全交易的风险，但大企业因为品牌和企业声誉的重复博弈，使得其能够建立起契约的自我实施机制，而菜市场、小餐馆等因为关系型契约的存在也往往注重自己的口碑，从而注重必要的食品安全。因此，真正的食品安全风险是在大量的不在册企业和在册企业的违法违规经营，而现行的食品安全管制理念指引的食品安全监管，由于得不到市场治理和自主治理的有机协同，使得规制俘获和规制偏在的风险显著放大。在食品安全治理的实践中，虽然食品安全立法规定了系统的食品安全监管制度，但恰恰是食品安全监管机构在监管过程中的绝对主导地位，以及法律法规授予的自由裁量权，为现实中监管机构与监管对象特殊的利益结构、被规制企业俘获规制机构提供了制度空间，这主要体现在地方食品安全规制机构规制过程中的选择性规制，甚至是创租式规制。为应对地方保护主义主导的选择性监管，只能不断通过上移执法权、监管权，垂直管理和制度更新（出台更先进更严格的监管制度）等方式来予以应对，无法从根本上解决规制俘获和规制偏在的问题。在新的监管体制与制度出现时，新型的规制俘虏现象又升级换代以规避新的规章制度[③]，于是在如此

① 管制领域最近的一个典型就是2015年"8·12天津港特大起火爆炸案"。交通运输部2012年颁布的《港口危险货物安全管理规定》：规定取得港口经营许可证的港口经营人，在港区内从事危险化学品仓储经营，不需危险化学品经营许可证。这就造成了在港口从事危化品仓储经营不需危化品经营许可证的监管空白。

② 余光辉，陈亮．论我国环境执法机制的完善：从规制俘获的视角［J］．法律科学，2010（5）：93－99.

③ 刘超．管制、互动与环境污染第三方治理［J］．中国人口·资源与环境，2015（2）：96－103.

闭环逻辑中，食品安全治理也陷入制度结构上的恶性循环，并伴随着制度逐渐僵化。

针对上述缺陷，必须首先正确认识到，在好的制度安排下，能够激发企业的伦理道德，能够激励企业主动承担社会责任，因此相关立法应该以激励企业自主治理为出发点，进行立法、执法和规制行为等制度安排的优化，为企业自主治理提供有效的好的制度，从而激励企业自主治理，激励社会有效参与到政府食品安全政策制定和食品安全治理过程中。

第五章　食品安全企业自主治理的多维制度体系

一、构建企业自主治理的政府治理约束

（一）尽快完善食品安全规制法律体系

鉴于前文所述之食品安全法律立法中存在的各种问题，在短期内应以产品责任为本，建立起对食品生产经营企业违法违规行为的有效威慑，长期内则应以推动声誉机制治理为目标，建立政府、市场、企业和社会多元协同共治的治理体系，为企业自主治理提供有效的政府治理约束。尤其是，通过加强政府监管，对违法生产制售假冒伪劣食品的生产者进行严厉查处，从而为市场机制的有效运转奠定良好的制度基础。

因此，尽快以推进企业自主治理、完善产品责任制度为基础，修订完善和细化相关法律法规。以《食品安全法》（2015）为龙头，其他法律法规相配合，辅之以相对完善的食品安全技术法规和食品安全标准，形成以产品责任制为基础、产品责任体系完善的多层次、立体化的法律法规体系，并与《刑法》等相关法律有效衔接，形成对恶意制售假冒伪劣和有毒有害食品行为人的有效威慑。

一是认真梳理国务院各职能部门出台的相关法律法规以及地方出台的各种法律法规，与《食品安全法》冲突的应尽快予以修改完善。

二是尽快完善《食品召回管理办法》、《互联网食品交易管理办法》等重要法律法规并提升其法律位阶，进一步明确执法和协调主体，提升法律的执行力。

三是认真梳理相关法律法规赋予的自由裁量权，通过细化相关执行规则，建立和完善审查制度、信息公开制度、案例指导制度等，形成对规制者选择性规制的有效制约。

四是尽量减少部门立法和部门释法，从产品责任制出发，构建完善法律法规，强化对企业的监督，推动企业自主治理的实施。

五是明确相关治理主体的责任和权力，为其有效参与食品安全治理提供法律保障和法规依据，促使相关治理力量积极发挥作用，尤其是明确政府在保证食品安全上的首要责任，在此基础上，推动软法①建设，为社会治理参与对企业食品安全行为监督创造条件。

（二）完善食品安全规制

食品安全事关每一个公众，且近年来成为公众十分关注的问题。把依法治理食品安全放在依法治国的首要位置和突破口，把食品安全领域的严格执法作为干部“四风”建设和“两学一做”的重要载体和重要突破口，确保相关规制行为依照既定规则行事，以此为基础形成风清气正的监管规则。围绕《食品安全法》，加强对违规违法食品生产经营行为的惩罚，严格追究受监管主体的法律责任；严格监督食品安全行政执法和规制行为，对规制过程进行有效监管，认真落实政府官员违反法定职责的法律责任追究机制，严格依法治理，减少和杜绝规制者寻租现象，确保《食品安全法》贯彻落实。完善食品安全规制，提升监管水平，一方面需要提升监管技术水平，另一方面要提高监管能力和完善监管制度。因此，在不断利用科学技术成果提高食品安全规制的技术能力的同时，还需要加强规制技术手段的创新以及规制制度的完善和实施。

一是要加强对现有法律法规的执行力度，确保按照既定规则行为。进一步加强执法检查力度，加大对违法违规恶意制售有毒有害食品行为的打击力度，尤其

① 软法是与硬法相对应的一种现代法的基本表现形式。硬法是指由国家创制的、依靠国家强制力保障实施的法律法规体系；软法是指不能运用国家强制力保障实施的法律法规体系。具体而言，软法是由国家制定或认可的、行为模式未必十分明确，或者虽然行为模式明确但没有规定法律后果，或者虽然规定了法律后果但主要为自己的法律后果的规则体系，这些规则只具有软约束力，其实施不依赖国家强制力保障，而是主要依靠成员自觉、共同体的制度约束、社会舆论、利益驱动等机制。见罗豪才．公共管理的崛起呼唤软法之治［N］．法制日报，2008－12－04.

是加强飞行检查，保持对恶意制售有毒有害食品行为的高压态势，形成对恶意制售有毒有害食品行为的有效威慑，在全社会确立食品安全产品责任制，明确企业对食品安全的责任和义务，并以此为基础，建立负面清单制度，并严格按照既定规则行为，推动整个社会的诚信建设，建立良好的市场秩序，引导企业合理参与市场竞争。

二是严格食品质量追溯制度。完善数据库建设，强化供应链过程管理，建立健全追溯制度，确保食品链安全；完善食品召回机制，使得食品生产经营企业不能、不敢、不愿意违法违规生产经营。

三是建立和完善食品安全集体诉讼与惩罚制度，形成对违法违规行为的惩罚威慑，提高违法违规行为的预期成本，真正建立震慑机制，产生震慑威力。

四是加强对农村、城乡接合部和食品生产链上规模较小企业等薄弱环节的监督监管，促进信息及时透明公开，尤其是结合公众监督，加强对未注册企业和小企业的检查频次和监管力度，推动食品安全标准的有效落实。

五是整合县级政府下属各部门的检验检测力量，组建县级检验检测公共平台，有效提升基层检验检测技术能力和效率，为食品安全检测提供优质服务。

（三）加强对规制者的约束与监督

更好地发挥政府作用有赖于微观经济基础，也就是企业的有效自律和市场机制的有效运行；市场机制的有效运行和企业自律需要更好地发挥政府作用，从而为其提供良好的制度基础。企业自主治理的外在制度约束需要以政府规制为主体的政府治理行之有效。长期以来，食品安全政府监管屡被人诟病的原因就在于政府监管部门的运动式执法、不作为和乱作为，尤其是利用规制机构的自由裁量权进行选择性规制。而地方政府更是由于经济社会发展的目标与食品安全治理目标存在差异，对相关规制机构的选择性规制缺乏有效的约束。严重的是，部分恶性食品安全事件背后往往存在严重的违法违纪行为。因此，通过加强对规制机构的约束和监督，确保规制机构的规制动力，规避食品安全规制中的不法行为和不当行为。依托整顿干部“四风”和“两学一做”教育活动，严格整顿食品安全规制机构和规制队伍，有效遏制食品安全治理中的选择性规制和懒于规制，尽可能减少规制过程中的随意性、选择性和波动性，使得食品安全规制尽可能维持在高安全水平规制状态。同时，以食品安全治理领域的有效治理作为突破口，树立整个社会的规则意识，推动整个社会治理领域的进步和发展，推动国家治理水平升级。同时，积极完善食品安全领域政府权力清单和负面清单制度建设。

一是中央政府应持续不定期对地方政府监管食品安全的行为进行随机督查，确保地方政府能够始终坚持经济社会发展与食品安全并重，并把食品安全作为地方公共治理成效的显著指标和首要指标进行考核，甚至可以通过把食品安全治理作为地方政府社会治理工作的首要突破口，实现地方政府公共治理中高度重视食品安全的稳态机制。

二是要加强对食品安全规制机构的督查、督导，确立食品安全乃公共安全第一要务，尽可能减少规制行为中的规制波动，从而给企业等市场主体传递错误的信号。稳定的统一标准的食品安全监管，是维持市场秩序有效运转的必要条件。政府规制机构的监管应以维持市场秩序良性运转为目标，对其督查和督导应以其是否有效增进了市场秩序的有效运转、是否增进了居民食品安全的获得感作为评价标准。

三是要加强地方食品安全规制机构的政务公开，便于公众和社会监督。食品安全治理的有效改进，应以建设统一权威的食品安全治理体系为目标，而公开、公正的食品安全监管则是食品安全治理体系是否具有权威性、正当性的基础。在日常监管中，应以食品安全监管政务公开为突破口，尽可能避免食品安全规制的随意性、波动性和选择性，增进公众和社会对食品安全治理的信任和信心。

二、增强企业自主治理的市场治理约束

如前文分析，有效运转的市场秩序是企业进行自主治理的前提。市场经济的核心是规范有序的竞争基础上的优胜劣汰。如果市场机制不健全、竞争不规范，就会导致市场无序、价格混乱、交易成本增大和有效利润降低甚至亏损，也使贩假制劣者有机可乘。

（一）清除市场障碍，净化市场秩序

食品安全治理中，政府的作用更重要的是增进市场机制，为市场机制和企业自主治理提供良好的制度环境。政府功能的发挥以不扭曲市场机制为前提，而且

其目标正在于通过政策的引导、扶持来强化市场机制。针对食品交易中高度信息不对称（也就是质量高度不显示从而高度信息不对称）的领域，围绕企业自主治理的需要，构建必要的政府治理和市场治理约束，使得企业在企业伦理道德作用下，主动选择生产高质量食品，并主动降低信息不对称程度；在其他领域，构建和维护市场机制中的双边交易机制，使得企业在双边交易机制中能够有效自律，实现安全食品交易。这就需要，通过各种手段，如严格责任制下的对低质量食品生产经营行为甚至是恶意制售有毒有害食品的行为进行相应的有效的惩罚，对企业主动进行自律，甚至主动提高食品安全标准的生产经营行为进行相应的表彰和奖励，使企业认识到在规范的市场竞争中，只有通过企业自身的努力，向消费者发出适当的质量信号，并实现与不同质量的其他产品显著区分，从而获得与企业自身努力相匹配的收入回报，否则，即使可能在短时间内和消费者达成低质量食品的交易，一时获利，也随时可能因为被曝光而被消费者所唾弃，长期积累的声誉资本将毁于一旦。

第一，要认真整顿市场管理，切实通过“放管服”改革，保护食品生产经营企业的正当合法权益。彻底打破形形色色的市场壁垒，采取“谁不撤壁垒就撤谁”的得力措施，形成国内统一大市场，并且逐步同世界大市场接轨。对于发达地区与落后地区的差异、不同行业之间的差异，可以运用经济杠杆来调节，不应有任何壁垒。

第二，要推动企业创名牌，积极主动进行声誉投资。对道德伦理水平较高的企业所积极进行的声誉投资，政府要完善相关制度和政策，加大扶持力度，以培育和引导市场主体加强声誉投资，同时也要加强对其声誉等产权资本的保护程度。尤其是对肆意侵占优秀企业无形资产、傍名牌等侵权行为，建立全国统一的严厉打击违法违规生产和侵犯企业合法权益的制度，有效保护企业的正当利益。避免出于地方保护主义、本位主义而保护本地企业，侵犯非本地企业的正当合法利益。

第三，建立和完善食品质量责任保险制度。通过食品质量责任保险制度的建立，有效引入保险提供方对食品生产企业进行约束，同时在发生食品安全风险时，能够对相关利益方提供适度的保障。

第四，推动产品信息公开制度建设。积极推动企业在不影响企业商业机密的情况下，通过市场公共信用信息平台或者企业自建的信息平台充分发布产品信息（如针对公众对餐厅后厨的不了解而产生的逆向选择，可以主动选择以明厨方式在互联网上公开，吸引消费者，这已为部分企业所实践），有效降低食品交易中的信息不对称情况，减少消费者因信息高度不对称而导致的逆向选择。

第五，积极鼓励第三方认证企业参与食品生产质量标准、内部质量管控体系和产品标准等的认证，推进认证企业竞争，实现认证企业的公正性、公开性和公益性发展，并最终实现企业认证在产品质量认证方面的积极作用。

第六，积极通过完善资本市场构建资本市场的食品安全治理机制。在现有主板市场、三板市场、小微企业等多层次资本市场构建并完善的基础上，引导企业上市，充分发挥资本市场的信息发现、价值发现等功能，加强对食品企业的市场化治理，帮助优秀食品企业解决生产经营和扩张中的融资困难问题，鼓励优秀的食品企业有效提升竞争能力；同时有效淘汰劣质食品生产企业。

（二）严厉惩治违法违规企业

有效的市场运转需要市场内的企业通过正当、正义的方式进行市场竞争。丧失伦理的企业的不正当竞争是对市场制度的巨大破坏，一方面会使公众丧失对政府规制有效性的信心，另一方面会使公众对整个市场能否提供安全的食品丧失信任和信心。因此，建立和完善食品质量惩罚性赔偿制度，通过对违法违规企业进行严惩，尤其是在政府监管的日常巡查中对违法违规行为进行及时有效惩处，确保市场有效运转。

一是通过全国性的企业信用信息平台，定期及时公布相关食品企业信用情况和相关责任人的相关信息，从而为企业的生产经营构建一个稳态的信息约束机制。

二是对不符合食品安全标准的企业的相关食品应及时责令召回，对恶意制售有毒有害食品的企业应由公安机关牵头按照《刑法》进行及时严厉的惩罚。

三是通过集体诉讼制度，严格实行食品安全集体赔偿制度，形成对企业不良行为的严厉惩处。

（三）积极构建企业正当利益救济机制

企业通过正当经营获得正常利润是市场经济的应有之义。政府增进市场机制的一个重要内容就是，有效打击破坏市场秩序、侵占企业利益影响正常经营的行为，为合理合法合规的市场竞争提供有效的制度环境。通过切实保护合理合法合规经营企业的正当权益，严厉打击违法违规经营企业的经营行为，严厉打击监管者的违法违规行为，减少、规避监管者的选择性监管行为，减少、杜绝媒体等监督力量的不作为、乱作为，为正当的食品生产经营提供有效的制度环境，尤其是对食品企业正当经营的权利和利润提供有效的保护。一方面，政府治理应注重引导企业正当经营并不断提高食品安全质量水平；另一方面，应构建有效的维护企业正常经营和合法权益的制度框架。加大对制售假冒伪劣食品行为的打击力度；建立食品生产销售企业反诉机制和救济机制，使得企业能够有效反制于新闻媒体、消费者保护协会等第三方组织侵犯企业合法权益的不当监督，避免合法权益受损。

三、提高企业自主治理的伦理约束

大多数食品安全问题发生在生产过程中，因此，食品安全风险预防的重心就在生产过程。通过有效的企业自主治理，能够从根源上有效降低食品安全风险。

（一）引导企业自律，奠定食品安全监管体系的基础

《食品安全法》（2015）号称史上最严的食品安全法规，通过加大违法行为的惩处力度，减少了生产过程中的大量的食品安全失德行为，这充分说明企业自主治理是预防食品安全问题的重中之重。在规范成熟的市场中，企业应具有良好的品牌效应和声誉才能持续获得竞争优势。严肃惩处恶意制售有毒有害食品的行为，表彰鼓励合法正当经营行为，使企业遵从政府食品安全监管得到的利益超过其不遵从政府食品安全监管得到的利益，有效推动企业以建设良好品牌赢得声誉为目标，做好自律、做好各种风险管控，建立良好的自主治理机制，确保食品安全。

一是以食品行业的集体声誉构建为目标，结合企业信用体系建设，推动企业诚信建设。在政府和行业协会统筹管理推动下，建立全国统一的食品安全公共信息平台，加强信息公开，推动行业协会信用评估，完善食品企业的诚信和食品安全承诺制度，鼓励和表彰具有良好信誉和确保食品安全的企业。

二是严格执行食品召回制度，严厉惩罚不诚信企业，构建对企业不诚信行为的严厉约束和威慑，并在此基础上推动集体声誉制度建设，推动行业集体对破坏集体声誉的个体企业进行集体惩罚。

三是充分利用信息技术，完善食品安全溯源和信息主动披露制度，尤其是利用大数据强化食品溯源，提振消费者信心。在召回制度完善基础上，推动企业实施主动召回制度。建立完善“吹哨人”制度，加强企业内部的监督和自律。

（二）完善食品供应链的倒逼责任机制

食品供应链从种植饲养、生产加工到消费等各环节的任何疏忽和问题，都会提高食品安全事故发生的风险。强化食品供应链的纵向契约协作，是降低食品安全风险的有效保障。积极引导大型企业、龙头企业建立和完善食品供应链倒逼责任机制，推动产业链纵向合作与纵向一体化，并形成对供应链上下游企业的有效倒逼、引导和约束，促进企业自主治理的扩展和完善。

一是完善食品供应链各环节的质量安全要求，依靠龙头企业的规范管理，帮助扶持、引导相关小企业和农户进入合作社，建立主企业为依托的食品供应链，逐步让小生产者、小作坊、小品牌“三小”企业成为行业发展正规军。

二是进一步完善食品经销商经营食品的相关证照和追溯标志核验，促使完善企业加强对上游供应商的质量安全约束制度，树立整个供应链共同治理食品安全的局面。

三是强化严格责任原则，推动企业承担义务与责任，明确食品供应链中不同环节企业各自的目标，强化约束机制的有效运转。

（三）发展多样化契约治理结构

食品交易的频率、食品交易的信息不对称程度和企业资产专用性程度是决定食品交易类型的重要内容。不同类型的食品交易应有不同的契约治理结构与之匹配。因此，可以从降低食品交易信息不对称程度和引导企业增加专用性资产投入着手，逐步发展多样化的治理结构。

积极推动食品安全公共信息平台建设，积极引导社会组织围绕降低交易双方信息不对称程度进行食品安全治理。鼓励各省区市建立区域性食品安全公共信息平台，在此基础上，做好国家食品安全信息平台、区域性食品安全信息平台以及企业信息平台的有效对接。完善食品安全企业和个人负面信息公开制度，对恶意制售有毒有害食品的企业和个人建立黑名单制度，并长期在相关信息平台公布。鼓励各类企业和组织进行信息披露、主动承担信息披露责任，并出台政策鼓励和支持新闻媒体、自媒体通过公正的舆论监督和信息传递等多种监管手段和方式，加强对企业诚信的监督和激励。

鼓励企业积极采取标准化生产和透明生产。对于企业制定的超过国家标准或者行业标准的企业标准，以及企业内部相关质量控制体系和质量规范等，可以采取表彰、权威认证等方式加以鼓励。鼓励和引导企业采取透明化生产方式，更加贴近消费者，开放厂区欢迎消费者实地参观。鼓励企业利用互联网信息技术，加强企业对消费者的信息公开和信息透明。鼓励和引导企业积极引入权威性认证组织对企业的生产质量、内部质量管控体系和产品标准等进行认证。

激励企业加强专用性资产投资，尤其是声誉投资。以政府补贴、信贷优惠、专项投资等方式鼓励企业增加质量控制专用性资产，尤其是企业声誉投资；鼓励企业改善资产结构，减少通用性资产在企业资产结构中的比重，增加企业在专用生产设备、检验检测设备、专业实验室和检测人员等方面的投入。引导、激励企业通过伦理道德和社会责任投入树立企业良好的社会形象。对于主动引入权威认证企业对本企业进行相关质量认证的，在政府补贴、信贷优惠和转向投资等方面同等条件下予以优先考虑。

积极推动互联网平台企业加强食品安全自主治理。规范互联网平台企业经营食品的安全性管理，规范食品的采购、上线、运营和下线程序与标准，促进重复性交易基础上的关系型契约治理结构的形成。完善法律法规，明确平台企业对入驻平台的食品安全责任和义务，加强对入驻平台的相关企业进行深入的事前审核和事中监督，并将违规企业及时清出平台。鼓励平台企业将其第三方监督治理机制适度分包给相关消费者和入驻平台企业的内部人，加强和完善对入驻平台企业的监督监管。对自建互联网平台或利用互联网进行食品生产经营的企业，加强准入和事中监管，鼓励社会组织和新闻媒体对互联网平台企业和通过互联网进行食品生产经营的企业进行监督。

四、构建企业自主治理的社会治理约束

食品安全治理主体多元化已经成为共识。各种行业协会、消费者权益保护组织、第三方检验检测机构和有关新闻媒体，都可在食品安全治理中发挥重要作

用。完善社会治理参与机制，要求政府不能随意以稳定等需要压制相关社会组织的维权要求，相关社会组织如新闻媒体等也不可借公共利益之名侵害企业合法权益。

（一）构建鼓励第三方组织参与食品安全治理的制度

第三方参与食品安全治理是社会治理的重要形式。第三方组织虽然没有政府那样的权威，但新闻媒体、公益性社会组织、消费者保护组织和自媒体等对食品生产企业都具有显著的约束力，而第三方检验检测机构为消费者和其他第三方组织参与食品安全治理提供了有效的技术支撑。因此，在国家软法制定中应积极构建鼓励第三方组织参与食品安全治理的理念，并以此为指导完善相关法律法规体系。

一是要建立和完善促进第三方组织参与食品安全治理的法律体系，明确第三方组织参与食品安全治理的地位、空间和职能，尤其是明确第三方组织在信息提供传播、标准制定参与、社会检测服务和受害者援助等方面的职能和功能，积极鼓励各种非政府组织参与食品安全治理，同时在政府行政管理过程中要充分尊重第三方组织参与食品安全治理的权力。

二是要确保消费者及相关社会组织参与食品安全治理的权利，正确引导消费者及相关社会组织参与食品安全治理。

三是建立不良媒体和社会组织的惩罚与清出机制，力保第三方组织在食品安全治理中能够坚持公正、公开、公平、公益。在此基础上，构建社会对政府食品安全治理、食品企业生产经营的有效约束机制和监督机制，形成食品安全政府规制机构合法治理、食品生产经营企业合法诚信经营的良好局面。

（二）充分发挥行业协会在食品安全治理中的独特作用

食品行业协会组织肩负着维护行业整体利益的重任，在协助政府维护市场公平竞争、制定行业标准、进行质量监管等方面具有显著的积极作用，同时在帮助会员企业加强交流、处理生产难题、维护企业合法权益，提升行业竞争力、与政府及其他组织沟通协商、维护行业利益方面也具有重要意义。

积极鼓励在法律授权范围内成立各种形式的行业协会，放开部分行政管制职能授权给相关行业协会，甚至可以把质量标准及质量评价等放开给相关符合资质的第三方组织。鼓励相关行业协会积极参与到食品质量检验检疫、工商流通、行业标准制定、安全信息共享反馈等各环节，有效发挥其在食品安全治理中的积极作用。加强行业协会在清理采购环节隐患、完善供货商审查制度、制定企业采购黑名单等方面的引导、交流、沟通和协调职能。

（三）促进消费者权益保护组织发展及其职能发挥

要充分发挥消费者及其组织参与食品安全治理的积极作用，建立健全消费者奖励举报制度。积极推动消费者权益保护组织的发展，促进民间消费者权益组织的建立和发展，有效引导消费者正确合法的食品安全需求，增强消费者权益保护力度，适当降低消费者维权难度。支持消费者及消费者权益保护组织维权行动，协助行政部门依法打击违法企业，营造积极的维权氛围。

提高消费者的整体食品安全意识和食品卫生知识，减少消费者“逆向选择”现象，促进食品行业优胜劣汰。鼓励广大消费者维权。联合新闻媒体，通过舆论压力的加大形成对非法生产经营企业的有效约束，抑制并打击食品安全领域的违法违规行为，从而实现对消费者合法权益的保护。

（四）加强和规范新闻媒体参与食品安全治理

新闻媒体在促进信息公开、加大对非法生产经营企业舆论压力等方面具有显著的积极作用。鼓励和推动新闻媒体及时传播食品安全信息，加强对不法生产商、不合格产品、不法行为的信息公开和披露，积极发挥新闻媒体在食品安全教育、普及食品消费知识方面的优势，加强食品安全警示教育，尤其是在出现食品安全问题时，通过客观真实的报道，引导消费者理性对待食品安全问题，避免过激反应。

创造条件，减少对新闻媒体正当舆论监督的干涉和管制，加强新闻媒体对政府食品安全监管工作及相关应对处理情况的舆论监督、跟踪报道，提高行政监管效率。规范新闻媒体合法合理参与食品安全监督，规避新闻媒体对企业合法利益的侵害。坚决避免新闻媒体因其商业利益等而以公共利益为名侵害企业正当权益。

专　题　篇

第六章　我国食品企业败德行为治理
——以高安市病死猪肉事件为例

一、我国病死猪肉供应链及其治理现状

通过对已经曝光的病死猪肉案例的分析我们不难发现，对于每一个涉案企业或者个人来讲，其每一个生产环节以及与行业上下游企业之间的关系都可以看作是生产和交换的增值过程，即存在一条贯穿整个病死猪肉行业的供应链。在这条供应链上所呈现出的公共产品特性、后经验性①以及风险叠加，使得供应链中任意节点上的隐患都会对食品安全造成威胁。因此，我们先从病死猪肉供应链着手，分析目前我国病死猪肉行业现状以及各类监管力量在其中的作用，以便找出目前我国病死猪肉治理机制中存在的问题。

（一）我国病死猪肉供应链现状

1. 我国病死猪肉供应链结构

为更直观分析我国病死猪肉供应链的结构，本书引入价值链这一概念进行分析。因为供应链属于一种组织形式，是一个静态的概念，而价值链则强调价值增值的过程，是一个动态的概念。二者虽不能等同，但通常放在一起研究。不论是

---

① 这里的后经验性是指商品的某些特性并不能在第一时间得以察觉，通常情况下需要一个漫长的过程。

供应链还是价值链，都是由市场需求所决定的，价值链依托并决定供应链，而供应链则服务于价值链。假设食品供应链上的每个环节都可以创造价值增值[①]，那么价值链与供应链在某种程度上能够看作相等。显然，病死猪肉供应链之所以能够形成，正是因为在整个病死猪肉流通过程中的每一个环节的参与者都能获得利润，即每一个流通环节都是一个价值增值的过程。因此，我们可以利用价值链增值的特性来梳理病死猪肉供应链的结构。

根据迈克尔·波特对于价值链的解释，价值链上的每一个环节都将影响产品最终价值的形成。因此企业与企业间的竞争不仅是某个环节的竞争，同时也是整条价值链的竞争。企业只有通过生产和交换才能实现价值的增值。企业作为理性人，成本收益的权衡成为追求利益最大化的重要标准，企业的价值增值能力决定了企业利益的多少。在理性预期的前提下，企业在整条价值链以及每一环节中的利润可用$\pi = r - c$来计算，其中，c表示既定制度下的预期成本，r表示理性情况下的收益。由此可见，若企业生产以降低食品质量为代价压低生产成本，将使价值链的增值能力增强，从而激励企业甚至整个行业生产问题食品。

已知价值链是依托供应链而存在的，食品价值链是由供应链上的增值环节构成的。不同的食品价值增值环节不同，食品价值链也存在差异。畜牧类食品的价值链主要分布在养殖、物流、屠宰、深加工及零售等环节。本书认为，在供应链的每一个环节中，食品企业都是理性的，都会追求利益最大化，即在上下游企业交易过程中努力提高售价的同时再降低成本，使得消费者愿意支付的价格与价值创造活动所耗成本的差距（即利润）最大化。

根据典型的食品供应链，假设其价值链主要分布在原材料供应（种养殖）、食品加工、食品物流以及食品零售环节，如图6－1所示。假设四个环节企业产生的利润分别为A、B、C、D。

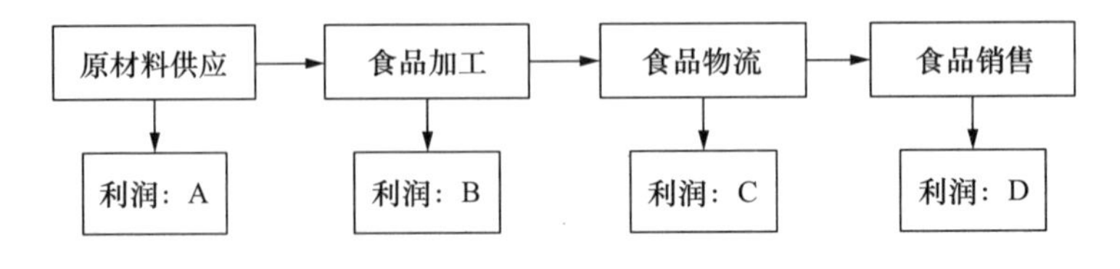

图6－1 典型食品供应链

---

① 迈克尔·波特在1985年所著的*Competitive Advantage*中将“价值链”表现为每个企业在设计、生产、销售、发送等过程中的一系列活动，并将其分为基本活动与辅助活动两种。

具体到病死猪肉的供应链中，也可以大致分为以上四个环节。原材料的供应来源于生猪养殖户，即由于染病、事故等原因非正常死亡的猪只。在掌握生猪养殖户手中病死猪只信息之后，不良猪贩以极低的价格进行收购，并转售至能够躲避执法部门监管与卫生部门检验检疫的半地下或地下屠宰点，最终使得病死猪肉通过零售商贩流入市场，由此形成一条由暴利驱动的，从生猪养殖户到零售商贩的病死猪肉供应链（见图6－2）。

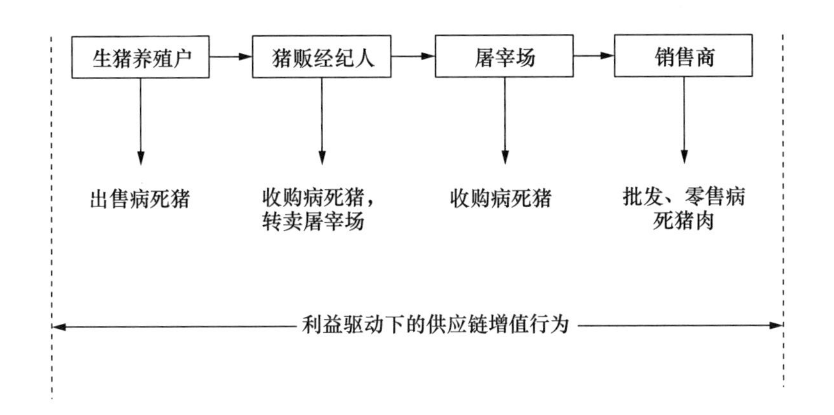

图6－2　病死猪肉供应链

2. 我国病死猪肉供应链的价值增值过程

通过对病死猪肉供应链的结构分析不难发现，如果将供应链中各环节的企业看作以利润最大化为目标的理性主体，则其有强烈的动机通过生产销售比正常猪肉利润更高的病死猪肉来尽量压低生产成本，实现价值增值，进而影响到整条猪肉产业链甚至整个肉制品行业。下面，我们从供应链中的每个环节入手，对病死猪肉从生产到销售的价值增值过程进行分析。

按照《中华人民共和国动物防疫法》相关规定，生猪养殖企业一经发现疫情，需及时对病死猪进行封锁与扑杀处理，严禁其流入市场。但由于牲畜规模养殖本就存在一定的死亡率①，以及一些自然灾害的发生，生猪养殖户都面临着如何处理病死猪只的问题。虽然养殖户能够通过购买保险等方式降低病死猪所带来的经济损失，但为进一步减小损失，很多养殖户仍然会选择私下将病死猪以远低

① 据中国畜牧业信息网（http：//www. caaa. cn）的统计数据，近年来我国生猪养殖病死率为3%左右。

于正常猪只的价格出售给猪贩。在近年来爆发病死猪肉事件的地区，已经形成了由专人从养殖户手中收购之后转卖屠宰场及零售商贩的利益链条。由于病死猪肉高额利润的驱动，不仅无照经营的屠宰企业收购病死猪肉，甚至部分正规经营的屠宰场都私下从猪贩手中购买病死猪肉，在经过加工冷藏后，流入市场销售。零售商只需用新鲜猪肉一半左右的价格就能购得病死猪肉，并在市场上以鲜肉价格与正常猪肉混合销售。由此，在市场监管疏忽与高额利润的驱动下，各环节生产经营企业实现了远高于正规猪肉生产销售价值链的价值增值。在监管存在漏洞以及利益驱使下，价值链中每个环节的市场主体都可以通过合谋败德行为获得价值增值，且增值行为属于正规生猪生产销售之外的收益。但对于社会整体尤其是消费者来说，病死猪肉的价值增值过程却对食品安全甚至民众生命健康造成极其严重的威胁。

通过对病死猪肉价值链增值过程分析，结合目前我国食品行业现状可知，病死猪肉供应链在价值增值过程中有以下特点：

其一，厂商通过要素替代的方式降低生产成本。目前在我国猪肉行业中存在众多规模小、技术落后、缺乏行业规范的生产经营企业，对于这类企业来说，很难通过规模效应降低生产成本，导致市场往往存在恶性竞争，使得部分企业需要用劣质生产要素替代优质生产要素的方式保证利润或占有市场。这里所指的生产要素，不仅包括劣质的原材料，还包括不符合食品生产要求的工人、厂房等劳动和资本要素。

近年曝光的很多食品安全事件中，有很多案例都是劣质原料引起的，比如流入全国各大餐馆的走私“僵尸肉”、用万能牛肉膏制作的假牛肉、添加三聚氰胺的奶粉等，都是企业为了降低成本而采取的最直接的方法。价值链各个环节的企业都会采取这样的方式，因为降低成本是企业可控的最见成效的方法。此外，企业为了控制成本，所聘用的员工和租用的厂房设备很多都不符合卫生标准。家庭作坊、黑窝点无处不在，工作人员文化水平低，操作流程不卫生，厂房环境恶劣，设备脏乱差都在各类新闻中屡屡曝光。这类企业尽一切可能降低成本创造价值的行为，显然已经造成了食品安全隐患。

其二，以信息优势提高消费者支付意愿。由于我国食品行业透明度相对较低，食品企业与消费者间存在严重的信息不对称现象。因此，企业往往利用自身信息优势在食品生产过程中以次充好，以降低实际生产成本，但售价却只略低于同类产品。而大多数消费者由于辨识能力不够，仅从产品的外观入手选择购买，提高了消费者对劣质食品的支付意愿。随着染色脐橙、注胶虾、硫黄熏笋等事件的不断曝光，显示出目前企业欺瞒手段已呈现隐蔽化和多样化趋势，令消费者防不胜防。在当今监管难以迅速生效，以及行业道德缺乏约束的状态下，企业受利益驱动，只要能获取高的利润，就会利用一切办法达到目的。

上述两种价值增值方式，已经渗透入食品供应链的每一个节点，在原有的基础上产生新的增值点，从而形成了问题食品供应链。

除以上两个特点之外，病死猪肉的生产经营活动还存在叠加效应，即问题食品的数量和质量由价值链上各环节厂商的数量与质量决定，当问题食品价值链越长时，链上各生产经营者相互关联，价值链将呈现负面递加的效果。由于我国猪肉行业进出门槛低，价值链形成机制灵活，生产企业若存在违反行业道德或触犯法律法规的行为，即使被社会舆论曝光并被执法部门查处，其沉没成本也很小。这也是近几年执法部门在加大查处力度，端掉不少黑窝点、地下作坊之后，不良企业依旧如雨后春笋般不断涌现的原因之一。因此，病死猪肉供应链难以彻底摧毁，进退灵活的供应链生成机制以及随之带来的企业生存压力，甚至在一定程度上能够吸引更多原本不存在违法违规行为的企业加入生产销售病死猪肉的行列。

（二）我国病死猪肉供应链治理情况

在了解我国病死猪肉供应链结构及其增值过程之后我们发现，虽然供应链的形成与企业受到不法利益的驱动有着直接关系，但在整个行业中，并非缺少抑制病死猪肉供应链形成的手段。从当前主要采取的治理方式来看，病死猪肉供应链主要通过政府规制与市场治理来完成，当然，目前二者都还存在一定的缺陷，下面我们从政府与市场治理两方面，分析病死猪肉的治理情况。

1. 政府对于病死猪肉供应链的治理

政府在病死猪肉供应链治理中的主要方式，包括通过法律法规进行约束以及有关部门对于各生产环节的监督管理。从整条病死猪肉供应链来看，政府治理在屠宰与销售的过程中起到了较为重要的作用。

在生猪养殖环节中，由于养殖户大都规模小、分布也过于零散，虽然基层都配有检验检疫与卫生部门，但人手和技术水平的限制，使得目前很难对家庭养殖以及小规模养殖进行监督管理。为更好地发展生猪生产、提高养殖户对生猪质量的养殖要求，中央财政每年都会拨付专项资金补助生猪养殖户，用于改善养殖环境、良种引进以及卫生防疫。但就目前情况来说，政府部门在养殖过程仍然缺乏直接治理手段。

在生猪流通环节中，政府部门同样负有安全监管的责任，但由于在整个生猪流通过程中，政府部门并没有直接的经济利益，同时生猪批发商与经纪人并非都在政府监管范围内，因此政府难以对猪贩经营病死猪肉的行为进行及时有效的监管，对于该环节病死猪肉流通的控制难度非常大。

政府对于生猪屠宰的监管则较为严格，必须依照国家规定的许可制度对生猪进行屠宰，除农村地区个人自给行为之外，任何单位和个人未经许可不得屠宰生猪。屠宰单位必须获得政府授予的开办权与屠宰许可，并禁止转让，且其选址设立条件和建设标准应符合国务院《生猪屠宰管理条例》的规定，以及国家关于生猪屠宰与分割车间设计规范、肉类加工厂卫生规范、动物防疫条件等方面的要求。另外，生猪屠宰和生猪产品流通行政主管部门会同农业、卫生、环保等部门定期对屠宰场进行监督检查，动物防疫监督机构以及农业行政管理部门也会对猪肉中违禁药物含量等组织检测，未经检疫或者经检疫、检测不合格的生猪不得屠宰。

政府在销售环节的监管同样细致，一系列的法律法规严格规定生猪产品的经营者、从事餐饮行业以及肉制品加工行业的经营者只能从正规渠道购买检验检疫合格，具有明确厂家标识且未对人体有害的生猪产品。同时，行政主管部门会定期对销售情况进行检查，并接受有关生猪销售过程中违法行为的举报或者投诉。

2. 市场对于病死猪肉供应链的治理

市场在病死猪肉供应链治理中的主要方式是经济激励以及企业的自我约束，因此市场治理主要在病死猪肉供应链的养殖与流通环节发挥作用。

养殖环节对于病死猪肉的治理，目前主要依靠养殖户对于自身养殖生猪行为的规范与约束，政府部门在此环节很难形成有效的监管。在我国，目前生猪养殖主要还是以农户家庭养殖或者小规模养殖的方式进行，只在部分地区达到了一定的养殖规模，由此可见，家庭养殖户与小规模养殖户是我国生猪的主要供给来源。对于他们而言，生猪养殖的目的无异于自给与出售两种。

对用于自给的猪只养殖，因养殖的最终目的是自家食用，养殖户对于其质量安全的意识往往非常高，在猪种选择方面，养殖户一般不会追求更短育肥时间的品种而是更注重品种的鲜美度。在饲养过程中，会尽量避免猪只染病，饲料投放过程也会注意添加剂的使用，主要喂食粮食、青饲料以及家庭废料。由于此种养殖行为并不涉及农户商业利益，而是影响农户自身食品安全情况，因此，农户在此类养殖方式中非常重视质量安全，极少出现病死猪的情况，即使出现，养殖户也不会将其用于自家食用。而对于出售的猪只，农户在养殖过程中对质量安全的重视程度则远不及前者，当然，为了保证利润、减少不必要的损失，养殖户也会尽量避免病死猪的出现。首先，在猪种的选择上，大多数养殖户由于文化水平较低，且养殖规模不大，不能选择对农户饲养技术、资金要求高的品种，但也会尽量选择抗药性强、育肥时间短的品种。在饲养过程中，为避免猪只染病死亡，养殖户会在普通饲料中加入含有抗菌素的添加剂，甚至自行喂食部分抗生素。另外，养殖户还可以通过定期为猪只注射疫苗以及改善养殖环境的方式，避免在养殖中出现病死猪的现象，保证生猪在出栏之前满足国家对于猪肉质量的相关标准。

生猪批发商与经纪人作为养殖户与屠宰点之间的媒介，在整条供应链中主要负责生猪的流通环节。为保证猪只的质量，生猪批发商或经纪人在收购过程中会对其进行检查，由于技术与条件的限制，大多数情况下并不能有效检测。而对于部分不法中间商来说，其目的主要是自身利益的最大化，因此只要能够为病死猪肉找到销路，部分中间商并不在意收购生猪的质量。由此可见，在生猪流通环节中，批发商与经纪人由于缺乏有效的激励措施与监管制度，难以抑制病死猪肉的流通。与之相反，部分不法中间商出于利润考虑，对于病死猪肉的需求甚至在一定程度上促进了病死猪肉供应链的形成，成为供应链中最为关键的一环。

屠宰场一般都会采取工厂化的经营模式，为避免在生猪采购过程中收购到病死猪肉，具有一定规模的屠宰场会选择以签订合同的方式向生猪批发商或是生猪养殖户采购，通过固定流通渠道的方式，保证收购到的生猪质量。对于规模较小的屠宰场，即使不存在固定收购渠道的资本与条件，每个正规屠宰场也都配有专职检疫人员，对生猪健康状况、是否度过停药期，以及猪肉中的违禁药品、添加剂进行检测。但需要注意的是，在供应链中的屠宰环节，由于病死猪肉的价值增值水平远高于正常猪肉，因此即使屠宰场与具有规模的批发商以及养殖户捆绑，受到机会主义的驱使，仍然存在着合谋的风险。另外，对于规模较小的屠宰场，普遍存在着检疫人员技术水平不足的现象，部分检疫人员甚至只是通过肉眼观察或是徒手检查的方式进行检验。

猪肉的销售主要分为零售与批发两种方式，为保障其销售猪肉的质量，销售商会选择从正规屠宰场采购通过检验检疫的猪肉，具有一定规模的销售商还会建立进货查验制度，向生猪产品供应者索取销售凭据以及所采购生猪产品的检疫、检验合格证明，这可在一定程度上避免病死猪肉流入市场。另外，社会组织在销售环节的病死猪肉治理中起到一定的促进作用，行业协会通过及时公布的信息与先进的检测技术，能够有效引导销售商采购到健康安全的猪肉；同时，消费者协会等公益性组织也能够通过及时反馈消费者信息，对猪肉质量安全起到反向监督的作用。

二、我国病死猪肉供应链中企业败德行为的典型案例

在对我国病死猪肉供应链的结构、价值增值过程以及治理情况进行分析之后，我们发现，不论政府还是市场都存在着监管或者激励等方式抑制病死猪肉的产生，但是显然这些手段并未能完全禁止病死猪肉的出现与流通。对于供应链中每个环节的部分不法企业来说，当其发现政府政策与市场机制有机可乘时，为了获得更大的利润，就会选择生产、流通、销售价值增值能力远高于正常猪肉的病死猪肉。此类企业的败德行为未能得到有效抑制，正是我国病死猪肉供应链形成，乃至病死猪肉事件频繁发生的关键因素。因此，有必要对这类企业的败德行为做进一步的分析，下面，我们以 2014 年 12 月曝光的高安市病死猪肉事件为例，分析我国病死猪肉供应链中企业败德行为的典型模式。

（一）事件概述

高安市位于江西中部，隶属于素有“赣中粮仓”之称的宜春市，其作为全国畜牧业百强县市，年平均生猪出栏率达 200 余万头。由于生猪养殖过程本就存在一定的死亡率，且高安市大多以家庭养殖与小规模养殖为生，养殖环境条件相对较差，卫生防疫技术也相对落后，生猪在养殖过程中的染病概率要明显高于规模养殖户。据统计，高安市每年有 6 万余头生猪因各类疾病死亡，其中包括被世界卫生组织列为 A 类疾病的口蹄疫等烈性传染病。按照《中华人民共和国动物防疫法》以及当地生猪屠宰养殖行政办法的相关规定，生猪养殖企业一经发现此类疫情，需及时对病死猪进行封锁与扑杀处理，严禁其流入市场。但央视记者通过在当地将近一年的走访调查发现，病死猪肉的流通、屠宰与贩售在当地生猪市场中早已成为公开的秘密，并且出现了一条从养猪户、批发商、屠宰场到销售商

的完整病死猪肉供应链。2014 年 12 月 27 日，中央电视台新闻频道以《追踪病死猪》为题，将高安市的病死猪肉产业公之于众。

记者在调查中发现，多数养殖户为了避免生猪死亡所带来的经济损失，会为其养殖的猪只购买财产保险。此类保险的设立本是为了通过经济补偿的方式抑制病死猪肉流入市场，但在实地调查中，保险公司的勘查人员却成为了病死猪贩信息来源的主要渠道。按照保险规定，养殖户在发现猪只染病或死亡后，应立即向保险公司报备，并由保险公司派出的勘查人员实地考察核实后，对养殖户进行赔偿，并监督养殖户对病死猪只进行无害化处理。在高安市，部分不法猪贩通过贿赂等方式与保险公司勘查人员勾结，掌握当地病死猪只的相关信息。而对于养殖户来说，虽然可以在生猪病死后获得保险公司每头 1000 元的赔偿，但当不法商贩通过保险勘查人员与其联系求购病死猪只时，其为进一步减少损失，仍会以每头 400 元左右的价格出售。记者在当地暗访时发现，当地收购病死猪只的市场火爆，不法猪贩甚至需要通过竞价的方式才能从养殖户手中购得病死猪只。在此类交易中，必须对病死猪只进行无害化销毁的有关规定完全被无视。

不法商贩在购得病死猪只后，一般会以 9.6 元/千克的价格转卖至无证经营的非定点屠宰场进行处理，其价格远低于正常猪肉。在高安市，甚至连具有屠宰许可与经营资质的正规屠宰场都会从不法猪贩手中购买病死猪只，在这类正规屠宰场中，一部分是因为病死猪肉高额利益的驱动，私下从猪贩手中收购病死猪肉；另一部分则是因为检验检疫设备与技术的落后，从而导致无法准确判断收购猪只的健康状况，在调查中记者发现，部分屠宰场的专职检疫人员甚至只通过观察以及徒手摸淋巴的方式来分辨其是否染病，这显然难以保障收购生猪的质量安全，也给不法猪贩留下可乘之机。

屠宰场对所购得的病死猪肉进行处理后，一部分通过加工冷藏制成相关肉制品销往外地。江西作为养猪大省，也是猪肉输出大省，在此次调查中发现这些病死猪肉分别流向附近的广东、湖南、重庆、河南、安徽、江苏、山东 7 省市，仅一个屠宰场的年销售额就达千万元以上。另一部分病死猪肉则流入当地零售市场，零售商只需用新鲜猪肉一半左右的价格就能购得病死猪肉，并在市场上以鲜肉价格与新鲜猪肉混合销售。由于不法猪贩、屠宰场和零售商与当地卫生、防疫、工商行政管理等监督执法部门存在错综复杂的联系，因此市场上这种病死猪肉与新鲜猪肉搭配销售的现象并未得到有效制止，病死猪肉在经过相关处理之后，从外观上与新鲜猪肉无明显区别，消费者在购买过程中也难以进行分辨。

事件曝光后，政府部门第一时间对相关违法犯罪人员进行了查处，其中，农业部、公安部分别派出督导组配合当地有关部门展开现场调查，同时针对周边省市病死猪肉大量流入市场问题，公安部还要求湖南、重庆、河南、安徽、江苏等涉案地区警方依法调查。事件发生后四日，江西省高安市人民检察院以涉嫌玩忽职守罪，对在病死猪肉事件中存在失职渎职行为的高安市畜牧水产局副局长兰长林、副科级干部艾海军立案侦查。对在私屠滥宰和病死猪肉非法交易监管中负有主要责任的8名官员予以免职，查封了涉案的屠宰场，捣毁私屠滥宰窝点，并且传唤了5名相关保险人员进行调查。江西省省长鹿心社在当年全省经济工作会上痛斥当地官员麻木不仁，并承诺：对于高安病死猪肉流入市场一事，一定要依法严肃处理，公开处理结果，举一反三，完善制度，加强监督。

（二）企业败德行为在高安市病死猪肉供应链中的影响

在整个事件中，高安市对于病死猪肉监管的疏忽以及高额利润的驱动，使得生猪供应链中的不法企业选择败德行为来获取更高的利润，各环节生产经营企业实现了远高于正规猪肉生产销售价值链的价值增值，如图6－3所示①。

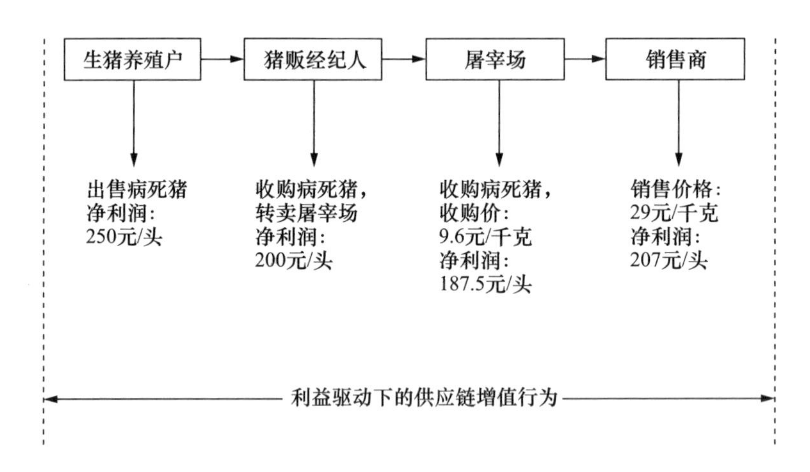

图6－3　高安市病死猪肉供应链价值增值过程

图6－3中，在监管存在漏洞以及利益驱使下，以一头病死猪计算，从养殖户手中至最终销售给消费者共实现价值增值844.5元。其中生猪养殖户增值250

① 资料来源：中国畜牧业信息网（http：//www.caaa.cn）的相关资料数据，2014年12月。

元、猪贩增值200元、屠宰场增值187.5元、零售商增值207元，另外，该价值链中每环节所占比重分别为：0.296、0.237、0.222、0.245，增值分布较为平均，供应链中每个环节的市场主体都可以通过合谋败德行为获得价值增值，且增值行为属于正规生猪生产销售之外的收益。但对于社会整体尤其是消费者来说，病死猪肉的价值增值过程却对食品安全甚至民众生命健康造成极其严重的威胁。

通过研究我们不难发现，企业为追求利润最大化而选择的败德行为，是高安市病死猪肉供应链形成与价值增值的关键，这显然对当地的猪肉行业甚至整个食品行业的质量安全形象带来极其负面的影响，不仅阻碍了食品行业结构优化，损害了社会公信度，同时也给消费者带来生命健康危害，给政府监管及治理增加了难度。

1. 阻碍行业结构优化

病死猪肉供应链为食品上下游企业合谋败德的价值增值行为提供了激励，甚至裹挟原本正常生产的企业为维持运营而加入其中，使得病死猪肉的生产销售行为成为当地猪肉及其相关制品行业企业之间心照不宣的盈利方式。在此过程中，不法企业不仅自己供给问题食品，同时企图通过供应链将问题产品渗入品牌大企业的生产环节，使得原本守信的企业也慢慢加入病死猪肉供给体系中。长此以往，当地整个行业极容易产生“柠檬市场”效应，守信企业要么选择从行业中退出，要么选择接受现状甚至与不法企业合谋。最终，涉及病死猪肉供给的行业或企业总会因为信任破产而受到消费者抵制，进而造成行业竞争力下降，阻碍了行业结构的进一步优化。在事件调查中记者发现，正是不法猪贩利用生猪保险中的监管漏洞，通过与勘查员、养殖户合谋的方式，找出了一条稳定的病死猪肉供应渠道，对正常生猪供应链的管理优化造成了严重冲击。

2. 损害行业社会信任

食品行业社会信誉的形成需要建立在两个前提下，即所有市场主体都必须采取守信的合作方式，以及市场主体都必须按照正规生产流程生产出符合标准的食品。若供应链中某一节点上的市场主体采取失信的合作方式，则在目前链上各环节信息不对称的情况下，即使其他市场主体按照正规流程来生产，上游市场主体提供的要素也已经存在安全隐患，该市场主体不可能生产出安全的食品。由此也会导致守信市场主体的逆向选择，最终加入到不守信市场主体行列中。这样一来，一旦曝光某个市场主体的产品出现问题，对整个行业的信誉都会产生影响。此次病死猪肉事件中，由于部分正规屠宰企业检验检疫设备技术落后，导致部分病死猪肉蒙混过关，以正常猪肉的形式流入市场，而另一些正规屠宰场由于市场竞争激烈以及病死猪肉的高额利润，也选择收购病死猪肉，这些行为都对高安市当地的生猪产业造成了极其严重的负面影响，且这种负面形象在很长一段时间内都难以得到扭转。

3. 危害食品消费者健康

不论是食品原料的以次充好，还是生产销售环境的卫生堪忧，问题食品供给体系的每个环节，都必然会直接威胁到消费者的身体健康乃至生命安全。由此可见，问题食品供应链的影响范围不仅局限于食品行业内部，而且具有极强的负外部性，严重危害了购买食品的消费者安全。在生活水平日益提升的今日，我们的饮食质量却一直在下降，在医疗条件不断改善的今日，依旧不断有人因食品健康原因患病死亡。食品作为一种风险累加的后经验品，对人身健康所能产生的影响在短期内是难以发现的，而问题食品犹如一颗定时炸弹，时时刻刻威胁着人们的健康安全。病死猪肉所携带的链球菌、旋毛虫、炭疽、沙门氏菌等都会对人体健康造成极大的威胁，而且其中很多病菌并不能通过高温消毒的方式完全清除。

4. 提升政府监管难度

就我国生猪行业而言，一条供应链上的市场主体由于数量多，分布零散，且作业场所隐蔽等特点，造成食品监管部门的执法难度极大。特别是在生猪养殖以及流通领域，存在着大量家庭养殖户、小规模养殖户以及兼职生猪经纪人，很难做到对每个个体或企业进行实时监管。另外，即使在 2013 年国务院机构改革对食品监管体系进行大规模调整之后，我国的食品安全监管力量仍由食药监局、卫计委、质检局等多部门共同掌控。针对监管部门各自为政的问题，虽然国家配套了相应的协调机制，但从目前的政策效果来看，仍然无法做到无缝监管。同时，基层监管部门也存在缺乏人力和相应检验检疫技术设备的现象，病死猪肉供应链中企业败德行为对政府监管的阻碍，导致市场主体有时机逃脱，进一步加大了政府监管执法的成本。此外，由于进出门槛低等因素影响，供应链上的市场主体容易被替代，即使一家受到查处，市场上很快会出现另一家类似市场主体进行替代。这些都在一定程度上加大了政府监管和治理的难度。

（三）高安市病死猪肉供应链治理存在的问题

通过媒体报道发现，事实上在高安市病死猪肉事件曝光之前，当地病死猪肉供应链已存在相当长的一段时间，甚至出现了产业化的趋势。值得注意的是，在此过程中，国家有关食品安全，特别是肉制品安全的法律法规都相继出台，质量标准正在逐步提高；另外，随着生活水平的不断改善，民众也比之前更为重视日常食品的安全。在这一现实背景之下，病死猪肉供应链的形成以及此类事件的不断曝光，显示出企业在不法利益的驱动下，当地政府与市场对于其败德行为的抑制力仍然不足，治理方式的选择存在一定问题。

1. 政府治理方式的选择

在我国食品安全治理体系中，政府作为体系中最为核心也最具效率的组成部分，理应在病死猪肉供应链的治理上发挥主要作用。但是在高安市此类事件的曝光过程中可以看出，政府监管部门，特别是基层监管部门在治理方式的选择上存在严重问题，导致在实际治理过程中政府失灵现象频发。

虽然我国早已出台相关规定，要求加强生猪保险与卫生防疫工作协调发展①，部分地区也专门出台法规，对生猪保险的财政补贴、执行监管等内容进行了明确，但高安市在此环节的监督管理上，显然存在漏洞。首先，当地有关生猪养殖、屠宰的相关规定，虽然要求养殖户在保险理赔构成中出具兽医部门的病死猪死亡证明，且在对病死猪进行无害化销毁过程中，卫生防疫部门也必须现场监督。但是，在具体实行过程中，当地对于是否权威机构开具的死亡证明等相关文件的规定并不影响病死猪保险理赔，高安市多数养殖户都会选择在发现病死猪后直接联系保险公司的现场勘查员，卫生防疫部门更无专人对病死猪销毁工作进行监督。整个保险理赔过程几乎处于无监管的状态，导致原本为加强病死猪肉防疫工作、减少养殖户损失的财政支持政策，变相为不法猪贩提供了病死猪肉的消息来源以及供应稳定渠道，成为病死猪肉流入市场的源头。生猪批发商或生猪经纪人作为养殖户与屠宰场之间的中介，职责为促进生猪供应链运转更为顺畅，以及向养殖户推广生猪养殖防疫知识。但由于目前生猪批发商与经纪人并无注册制度，并不需要向生猪供应链的有关监管部门备案，特别是生猪经纪人通常情况下为个体农户，政府难以掌握供应链中生猪批发商与经纪人的具体信息，也就缺乏对其行为进行规范约束的手段。而在生猪的屠宰与销售环节，高安市也存在大量合法企业屠宰销售病死猪肉的现象，当然，政府监管体系以及相关法律法规存在的漏洞是造成这种现象的主要原因之一，但在记者采访过程中发现，当地执法部门对于不法企业屠宰销售病死猪肉并非一无所知，不法企业在高额利润的驱使

① 详细条款见《保监会、农业部关于进一步加强生猪保险和防疫工作促进生猪生产发展的通知》（保监发〔2009〕86号）。

下，由于进入与退出该行业的门槛极低，企业即使被依法取缔之后，也能在短时间内重新投入运营。另外，生猪屠宰与销售环节的企业普遍存在寻租行为，不法企业通过与基层监管部门相互勾结的方式，促使有关机构在审批、检疫等监管执法环节上不作为，降低了企业屠宰、销售病死猪肉的经营风险。

2. 市场治理方式的选择

相对于政府治理，市场对于食品质量的控制在整个食品安全治理体系中同样应当发挥非常重要的作用。这既来自于市场中企业自身对于产品质量的要求，也包括整个行业中上下游企业对于食品安全的控制以及各个环节企业之间的相互监督，而对于高安市的病死猪肉产业链来说，这些市场治理的手段并未显现出其应有的作用与效果。

对于受理生猪保险并负责现场勘查理赔的保险机构来说，为了促使生猪保险与卫生防疫工作更好协调运行，本应在生猪养殖户出现病死猪并对其进行现场勘查的同时，将此类案件的具体情况向当地卫生防疫部门通报，并协助其收集汇总相关信息，但由于保险公司对自身勘查人员缺乏监督措施，导致养殖户、猪贩以及现场勘查员之间产生合谋，妨碍了有关病死猪肉信息的及时传达与通报，加大了政府监管执法的难度。同时，不法生猪批发商在察觉到贩卖病死猪肉的利润远大于正常猪肉的情形下，利用养殖户减少经济损失的心理以及市场监管漏洞，在整个病死猪肉供应链中起到联结作用，在病死猪肉逃过销毁，流入供应链下游的过程中起到了关键作用。而屠宰场作为政府定点屠宰生猪的机构，其本就具有对所购生猪进行初步检验检疫的职责，对于未达到相关卫生检疫标准的猪只，本不允许屠宰。但在高安市众多正规屠宰企业中，大量存在着收购病死猪的现象，这里面有企业本身对于所购猪只检疫工作存在缺失的原因，但更多情况下是由于屠宰企业在利润的驱使下，与收购病死猪的批发商甚至养殖户之间存在勾结。部分屠宰企业在早期并不存在此类现象，但当同行业内越来越多企业进入病死猪肉供应链后所产生的“劣品驱逐良品”现象，加之政府监管的缺失，各屠宰企业也纷纷加入其中，导致其成为行业内“公开的秘密”。作为病死猪肉供应链的终端，在病死猪肉的销售过程中，对于能够从外观直接判断其质量的病死猪肉，很大部分会被冷冻或加工成肉制品进行销售，这不仅能够从一定程度上阻碍消费者对于猪肉本身质量的判断，在肉制品加工过程中所使用的大量添加剂也会对人体健康造成更大的伤害。而对于外观难以分辨的那部分病死猪肉，零售商会以与正常猪肉混合销售的形式出售，对于缺乏专业知识以及检测设备、技术的消费者来说，是很难从直观上对病死猪肉与正常猪肉加以区别的，这也是病死猪肉在市场上长时间流通而未被消费者发现的主要原因。

（四）案例小结

高安市病死猪肉事件曝光距今已过数年，相关责任部门与企业也已经得到惩处，但对于消费者来说，至今仍心有余悸，对于高安市这座以农业为主要产业的城市形象也造成了较大冲击，短时间内难以平复。在此次事件中，病死猪肉供应链各环节企业在不法利益驱使下的败德行为未受到有效约束，是政府与市场在病死猪肉治理中效率低下甚至失灵的关键原因。虽然在事件曝光后，当地病死猪肉行业得到了有效遏制，但这种事后监管的措施显然难以弥补事件对于当地经济以及民众生命健康所造成的影响。不论是政府还是市场，也不论是对于病死猪肉治理体系的构建还是治理方式的选择，都有待于进一步的完善。

三、病死猪肉供应链中企业败德行为治理失效的原因分析

前面通过梳理高安市病死猪肉事件，分析了我国病死猪肉供应链的典型模式与运行情况，也简要地对目前我国政府与市场在病死猪肉治理中存在的问题进行了归纳总结。在此过程中我们发现，整个治理体系不论是政府规制失位还是市场约束失灵，企业在经营过程中选择用败德行为来提高利润的方式，才是造成以上问题的关键因素。因此，厘清供应链中企业选择败德行为的动机与过程，是找准目前供应链治理中存在问题的关键，也能为下一步提出更为精准的政策建议提供理论依据。本书计划从财产权犯罪理论与逆向选择理论方面，对企业败德行为的选择进行分析。

（一）病死猪肉供应链中企业败德行为的潜在动因

1．病死猪肉供应链中的财产权犯罪

财产权犯罪理论最为核心的观点，就是将企业败德行为的动机解释为理性人

追求效用最大化所做出的经济决策[①]，而企业要达到效用最大化这一目的，选择败德行为所产生的预期效用则必须要大于其花费相同时间以及资源在其他经济活动中的预期效用，在此，企业对于败德行为的选择可以看作是其追求利润最大化的一种正常经济行为。在高安市，病死猪肉供应链之所以形成，正是因为不法商贩意识到收购转卖病死猪肉的利润远高于正常猪肉，同时市场以及政府部门又缺乏有效措施进行监管。在这种高额利润与低效管理双重前提下企业产生败德行为的选择，显然符合财产权犯罪理论有关企业犯罪行为动机的解释。

2. 病死猪肉供应链中的逆向选择

在新制度组织理论中，制度的作用在于确保对违反相关规则、法律或是伦理道德的个体做出严厉惩罚，从而起到指导社会行为，稳定社会运行的作用。但制度学者同样认识到，自觉遵守制度并不是人们行为策略选择的唯一选项[②]。事实上，如果法律存在漏洞或是监管不到位，加之社会信任危机的推动，往往会导致规范经营的企业由于其遵守制度而需要承担更加高额的成本，这一反向激励，致使规范经营的企业以及优质的产品因为逆向选择现象被挤出市场。在高安市病死猪肉事件中，这种逆向选择得到了充分体现。生猪养殖作为当地的支柱产业，由于病死猪肉在当地已经形成了完整供应链的运作态势，已不单单是少数不法企业的行为，在政府有关部门不作为甚至默许的情况下形成监管漏洞，不法企业利用与消费者之间存在的信息不对称，通过收购、屠宰、销售病死猪肉，牟取非法利润。在当地，这种败德行为已经形成了群体性的趋势，成为行业内的“潜规则”。在这种情形下，对于正常猪肉供应链中的企业，如果其坚持原有的生产经营策略，则必须付出高于行业平均成本的代价，反之选择败德行为的厂商则将获得市场竞争优势，获取行业内的大部分利润，而合法经营企业会面临利润减少甚至亏损。由此，部分合法经营企业为了保证持续经营，也会选择败德行为作为其经营策略，从而形成合法经营企业被不法企业挤出市场的逆向选择现象。

（二）病死猪肉供应链中政府监管与企业的博弈过程

为了说明病死猪肉供应链中企业为何会选择败德行为，我们需要进一步对这

---

① Becker 在其 1968 年发表于《政治经济学杂志》上的 *Crime and Punishment: An Economic Approach* 一文中，通过计量与古典犯罪学的结合运用提出了这一观点，开启了运用经济学研究犯罪行为的先河。

② Oliver 在其 1991 年发表的 *Strategic Responses to Institutional Processes* 一文中提到，对于企业来说，虽然现实中存在强制性规制机制，但企业会采取一系列措施来规避、违抗和操纵管制。

一情形中政府、企业之间的博弈过程进行分析。在此，我们假设企业为提升利润有优化行为和败德行为两种策略可供选择，其中优化行为表示企业能够通过技术创新、提升服务和产品质量等手段来获取利润，而败德行为则是通过将病死猪肉与正常猪肉混卖，或是别的方式来获取利润。据此，我们考虑三种典型的情况，即单个企业面对不同监管力度、同质企业竞争以及异质企业竞争中的企业行为策略的选择，来分析企业败德行为的动机与选择过程。

1. 企业面对不同监管力度的行为策略选择

首先，我们考虑病死猪肉供应链中单个企业在应对不同政府监管力度的条件下行为策略的选择及其收益。如图 6－4 所示，在此坐标轴中，横轴代表政府监管力度的强弱，纵轴则表示企业收益的大小。对于企业的两种策略选择——优化行为与败德行为来说，当政府监管力度逐渐加大时，随着市场竞争体系的不断规范，通过生猪养殖技术创新、提升产品与服务质量为导向的优化行为能够为企业创造更多的利润。同时，政府监管力度的加大意味着如果企业选择收购、屠宰、贩卖病死猪肉，则其必将面临更大的查处风险以及犯罪成本，因此，企业收益也会随之下降。

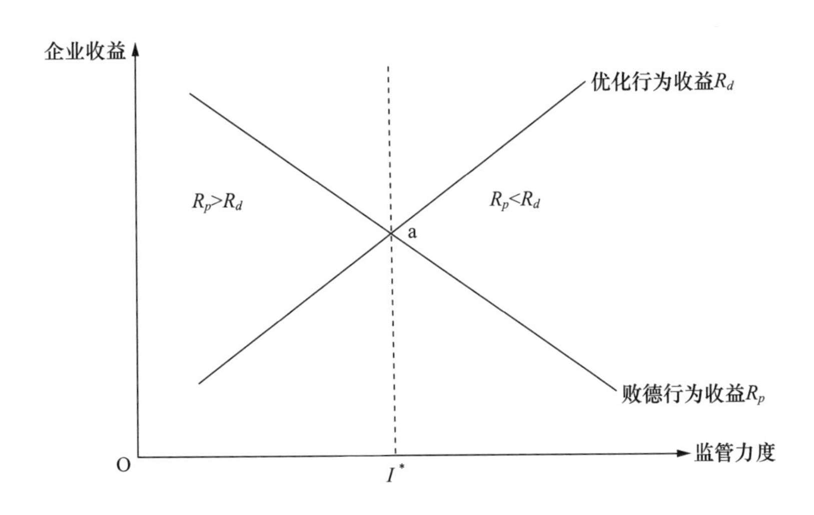

图 6－4　单个企业在不同监管力度下的行为策略选择

在图 6－4 中可以看出，企业经营策略的选择与政府监管力度的强弱之间存在着密切联系，本着追求利润最大化的原则，企业会根据政府监管力度的不同而选择不同的经营策略。图6－4中，企业选择优化行为与败德行为的两条收益曲线相交于点 a，对应的政府监管力度为 I^*。以此为界，当政府监管力度在 $O<I<I^*$ 时，企业选择败德行为的收益曲线在企业选择优化行为收益曲线的上方，根据企业追求利润最大化的特性，企业会选择败德行为作为其经营策略。同理若政府监管力度处于 $I>I^*$ 区间内，此时企业选择优化行为收益曲线在企业选择败德行为收益曲线的上方，显然此时企业会选择优化行为作为其经营策略。

2. 同质企业竞争中的行为策略选择

下面，我们考虑同质企业在竞争当中行为策略的选择情况，在此，为简化分析，我们考虑生猪供应链中A、B两个企业同质，即两个具有相同规模、运营成本以及同质的产品。首先，我们假设市场在信息不对称的前提下，A、B两企业所生产的产品质量信息都难以显示，即A、B两企业在坐标轴中的优化行为收益曲线及败德行为收益曲线都是重合的。在图6－5中我们不难发现，A、B两者的竞争力与行业监管力度以及自身行为策略的选择都存在一定的联系。当监管力度逐渐发生变化时，A、B两个企业的行为策略选择会影响其在市场中的竞争地位，从而导致处于竞争劣势的一方被挤出市场。

如图6－5所示，A、B两个企业的优化行为收益曲线重合，分别为 R_{dA}、R_{dB}，败德行为的收益曲线也重合，分别为 R_{pA}、R_{pB}。图中，企业选择优化行为与败德行为的两条收益曲线相交于点 a，对应的政府监管力度为 I^*。在两个同质企业的竞争中，企业为追求更高的利润以及更强的市场竞争力，其策略的选择将不仅考虑政府监管力度的强弱，同时也会根据行业内具有竞争关系的企业的策略来选择自己采取的行为。在图6－5中，当政府监管力度为 I^{**} 时，有 $O<I^{**}<I^*$，若B企业选择提升技术等方式的优化行为，其收益为 R_{dB}。由于市场当中存在的信息不对称，其供应链下游厂商或消费者很难对产品质量进行分辨，若此时企业A想获得更高的利润，显然会采取败德行为，其收益为 R_{pA}，此时有 $R_{pA}>R_{dB}$，B 企业处于竞争劣势，甚至有可能被驱逐出市场。同理，在监管力度为 I^{**} 时，有 $I^{***}>I^*$，在监管力度较强的前提下，当企业B选择败德行为时，其收益为 R_{pB}，由于较高的管制力度所带来的犯罪成本，其收益不如A企业选择优化行为时的收益 R_{dA}，此时有 $R_{dA}>R_{pB}$，显然在监管力度较大的情况下，采用优化行为的企业更具有竞争优势。

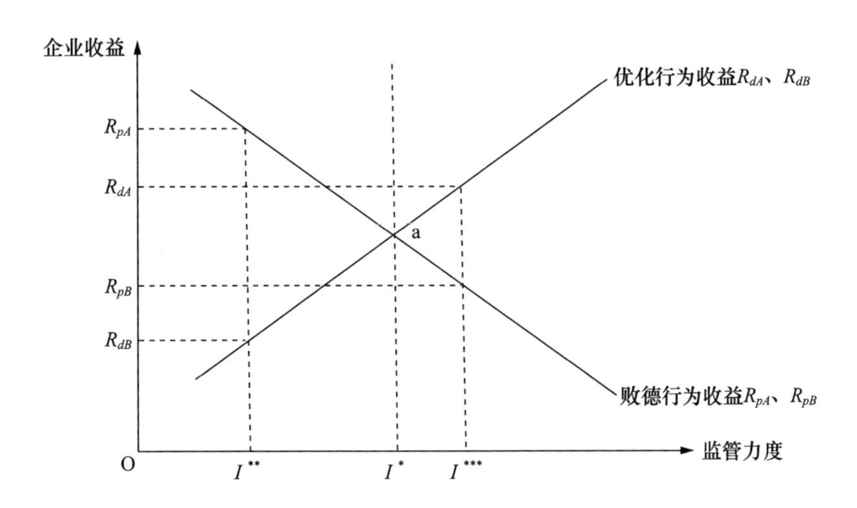

图 6－5　同质企业竞争中的行为策略选择

3. 异质企业竞争中的行为策略选择

考虑病死猪肉供应链中异质性企业竞争时行为选择的情况，假设市场中存在 C、D 两个企业，导致它们间性质存在差异的原因是企业规模及其结构的不同。其中，企业 C 规模更大、结构更为合理，而企业 D 规模较小，结构也较 C 有差距。表现在图形中，企业 C 和 D 的优化行为收益曲线与败德行为收益曲线即存在一定的差异。如图 6－6 所示，对于规模更大、结构更合理的企业来说，其选择优化行为显然更容易产生规模效应，因此在图中企业 C 的优化行为收益曲线 R_{dC}在企业 D 的优化行为收益曲线 R_{dD}的上方。同时，在政府与市场的监管之下，无论监管水平如何，规模更大的企业若采取败德行为被监管者发现的概率显然高于规模较小的企业，并需要承担更高的犯罪成本。因此在图中，企业 C 的败德行为收益曲线 R_{pC}与企业 D 的败德行为收益曲线 R_{pD}相比更为陡峭，其向下倾斜的斜率更大。

图 6－6 中，企业 C 的优化行为收益曲线与败德行为收益曲线相交于点 a，所对应的监管力度为 I^*，企业 D 的优化行为收益曲线与败德行为收益曲线相交于点 b，所对应的监管力度为 I^{**}。首先讨论企业自身策略行为选择的收益情况，对于企业 C 来说，以 I^* 为界，当监管力度 $O<I<I^*$ 时，企业选择败德行为的收益更大，而当政府监管力度处于 $I>I^*$ 区间时，企业选择优化行为更为合理。同理，对于企业 D 来说，政府监管力度 $O<I<I^{**}$ 时，企业倾向于选择败德行为，

而当监管力度 $I>I^{**}$ 时，企业则倾向于选择优化行为。通过对比企业 C 和企业 D 在不同监管力度下对于优化行为与败德行为的选择情况我们发现，企业 C 在监管力度为 I^* 时转变了企业策略，而企业 D 则在监管力度更大的 I^{**} 处选择转变策略。这表明，对于规模更大、结构更为合理的企业来说，其更容易由于监管力度的加强而放弃败德行为转而选择优化行为作为其经营策略。另外，在监管力度处于 $I^*<I<I^{**}$ 的水平时，虽然企业 C 选择优化行为的收益更高，但考虑到生猪行业中绝大部分还是中小规模企业，在质量信息不对称的情况下，优化行为的收益还是很难得到保证，较大规模的企业仍存在着因为逆向选择的挤出效应而采取败德行为的可能性。

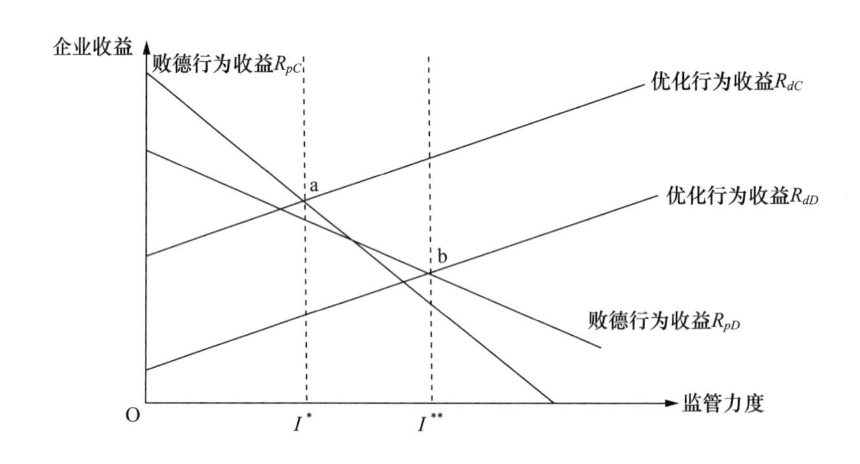

图 6-6　异质企业竞争中的行为策略选择

（三）理论的政策影响解析

通过对生猪供应链中单个企业、两个同质性企业以及两个异质性企业在不同假设条件下经营策略选择情况的分析，我们可以大致将企业行为策略选择的决定性因素归结为两个方面，即政府与市场监管力度的大小以及企业的规模与组织结构。通过对企业策略选择的博弈进行推演，可见我国生猪行业内企业之所以选择组成或加入病死猪肉供应链，与我国目前的生猪行业现状以及监管环境有很大关系，这也是病死猪肉事件频发的重要原因。

从政府与市场的监管力度来看，当前我国的生猪养殖以及卫生防疫，不论从监管机制、监管方式还是监管效率方面都存在一定的问题。首先，虽然经过数次国务院机构调整与改革，在一定程度上缓解了卫生、检验检疫、工商、行政管理等部门功能重叠的现象，但各监管部门仍然缺乏相应的协调机制，特别是基层监管部门由于隶属关系的不一致，存在各自为政的现象。在实际监管过程中，这种缺乏联系沟通的监管机制存在明显漏洞，使得不法商贩能够通过经营病死猪肉获得远高于经营正常猪肉的利润。其次，监管部门效率低下也是造成供应链中不法企业选择经营病死猪肉的重要原因之一。影响监管部门效率的因素既包括之前提到的监管机制结构问题，同时也包括监管部门自身缺乏激励以及再监督。在缺少明确的奖励以及惩处办法的情形下，监管部门的工作效率很难保证，虽然在类似高安市病死猪肉事件等食品安全事故发生后，部分监管部门负责人受到了相应惩处，但这种事后处理的方式显然对提升监管部门效率影响有限。此外，目前我国对于生猪行业的监管严重依赖于政府规制，市场治理难以发挥其有效作用。这一方面是受到了目前我国社会主义市场经济体制，尤其是生猪行业尚不成熟等因素的制约，但是过于单一的监管方式显然并不能对病死猪肉的经营与流转进行有效的抑制，同时也不利于市场高效的运作。政府监管效率有待提升的一个主要原因是其与市场之间存在的信息不对称，而市场的自我治理则是解决这一问题的有效方式。在这方面，我国对于病死猪肉治理甚至整个食品安全的治理方式都存在提升的空间。由此可见，在目前我国政府与市场对于病死猪肉供应链的治理力度之下，企业仍有很大的概率会选择败德行为作为其经营策略。

从前文的分析可以看出，企业的规模以及组织结构同样也是造成我国病死猪肉供应链形成的主要原因，而这也正是我国生猪行业的现状。如表 6 - 1 所示，在 2006 年全国农业普查结果中，九成以上的生猪养殖户采用的是家庭养殖或者小规模养殖的方式。近年来，随着生猪养殖产业化的不断发展，这一情况得到了一定改善，我国生猪行业正在从分散养殖向专业化、规模化、农场化养殖转变。但不可否认，农户家庭养殖以及小规模养殖在目前甚至将来的很长一段时间内，仍然是我国生猪的主要组成部分。而对于这些小规模养殖户，由于其并不具备大规模养殖企业的先进养殖技术以及卫生防疫水平，使得企业很难在选择优化行为的过程中产生规模效应，进而在出现病死猪的情形下选择败德行为作为其经营策略，成为病死猪肉最为重要的来源。由此可见，目前我国生猪养殖较为分散的养殖方式，以及较为松散的组织结构，同样是造成企业选择败德行为的重要原因。

表 6－1　不同规模农业养猪数量及所占比例

数量（头）	养猪农户数		生猪头数	
	数量（户）	比例（%）	数量（头）	比例（%）
≤5	72204232	83.74	160183990	39.62
6～10	8532459	9.90	65774162	16.27
11～20	3624557	4.20	53305597	13.18
21～50	1279970	1.48	41950905	10.38
51～100	352202	0.41	26508738	6.56
101～200	155139	0.18	22680002	5.61
≥201	73916	0.09	33905798	8.39
合计	86222475	100.00	404309192	100.00

资料来源：2006 年全国农业普查数据。

另外，作为造成企业选择败德行为的两大因素，监管力度以及企业组织规模存在着一定的联系，二者相互影响，相互制约。由于政府与市场缺乏对规模化养殖的有效激励，导致我国目前生猪养殖行业仍处于分散养殖的状态，短期难以实现企业规模性养殖。而市场中分散的组织形式，同样不利于解决监管部门与企业间存在的信息不对称问题，加剧了有关部门的监管难度。这种当前监管与行业存在的矛盾，使得病死猪肉供应链中不法厂商的败德行为得不到有效抑制，整个市场运作难以良性循环。

四、政策建议

完善我国病死猪肉供应链治理的关键在于抑制企业败德行为，而通过上述分析，抑制企业败德行为的核心内容是尽量消除政府、市场、消费者之间的信息不对称以及市场规范的确立。以此为目标，具体的几项政策建议可分为政府治理的改进与市场治理的改进两部分。

（一）政府治理的改进之处

1. 改进生猪市场准入管制体系

当下我国采取的市场准入制度主要由三部分组成：生产许可证、强制检验以及准入标志。食品企业必须具备以上三种资质或条件，才能进入食品行业。但由于我国生猪供应链的复杂性以及监管效率低下，生猪行业历来存在准入门槛低，进出灵活，企业在实际进入市场过程中并未完全按照以上标准执行的问题。首先，市场管理存在漏洞，大量家庭养殖户即中小型养殖企业游离于整个食品安全监管之外，并未受到三大准入制度的限制；其次，由于消费者对准入制度认识的缺乏和轻视，在消费过程中并未对厂商和销售方严格筛选，两者相互作用，导致大量并不符合准入制度的企业充斥在生猪行业中。由此一旦形成病死猪肉供应链，其结构之复杂，涉及范围之广令人难以想象。在整治病死猪肉供应链的过程中，若采取推倒重建的方式，则必须付出高昂的治理成本，而由于其再生能力极强，重建成本极低，即很容易在短时间内实现再次运转。因此，完善目前现有的市场准入管制体系，有利于从源头将不良厂商阻隔在生猪行业之外，阻止病死猪肉供应链的形成，帮助行业建立新的生产格局。

在目前卫生部门按照食品种类分类发放生产许可证与准入标志的情况下，许多家庭式养殖户、中小型养殖户是很难获得许可的，但这些商户同样有必要纳入行业监管中，因此，建议在原有基础上，施行分级许可证制度，即按照企业的规模、技术水平与产品性质向其颁发不同级别的生产许可证。对于规模技术水平高、持有高等级生产许可的企业，需要严格按照 HACCP 认证标准对整条供应链进行评价控制，而对于那些相对较弱的企业，可以适当放宽准入门槛，但同时以低级别的生产许可，严格限制其生产的产品种类和供应范围。以此将尽可能多的合格企业纳入到行业管制体系中，限制无证企业的败德行为。一旦败德企业无法进入市场，病死猪肉供应链的形成就受到阻碍，同时也会影响链条上其他企业的价值增值能力，使其丧失竞争优势，无法攫取更多经济租金的厂商就会自动退出病死猪肉市场，转向具有竞争优势的正规生猪生产行业。

2. 完善猪肉质量安全信用档案

我国《食品安全法》第一百一十一条提出，食品生产经营部门应当在相关监管机构建立安全信用档案，以备监管部门日常调阅检查。以精准稳定的食品安全信用档案作为价值链中安全信息生产的传播机制，对于每个环节的食品生产经营者来说都能起到威慑与激励的作用。但从目前颁布的条文来看，对于猪肉质量安全信用档案构建的具体措施仍然要求模糊。首先，安全信用档案的建立由政府牵头，但并未明确说明具体负责的监管部门；其次，我国食品种类众多，厂商诚信意识差，单由政府承担构建档案的工作需耗费大量行政成本；最后，我国存在大量作坊式、家庭式的食品生产企业，在生猪行业中情况尤为显著，对这类企业逐一建立食品安全信用档案存在监管力量不足，难以落实等问题。除此之外，由于目前我国食品安全规制体系尚待完善，与监管客体及消费者间信息沟通不畅，即使食品安全信用档案得以建立，仍然存在公信力缺失的问题。由此可见，我国猪肉质量安全信用档案制度有进一步优化的空间。

鉴于我国生猪行业现状，猪肉质量安全信用档案的优化建议采用“行业自律、重点监管”的总体思路。具体而言，需要将现有猪肉质量安全信用档案构建工作由政府主导转变为行业自主建设，在相关法律法规与标准体系逐步完善的前提下，供应链上各猪肉生产经营企业通过行业自律与道德约束主动完善自身食品安全信用档案，各节点自我规范，上下游互相监督，与政府监管、社会监督配合使用，大大降低信用档案的构建成本，并且有利于提升档案的可靠性和公信力。同时，猪肉生产环节大量小微型企业食品档案信息难以获得的问题，可以通过加强供应链流通环节信用档案的建设来弥补，若猪肉质量安全信用档案在流通环节的作用能够充分发挥，能够倒逼生猪经营企业对上游生产厂商的产品质量进行监督。另外，建议食品行业建立猪肉质量安全基金，用以缓解信用档案构建中资金短缺的问题，资金的筹集主要来源于行业内企业的支持与违法生产经营活动的罚款，并由行业协会代为管理，专款专用于质量安全保障体系的建设与完善。

（二）市场治理的改进之处

1. 提升生猪供应链整合程度

经过一段时间的发展，我国生猪行业已经涌现出一批龙头企业，但从整个供应链角度来看，其规模化经营程度还远远不够。以生猪养殖环节为例，由于我国农村施行以家庭承包经营为基础的双层经营体制，养殖规模分散、供应能力低，各养殖户之间又相互独立。这意味着信息不对称不仅存在于企业与消费者之间，同样存在于供应链中各环节之间。若供应链中某环节企业为获取更多价值增值，利用其具备的信息优势掩盖安全隐患，则会破坏整条供应链的安全性和稳定性。根据“木桶效应”，最终产品的质量安全水平将受限于质量安全水平最差的行为主体。因此，与西方发达国家相比，我国生猪供应链的发展仍然相对滞后、缺乏协调和整体控制能力。以双汇集团的“瘦肉精”事件为例，由于其肉类加工部门及下游零售部门缺少对于猪肉中违禁添加剂“瘦肉精”的检测监管，使得大量含有瘦肉精的猪肉制品堂而皇之地通过各项检测，从供应链源头或直接或间接地流入消费市场。

因此，生猪行业中的龙头企业应当增强对于整条供应链的控制力，逐步尝试推行全产业链的组织模式。即通过对整个食品供应过程的全方位、封闭式、一体化的系统性覆盖，实现对供应链每一环节的有效控制，使得各节点联系更加紧密，以至于供应链上每个主体都能保证质量安全。而这种模式的基础依赖于行业内具备较大规模与先进技术的生产经营企业，以其利益关系为纽带，通过其向供应链上下游延伸或建立合作关系的方式，促使链上其他企业努力改进猪肉安全质量管理水平，从而从客观上维护整条生猪供应链的安全。我国大型食品企业虽然因“毒奶粉”、“瘦肉精”等事件而形象受损，但相对众多中小企业而言，知名品牌仍然更容易赢得消费者青睐。我国生猪供应链中企业若能参考沃尔玛“惠宜”品牌的经营模式，通过延伸供应链的方式持续温和扩张，不仅有助于保障产品质量，同时也能在一定程度上降低总成本，实现供应链增值。

2. 联结食品追溯—召回系统

食品追溯系统作为汇集各阶段信息流的连续性保障体系，在食品安全出现问题时，能够保证消费者与监管部门在第一时间定位问题食品供应链中的问题环节。而在此基础上的食品召回系统，只有在追溯系统有效运转的情况下才能发挥作用，控制问题食品的扩散，同时降低企业与社会的不必要损失。食品追溯系统与召回系统的构建和有效运转，都离不开供应链中各环节企业的主动参与合作。以美国为例，根据2002年颁布的《生物反恐法案》，所有食品生产经营企业必须在FDA或农业部USDA对相关产品信息进行登记以获得认证，同时对生产或流通销售中出现的产品及时采取主动召回行动。由此可见，完善的食品追溯与召回系统有利于企业对食品质量进行控制，同时规避问题食品所产生的成本与信用风险。但由于我国消费者对食品追溯召回认识不够，以及食品供应链产业化程度低等因素影响，目前我国的食品追溯与召回系统尚不成熟，甚至存在脱节的现象。

在问题猪肉的追溯与召回过程中，针对我国食品追溯与召回系统所面临的困境，建议将相对独立的两个体系进行整合，同时在完善相关检测标准的前提下，最大限度地调动企业在问题食品追溯与召回中的主动性。要使得体系有效运转，首先要将供应链中产业化程度较高的企业作为追溯召回的载体，通过其在供应链中的联结作用，克服缓解供应链上下游的信息不对称，实现信息共享，各环节紧密合作解决市场失灵问题，提升整体绩效。同时，各生猪养殖经营企业需要提高查询标识技术水平，为问题猪肉的追溯与召回提供技术保障。对于组织规模大、有技术条件的企业，建议采用国际物品编码协会（GSI）的全球统一标识系统GS1，这不仅利于提升产品追踪效率，同时有助于打破西方国家以此为由设立的贸易壁垒。而针对技术条件相对缺乏的中小型企业或个体养殖户，则只需将相关产品信息如实报备现有追溯召回系统中，以便监管机构与消费者查询。通过联结猪肉追溯与召回系统，将有助于在供应链中构建以记录—标识—追溯—召回为主线的食品安全信息保障体系，各环节自发控制、相互监督，最大限度上减少病死猪肉所带来的负面影响。

第七章　互联网外卖市场食品安全治理

一、互联网外卖市场的食品安全现状

我国目前正处于高速发展时期，尤其是互联网产业发展迅速，其中移动互联网更是伴随着智能手机走进了千家万户，这深刻地改变了人民的生活方式，也给传统行业带来了勃勃生机。互联网充分发挥了自身快速、便捷的特点，大幅提高了消费环节的效率，满足了现代市场需求。“互联网+”使互联网与传统行业的相互促进成为可能，美团外卖、饿了么、百度外卖等餐饮外卖O2O（Online to Offline）平台随之兴起。城市白领及高校学生的快节奏生活，使他们成为互联网外卖的消费主力。而随着我国高等教育的普及、城市化进程的加快，互联网外卖市场潜力巨大。易观智库的数据显示，2016年第四季度中国第三方餐饮外卖市场规模已经达到673.2亿元，同比增长36.3%，仍然保持了高速发展态势。随着移动互联网的普及以及对“互联网+”模式的习惯，用户规模逐渐扩大，互联网餐饮外卖市场也不断成熟，2016年互联网外卖市场用户规模达1.71亿人，发展势头迅猛。伴随着互联网外卖的崛起，食品安全问题再一次摆在我们面前。

作为广大人民最直接、最关心的热点问题，食品安全问题已经成为衡量居民生活水平和国家治理能力的一个重要标志。2015年4月24日全国人大常委会通过了《中华人民共和国食品安全法》的修订，修订版于2015年10月1日起正式实施。互联网交易食品首次被写入相关法律中，新《中华人民共和国食品安全法》的出台也填补了互联网市场食品安全监管的空白。2016 年 7 月 13 日国家食品药品监督管理总局正式公布《网络食品安全违法行为查处办法》，并于 2016 年 10 月 1 日起实施。但随着互联网外卖市场的兴起，为食品安全监管带来了新的挑战。一系列互联网外卖食品安全问题的曝光也引起了广泛的关注。2016 年 3 月 15 日央视“3·15 晚会”曝光了互联网外卖平台的相关问题，其中“饿了么”平台内部分商家存在没有经营执照、生产环境脏乱差和虚假宣传的问题，“饿了么”平台引导入驻商家填写虚假生产经营地址、上传虚假生产场所图片，甚至对没有经营执照的非法商家入驻平台的行为视而不见。2016 年 11 月 10 日中消协发布了《2016 年网络外卖订餐服务体验式调查报告》，报告表明互联网外卖食品安全问题依然严峻，食品安全隐患、无证无资质商家依旧存在。

艾媒咨询调查数据显示，2016 年有 42% 的用户亲身经历过互联网外卖食品安全问题，其中部分用户选择向平台反映问题，这类用户中 71. 3% 满意于平台对问题的处理。[①] 如图 7 – 1 和图 7 – 2 所示。

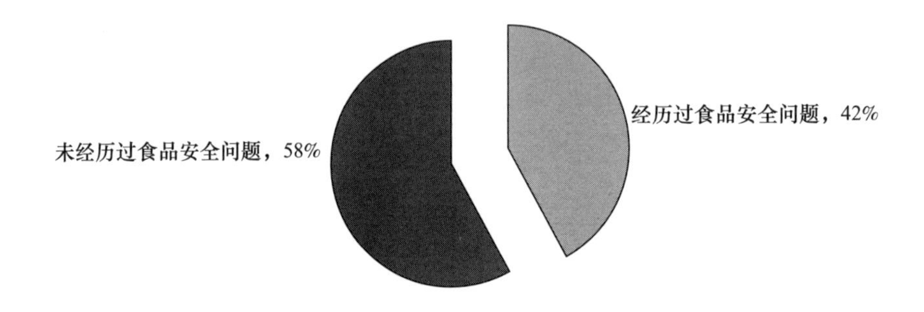

图 7 – 1 2016 年互联网外卖平台食品安全问题亲身经历情况

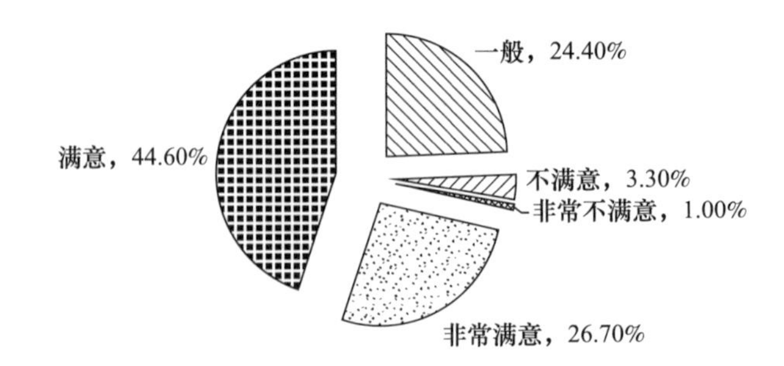

图 7 – 2 2016 年互联网外卖平台用户对平台食品安全问题处理满意程度

① 数据来源：艾媒咨询《2017 中国在线餐饮外卖市场研究》。

过去几年中我国多次更新并完善食品安全规制的相应法规，更是出台了针对网络食品市场的管理办法。我国先于全球其他国家首先在食品安全法中确定了互联网食品交易第三方平台义务和相关的法律责任，也是第一个专门制定《网络食品安全违法行为查处办法》规章的国家，如果不能行之有效地减少互联网外卖市场食品安全问题的发生，那么所有的努力都将化为泡影。

二、我国互联网外卖市场运行机制

（一）互联网外卖市场的形成与发展

传统餐饮市场的发展衍生出众多经营模式，而外卖就是其中的一种。外卖产生之初是由于顾客存在对餐饮食品的消费需求，但是出于各种原因又不愿意堂食，从而产生了顾客到店购买餐饮食品再打包带走的外卖形式。随着电话的普及外卖衍生出新的形式，即顾客通过电话订餐，由餐厅工作人员将外卖食品送到顾客手中。由于是通过电话订餐，并且在收到外卖食品前无法了解到食品的真实情况，所以这种外卖形式的消费者多为对商家较为熟悉的顾客。现阶段，科技产业发展势头迅猛，随着智能手机的普及和移动互联网的快速发展，人们的生活也随之发生了巨大变化，“互联网 +”传统行业的模式给传统行业带来勃勃生机，“互联网 +”外卖的模式也正在改变着人们消费外卖食品的方式。消费者可以通过电脑网页或者手机客户端轻松地发现周边的餐饮商户，相对于传统外卖市场，互联网外卖市场上消费者能够更为便捷地获取餐厅的信息，如餐厅地址、外卖菜品、产品价格以及其他消费者对该餐厅的评价等。这不仅大大节省了消费者对外卖食品的搜寻成本，也同样为商家带来了更多的潜在客户，消费者只需通过浏览电脑网页或者手机客户端，几分钟内就可以轻松挑选好自己所需要的外卖产品，方便快捷，甚至不需要与工作人员沟通，更加符合现代人的快节奏生活。

现阶段，“互联网 + 传统行业”的模式给传统行业带来勃勃生机，也使得传统行业逐步走向智能化。以互联网外卖市场为例，相对于传统外卖市场，互联网外卖市场的兴起显著减少了商家的营销支出以及经营管理成本。互联网外卖最初是由餐饮网络团购演变而来，相对于传统餐饮业，网络团购不仅让消费者足不出户地了解到商家的产品以及价格等信息，商家更是在团购平台上给出各种优惠以吸引消费者。但是餐饮网络团购有着它的局限性，那就是消费者必须到店消费，商家无法提供外卖服务，当消费者遇见恶劣天气或因工作繁忙等原因无法到店消费时就不能完成交易。而互联网外卖的出现解决了餐饮网络团购的局限性，消费者不但能够足不出户地了解到商家的产品、价格和优惠等信息，更能够在一分钟内通过电脑网页或者移动客户端完成外卖产品的下单，在家中就可以轻易地既享受团购的优惠，又享受外卖的便捷。

传统外卖市场相较于互联网外卖市场有着自身的局限性。在传统外卖市场上，消费者主要通过电话向外卖商户订购外卖产品。而商家为了让消费者获悉自身的产品信息、价格信息以及联系方式，不得不通过张贴小广告和散发传单等耗费金钱和劳动力的方式进行宣传。此外，由于商家无法接听消费者同时拨打的电话，给商家和消费者都造成了交易成本的上升。在传统外卖市场上，商户不得不派专人负责接听消费者的电话，并记录消费者所订购的产品及其收货地址；在外卖产品外送时，外送员需准备充足的零钱，以备找零之用，为交易增添了麻烦。这相对于互联网外卖市场来说，无疑是巨大的人工成本的浪费。在互联网外卖市场上消费者可以通过客户端或者网页上的图片更为生动具体地了解到商家的产品信息，甚至可以看到其他消费者对商家及其各个产品的评价，这是传统外卖市场无法做到的。

现阶段我国经济依然保持了稳定增长，人民收入水平稳步提升，城镇化程度不断提高，这都在一定程度上扩大了外卖市场的需求。居民收入的提高使得消费者更愿意也更有能力消费外卖产品。随着城镇化水平的提高，居民生活节奏的加快，部分居民不愿意花费时间和精力在做饭上，由于工作地点远离居住地的关系，外卖产品已经成为都市白领工作日午餐的首要选择。此外，高等教育的普及也促进了外卖市场的繁荣，大学生没有自己做饭的条件，方便快捷的外卖产品就成了大学生的宠儿。

正是上述各种原因，在过去一段时间促进了互联网外卖市场的高速发展，现阶段，互联网外卖市场的规模已十分庞大，无论是使用人数还是交易金额都已经有了一定的规模。但与此同时，互联网外卖市场的发展也进入瓶颈期，同样要面对一些阻碍。

在高速发展期，外卖平台追求的是流量的增长以及入驻商户的增多。流量的增长不仅意味着更多的商机，也更能够吸引商户的入驻。相应地，商户的入驻也使得平台内外卖产品多样化，从而吸引更多的消费者，形成更多的流量。出于对流量以及入驻商户数量增长的需求，部分互联网外卖平台引导入驻商家填写虚假生产经营地址、上传虚假生产场所的图片，甚至对没有经营执照的非法商家入驻平台的行为视而不见。这直接导致互联网外卖平台入驻商户良莠不齐，食品安全存在巨大隐患。然而现阶段消费者已经不满足于外卖食品的多样性，外卖食品的安全状况成为消费者最为关心的问题。艾媒咨询数据显示，在受访的消费者中，有68.3%的消费者在选择互联网外卖平台时会考虑平台的食品安全保障，有58.1%的消费者比较看重平台的送餐速度，有48%的消费者会参考平台的优惠活动。显然外卖食品的安全与否已经成为消费者选择互联网外卖平台的重要标准。

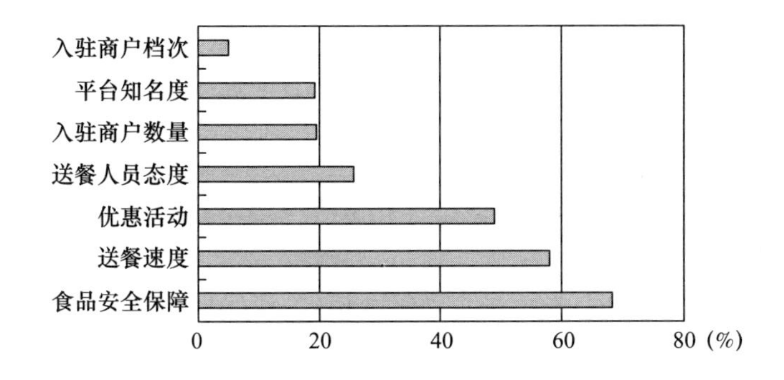

图7－3　2016年中国消费者选择互联网外卖平台考虑因素

当消费者了解到互联网外卖食品安全负面新闻后，有59.7%的消费者会避免使用互联网外卖服务，有23.5%的用户虽然仍会使用互联网外卖服务，但会注意避开被曝光外卖平台。

由图7－4可以看到，互联网外卖食品安全的负面新闻具有负外部性。也就是说一旦有食品安全负面消息被曝光，不仅相应平台自身用户数会大量减少，更会导致整个行业一定时期内消费者数量的减少。

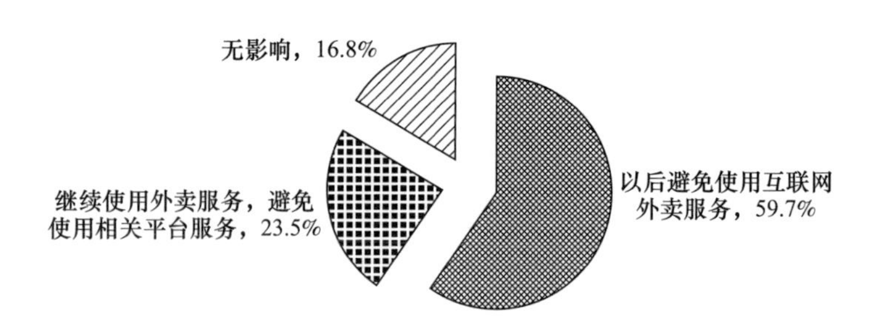

图7－4　2016年互联网外卖食品安全负面新闻对消费者影响情况

互联网外卖行业已经不再处于追求商户数量和平台流量的起步阶段，现阶段互联网外卖市场的竞争将更加激烈，主要体现在外卖食品的安全与服务等方面。互联网外卖市场食品安全问题不仅关系到各个网络平台自身的利益，更影响到整个互联网外卖行业的发展。所以，互联网外卖食品安全的治理问题，涉及的是政府、消费者以及外卖平台共同的利益。

（二）互联网外卖市场的参与主体

本文探讨的主要对象是以第三方平台代理模式为经营模式的互联网外卖市场，该市场上主要包括三个参与主体：第三方平台（代理服务供给方）、消费者（外卖产品需求方）和平台内入驻商户（代理服务需求方、外卖产品供给方）。

1. 互联网外卖平台企业

互联网外卖企业目前主要存在两种经营模式，一种为第三方平台代理模式，另一种为餐饮企业自营模式。第三方平台代理模式是现阶段我国互联网外卖市场的主要模式，也是本章研究的对象。第三方平台代理模式的经营方式主要是第三方平台企业通过自身平台的建设吸引外卖商户入驻，平台企业收取商户的服务费为商户推广信息，并保障交易资金的安全。这种经营模式不仅消除了消费者对交易安全性的担忧，同时也因为入驻商户较多，丰富了平台内外卖产品的多样性，为消费者提供了更多的选择，包括百度外卖、美团外卖、淘点点、饿了么等外卖平台企业都是这种经营模式。而餐饮企业自营模式相对来说存在着一些局限性。首先，餐饮企业需要花费大量的资金开发并宣传自己的电脑网页及手机客户端，因此只有资金雄厚的餐饮企业才能选择这种经营模式。其次，这种经营模式需要餐饮企业本身有较好的信用和声誉，因为随着移动支付的发展和普及，消费者越来越偏好于更为简单便捷的在线支付，如果没有较好的商誉就无法使消费者放心地选择在线支付。所以，以自营模式经营的餐饮企业一般为麦当劳和肯德基等大型连锁企业。

2. 互联网外卖平台用户

平台内入驻商户（代理服务需求方、外卖产品供给方）和消费者（外卖产品需求方）都是互联网外卖平台（代理服务供给方）的用户。

（1）平台内入驻商户，即互联网外卖平台内虚拟店铺的经营者，这些经营者数量众多，小到沿街小贩大到全球连锁品牌都可以成为平台内入驻商户。平台内入驻商户的区域性较强，这是因为远距离的外卖服务会大大增加商户的经营成本，所以商户常常只为一定范围内的消费者提供外卖服务。不同区域内的平台入驻商户也有较大差异，例如高楼林立的商圈附近，平台入驻商户多为注重产品质量、价格较高的餐厅，而高校附近的平台入驻商户多为价格实惠、注重薄利多销的餐厅。

（2）消费者，即互联网外卖平台上的顾客，其可通过网页或客户端在互联网上完成消费。互联网外卖市场上的消费者与传统消费者一样有着不同的偏好，例如都市白领用户更偏好于品质较高的外卖产品，对价格的敏感度较低，相对地，学生用户对价格敏感度较高，价格是他们选择外卖产品的重要因素之一。但无论是都市白领还是学生用户，食品安全问题都是他们关心的重要问题。

（三）互联网外卖市场的市场运作流程

互联网外卖市场的运作模式也趋于多样化，一般而言主要有两种经营模式，一种为第三方平台代理模式，另一种为餐饮企业自营模式，而消费者一般选择个人订餐或者团购订餐。现阶段商户多为第三方平台内的入驻商户，而消费者也多为选择个人订餐的单个消费者，这种商户和消费者即为本章的研究对象。

在外卖市场上商户和消费者都是一个个独立的个体，互联网外卖平台的出现为这些个体提供了交易的可能。互联网外卖平台企业通过建立客户端为商户和消费者提供相应的服务，为商户提供服务的商户客户端可供商户修改店铺信息、产品信息、优惠信息等，此外还能帮助商户管理消费者所下的订单。为消费者提供服务的消费者客户端主要是帮助消费者了解周边商户的信息、商户的优惠信息、商户产品的信息以及其他消费者对商户和产品的评价。此外互联网外卖平台还起到中间人的作用，在交易发生时，消费者将所付款项交给互联网外卖平台，当交易完成后互联网外卖平台再将该款项交付于商户。下面将介绍互联网外卖市场上一笔交易完成的详细流程。

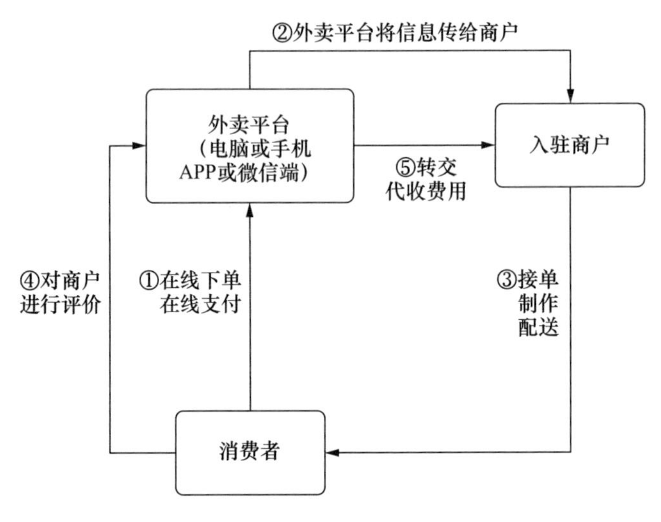

图7－5　互联网外卖运作流程

（1）消费者的餐饮需求。当消费者有外卖产品需求时需要登录网页或者客户端，互联网外卖平台将会依据消费者当前所在的地址或者根据消费者自行输入的送餐地址显示周边的平台入驻商户。消费者可以通过网页或客户端了解到商户的信息、商户的优惠信息、商户产品的信息、商户的送餐速度，以及其他消费者对商户和产品的评价等，从而依据自身的偏好选择所需的产品，确认后完成下单。

（2）消费者支付。在完成下单后，消费者将选择付款方式，一般为货到付款或者在线支付。当消费者选择货到付款方式时，需在送餐员将外卖产品送达时支付费用；若送餐员不是商户本身，则送餐员需将所收费用转交给商户。当消费者选择在线支付时，实际上是将费用交付给互联网外卖平台代为保管，直到交易完成后互联网外卖平台再将所收费用转交给商户，这样既保证了交易的安全，又大大降低了交易成本，所有交易都是在“无纸币”情况下完成的，送餐员也不用为完成交易而准备零钱，交易双方也免去了收到假币的风险。

（3）商户接单。在消费者完成下单步骤后，消费者的信息以及消费者所需产品信息都将上传至互联网外卖平台，由外卖平台转交给商户，商户将选择是否接单。无论商户是否接单，通常都以短信的方式通知消费者，若商户选择接单，短信还常常会告知消费者外卖产品送达的预计时间。

（4）商户制作餐品。商户接单后开始外卖产品的制作。

（5）餐品配送。外卖产品制作完成后，送餐员将外卖产品送到消费者手中。从商户接单到消费者收到外卖产品所用时间都将被互联网外卖平台记录，并显示在商户信息上以便消费者选择合适的商户进行消费。

（6）消费者接收餐品。完成外卖产品消费后，消费者有权对商户以及外卖产品进行评价。消费者的评价将显示在商户信息中，当交易出现纠纷时也可以进行投诉，要求互联网外卖平台介入解决纠纷。

当所有步骤完成后，互联网外卖市场上的一笔交易也就完成了。

三、互联网外卖食品安全治理过程的经济学分析

（一）食品安全监管过程中的多重委托代理关系

首先，中央政府受所有居民的委托，代为监督和管理全国市场上的食品，以确保食品的安全，这是我国食品安全监管过程中的第一重委托代理关系。其次，由于中央政府无法对全国范围内的所有食品进行监管，中央政府委托地方政府负责监督各地食品的安全问题，这便是我国食品安全监管过程中的第二重委托代理关系。最后，在互联网外卖市场上地方政府又委托互联网外卖平台代为监督平台内入驻商户，这样就形成了我国食品安全监管过程中的多重委托代理关系。在第二重委托代理关系中，中央政府运用行政手段在食品生产企业的准入标准、生产过程以及产品质量等方面设立相应的标准和要求，随后委托地方政府代为监管。但在委托代理的过程中存在着许多问题，有可能导致地方政府的治理目标与中央政府不一致。这种目标不一致的情况，将在下面具体分析。

（二）中央政府与地方政府的委托代理关系

我国食品安全监管过程中存在着多重委托代理关系，中央政府与地方政府的委托代理关系是其中一个重要的组成部分。现阶段我国互联网外卖市场食品安全

事故频发，厘清中央政府与地方政府的委托代理关系对我国互联网外卖市场食品安全治理的研究有着重大的现实意义，故本章构建了中央政府与地方政府的委托代理模型，以期为我国互联网外卖市场食品安全治理提供帮助。

1. 委托代理模型的建立

（1）假设变量。

1）代理人地方政府是理性的，符合经济学中理性经济人的假设。

2）变量 x 表示地方政府在食品安全规制活动中的行为。该行动可以理解为地方政府在对食品生产企业进行监督时监管的效果，或者说监管的力度。

3）变量 c 表示地方政府在食品安全规制活动中的行为 x 所花费的成本，即 $c(x)$ 是地方政府在食品安全规制活动中的行为 x 的函数。

4）变量 η 表示在食品安全规制过程中除地方政府以外其他主体行为造成的影响，对地方政府来说为不可控的意外影响。

5）变量 Y 表示食品安全规制的结果，该结果可以由中央政府观测到。这种结果是指地方政府施加行为或影响后导致的区域范围内食品安全状况变化的结果。Y 是地方政府在食品安全规制活动中的行为 x 和不可控因素 η 的函数，即 $Y=x+\eta$。

6）变量 β 表示委托人中央政府对代理人地方政府的奖励系数。

7）变量 g 表示委托人中央政府对代理人地方政府的固定奖励。

8）变量 π 表示食品安全规制结果带来的收益，受到地方政府在食品安全规制活动中行为 x 和不可控因素 η 的影响，且 π 直接归中央政府所有。

9）地方政府面临着来自中央的约束，即参与约束和激励相容约束。也就是说，只有当接受委托代理合同得到的期望效用大于等于拒绝委托代理合同的期望效用时地方政府才会选择接受合同，而中央政府则希望地方政府选择的行动能够使自身期望的边际效用达到最大。

（2）行动次序。

1）中央政府制定监管过程中地方政府有权行使的权利以及相应的义务，并规定当规制结果 Y 达到期望时地方政府获得的奖励以及未达期望时地方政府受到的处罚，即 β 和 g。

2）地方政府基于自身的利益作出理性行为 x，且中央政府无法了解或无法完全了解地方政府的行为 x。

3）不可控因素 η 的发生。

4）地方政府在食品安全规制活动中的行为 x 和不可控因素 η 共同决定地方政府的食品安全规制结果 Y。

5）中央政府观察到结果 Y，并给予地方政府奖励，中央政府选择保持或者调整规制机制。

2. 委托代理模型的分析

（1）假设条件。

1）假设食品安全规制的结果 Y 是地方政府行为 x 的一元线性函数，且是正相关的。也就是说，食品安全规制的产出 Y 随着地方政府行为 x 的增大而增大，但随着地方政府努力程度的提高，Y 从 x 增大中获得的收益逐渐减少。即：

$$Y = x + \eta,\ Y'(x) > 0,\ Y''(x) < 0 \tag{7-1}$$

2）η 是正态分布的随机变量，且均值为零，方差为 σ^2，即：

$$E(\delta) = 0,\ V(\delta) = \sigma^2 \tag{7-2}$$

也就是说规制效果的均值只受地方政府努力水平的影响，与不可控因素 η 无关。

3）地方政府的行为 x 和不可控因素 η 共同影响两个变量，即规制结果 $Y(x,\ \eta)$ 和收益 $\pi(x,\ \eta)$，二者都是 x 的严格递增凹函数。

4）中央政府和地方政府是风险中立的，且地方政府的报酬是产出的线性函数，记为 $w(Y)$，即：

$$w(Y) = g + \beta \times Y \tag{7-3}$$

（2）收益函数。

1）中央政府的收益函数。食品安全规制的结果为 $Y(x,\ \eta)$，中央政府作为委托人在食品安全规制中的收益可以表示为 $\pi(x,\ \eta)$，当给定 η 时，地方政府越努力行为值 x 就越大，相应的规制收益就越大，但是地方政府努力的边际效益是递减的，且 π 是 η 的严格增函数，得到：

$$\pi = Y - w(Y) \tag{7-4}$$

假设 $v(Y - w(Y))$ 为中央政府的预期效用函数，且 $v' > 0$，$v'' < 0$。由于中央政府和地方政府都是风险中立的，可以得到 $E(v(Y)) = v(E(Y))$，又 η 是均值为零的正态分布随机变量，所以：

$$E(Y) = E(x + \eta) = x \tag{7-5}$$

中央政府的预期收益为：

$$\begin{aligned} E(Y - w(Y)) &= E(Y - g - \beta \times Y) \\ &= -g + E((1 - \beta) \times Y) \end{aligned}$$

$$= -g + (1-\beta)E(Y)$$
$$= -g + (1-\beta) \times x \qquad (7-6)$$

2）地方政府的收益函数。假设 $w(Y) - c(x)$ 为地方政府的收益，那么 $u(w(Y) - c(x))$ 就为地方政府的预期效用函数，且 $u' > 0$，$u'' < 0$，$c' > 0$，$c'' < 0$。则：

地方政府的实际收益为：

$$w(Y) - c(x) = g + \beta \times (x + \eta) - c(x) \qquad (7-7)$$

地方政府的预期收益为：

$$E(w(Y) - c(x)) = E(w(Y)) - c(x)$$
$$= g + \beta \times E(Y) - c(x)$$
$$= g + \beta \times x - c(x) \qquad (7-8)$$

（3）求解及分析。通过地方政府收益最大化可得：

$$\max_x[E(w(Y) - c(x))] = \max_x[E(g + \beta \times (x + \eta) - c(x))]$$
$$= \max_x[g + \beta \times x - c(x)] \qquad (7-9)$$

故可算出最优行动解 x^* 存在的必要条件为：

$$\beta = c'(x^*) \qquad (7-10)$$

该等式的经济学含义为：当地方政府监管的边际收益等于为监管行为所付出的边际成本时，此时的监管行为 x^* 为委托代理关系中的最优行动解。当地方政府监管行为的边际成本 $c'(x)$ 大于监管的边际收益 β 时，地方政府所付出的努力是得不偿失的，所以地方政府有减少努力的倾向；当地方政府监管行为的边际成本 $c'(x)$ 小于监管的边际收益 β 时，地方政府付出更多的努力可以获得更多的收益，所以地方政府有更加努力监管的倾向，最终地方政府会将监管行为 x 确定为 x^* 不再改变。

（4）结论。由中央政府与地方政府委托代理模型的分析可以发现，在委托代理的过程中地方政府的治理目标与中央政府并不一致。这种不一致主要源于以下两个方面：首先，地方政府如果严格执行中央政府的指示对食品生产企业从严监管，有可能使得本地的食品生产企业在和其他食品生产企业的竞争中处于劣势，甚至有可能导致食品生产企业的逃离，从而影响本地区经济的发展。其次，地方政府存在懒政的倾向，即在监管过程中中央政府无法了解到地方政府的监管力度，只能从监管结果对地方政府的监管力度做出判断，并且这种判断不一定准确，所以地方政府很有可能选择懒政，而不是严格执行中央政府的要求对食品生产企业进行监管。通过对模型的解析也可以发现，无论其他因素如何改变，最终地方政府会将监管行为 x 确定为 x^* 而不再改变，而地方政府的最优行动解 x^* 与地方政府监管的边际收益 β 呈正相关关系，也就是说当地方政府监管的边际收益 β 增大时，地方政府对食品生产企业的监管力度也将加大，即中央政府给予地方政府监管的奖励越高，地方政府对食品生产企业的监管力度也将越大。

（三）地方政府与互联网外卖平台的博弈分析

作为代理人的地方政府在食品安全治理中接受了中央政府的委托，依法对互联网外卖平台进行监督管理。在规制过程中互联网外卖平台与地方政府存在着某种博弈关系。本节将以博弈论为研究工具，分析探讨地方政府与互联网外卖平台之间的博弈关系。

1. 地方政府与互联网外卖平台博弈关系

高速发展期，外卖平台追求的是流量的增长以及入驻商户的数量。流量的增长不仅意味着更多的商机，也更能够吸引商户入驻。相应地，商户的入驻也使得平台内外卖产品多样化，从而吸引更多的消费者，形成更多的流量。出于这一考虑，部分互联网外卖平台引导入驻商家填写虚假生产经营地址、上传虚假生产场所的图片，甚至对没有经营执照的非法商家入驻平台的行为视而不见。这直接导致互联网外卖平台入驻商户良莠不齐，食品安全存在巨大隐患。和中央政府与地方政府委托代理机制类似，互联网外卖平台对平台内入驻商户进行监督管理时倾向于选择对自身有利的行动，从而实现自身利益的最大化。然而在缺乏约束的情况下，互联网外卖平台自身的利益往往是与全社会的利益相背离的，如果不能对互联网外卖平台进行有效的约束，互联网外卖市场的食品安全问题将很难得到解决。

互联网外卖平台在为商户提供服务时，会就是否遵从政府制定的规则对商户实行有效的监管进行权衡，当外卖平台对入驻商户的违规生产视而不见时，平台能够吸引更多商户入驻，商户的入驻也使得平台内外卖产品多样化，从而吸引更多的消费者。当平台内商户因违规生产而被查处时，外卖平台将受到政府处罚以及声誉的损失。而平台入驻商户因违规生产被查处的概率与地方政府的监管力度有关，因此地方政府与互联网外卖平台存在行动上的决策博弈。

2. 地方政府与互联网外卖平台博弈模型

（1）基本假设。

1）博弈中只有两个参与主体，分别为地方政府和互联网外卖平台，而且博弈中信息是完全的，即双方都了解各项行为的收益和成本。

2）博弈双方的行为是同时发生的。也就是说两者在做出决策前都不清楚对方会做出何种决策。

3）地方政府主管部门，作为规制主体对互联网外卖平台进行监管管理。地方政府无法了解互联网外卖平台是否对该平台商户进行监管，只能对平台内商户的生产是否违规进行监管。我们假设如果商户存在违规生产，只要地方政府进行监管就一定能发现商户违规，则其行为策略为（监管，不监管），监管概率为 P_1，不监管的概率则为 $1-P_1$，且 $0\leqslant P_1\leqslant 1$。这也可以理解为监管部门的监管频率越高，受监管者被监管的概率就越高。此外，设监管付出的成本为 C_1。

4）互联网外卖平台，作为被规制对象受到地方政府的监督管理，同时对平台内的商户而言它又是监管者，要决定是否约束平台内的商户合规生产。这里我们假设互联网外卖平台只要选择约束，那么该平台的商户就会合规生产；如若不约束，则该平台商户出于利益的驱使就一定会违规生产，但不约束可以为平台吸引更多的商户从而获得额外收益 Q。其行动策略为（约束，不约束），不约束的概率为 P_2，约束的概率为 $1-P_2$，且 $0\leqslant P_2\leqslant 1$。由于不约束而产生食品安全事故或者被地方政府监管部门发现安全隐患，互联网外卖平台将损失声誉 φ，缴纳罚款金额 F。

5）当地方政府不监管，互联网外卖平台也不约束，并且发生食品安全事故或者由于其他原因食品安全隐患被曝光，造成的政府声誉的损失为 α，受到中央政府的处罚为 β，发生事故的概率为 P_3，不发生事故的概率为 $1-P_3$，且 $0\leqslant P_3\leqslant 1$。当地方政府监管而互联网外卖平台不约束时，地方政府可以从互联网外卖平台的罚金中获得监管所得的 μF，且 $0\leqslant \mu\leqslant 1$。

基于上面的假设，可以得到地方政府与互联网外卖平台间的博弈矩阵，如表 7－1 所示。其中第 1 个数表示互联网外卖平台的效用，第 2 个数表示地方政府的效用。

（2）可能的均衡。

1）地方政府监管部门的最优监管概率。

①设 E_1 为互联网外卖平台不约束平台商户的预期收益，则得到：

表7-1　地方政府主管部门与互联网外卖平台效用矩阵

<table>
<tr><td>地方政府
互联网外卖平台</td><td>监管（P_1）</td><td colspan="2">不监管（$1-P_1$）</td></tr>
<tr><td rowspan="2">不约束（P_2）</td><td rowspan="2">$Q-\varphi-F$，$\mu F-C_1$</td><td>发生事故（P_3）</td><td>$Q-\varphi-F$，$-\alpha-\beta$</td></tr>
<tr><td>未发生事故（$1-P_3$）</td><td>Q，0</td></tr>
<tr><td>约束（$1-P_2$）</td><td>0，$-C_1$</td><td colspan="2">0，0</td></tr>
</table>

$$E_1=P_1(Q-\varphi-F)+(1-P_1)[P_3(Q-\varphi-F)+(1-P_3)Q] \tag{7-11}$$

②设 E_2 为互联网外卖平台约束平台商户的预期收益，则得到：

$$E_2=P_1\times 0+(1-P_1)\times 0=0 \tag{7-12}$$

假设互联网外卖平台约束和不约束平台商户的预期收益无差异，即：

$$E_1=P_1(Q-\varphi-F)+(1-P_1)[P_3(Q-\varphi-F)+(1-P_3)Q]=0=E_2 \tag{7-13}$$

解得：

$$P_1=\frac{P_3(\varphi+F)-Q}{P_3\varphi+P_3F+\varphi-F}=1-\frac{\varphi+Q-F}{P_3\varphi+P_3F+\varphi-F} \tag{7-14}$$

P_1 的解释说明，地方政府监管部门的最优监管概率 P_1 与变量 P_3、φ、F、Q 有紧密的联系。也就是说，在其他因素不变的情况下，地方政府监管部门的最优监管概率与政府机构对互联网外卖平台的处罚力度 F、发生事故时互联网外卖平台所损失声誉 φ，以及发生食品安全事故或者由于其他原因食品安全隐患被曝光的概率 P_3 成正比，与互联网外卖平台不约束平台内商户所获得的额外收益 Q 成反比。

2）互联网外卖平台不约束平台商户的最优概率。

①设 E_3 为地方政府主管部门选择监管的预期收益，则得到：

$$E_3=P_2(\mu F-C_1)-C_1(1-P_2) \tag{7-15}$$

②设 E_4 为地方政府主管部门选择不监管的预期收益，则得到：

$$E_4=P_2P_3(-\alpha-\beta) \tag{7-16}$$

假设地方政府主管部门选择监管和不监管的预期收益无差异，即：

$$E_3=P_2(\mu F-C_1)-C_1(1-P_2)=P_2P_3(-\alpha-\beta)=E_4 \tag{7-17}$$

解得：

$$P_2=\frac{C_1}{\mu F+P_3(\alpha+\beta)} \tag{7-18}$$

P_2 的解释说明，互联网外卖平台不约束平台内商家的概率 P_2 与变量 C_1、μ、F、P_3、α、β 有紧密的联系。具体而言，在其他因素不变的情况下，互联网外卖平台不约束平台内商家的概率 P_2 与监管部门的成本 C_1 成正比，与政府机构对互联网外卖平台的处罚力度 F、监管部门从监管所得中获得收益的比例 μ、发生食品安全事故或者由于其他原因食品安全隐患被曝光的概率 P_3、发生食品安全事故或者由于其他原因食品安全隐患被曝光时政府受到的声誉损失 α 和发生事故时地方政府受到中央政府的处罚力度 β 成反比。

（3）地方政府与互联网外卖平台的博弈结果分析。

由以上可得，地方政府与互联网外卖平台博弈的混合策略纳什均衡为：

$$P_1 = \frac{P_3(\varphi + F) - Q}{P_3\varphi + P_3F + \varphi - F} \tag{7-19}$$

$$P_2 = \frac{C_1}{\mu F + P_3(\alpha + \beta)} \tag{7-20}$$

也就是说，地方政府以 $\frac{P_3(\varphi + F) - Q}{P_3\varphi + P_3F + \varphi - F}$ 的概率进行监督管理，而互联网外卖平台则以 $1 - \frac{C_1}{\mu F + P_3(\alpha + \beta)}$ 的概率对平台内商户的生产活动进行约束。

1）由式（7－19）的博弈均衡结果，得出如下结论：

在其他因素不变的情况下，政府机构对互联网外卖平台的处罚力度越大，地方政府监管部门的最优监管概率越大；发生食品安全事故或者由于其他原因食品安全隐患被曝光的概率越大，地方政府监管部门的最优监管概率越大；发生事故时互联网外卖平台所损失的声誉越大，地方政府监管部门的最优监管概率越大；互联网外卖平台不约束平台内商户所获得额外收益越大，地方政府监管部门的最优监管概率越小。

2）由式（7－20）的博弈均衡结果，得出以下结论：

在其他因素不变的情况下，地方政府监管部门的成本越大，互联网外卖平台不约束平台内商家的概率越大；政府机构对互联网外卖平台的处罚力度越大，互联网外卖平台不约束平台内商家的概率越小；监管部门从监管所得中获得收益的比例越大，互联网外卖平台不约束平台内商家的概率越小；发生食品安全事故或者由于其他原因食品安全隐患被曝光的概率越大，互联网外卖平台不约束平台内商家的概率越小；发生食品安全事故或者由于其他原因食品安全隐患被曝光时政府受到的声誉损失越大，互联网外卖平台不约束平台内商家的概率越小；发生事故时地方政府受到中央政府的处罚力度越大，互联网外卖平台不约束平台内商家的概率越小。

（四）准入阶段互联网外卖平台与商户间的不完全信息动态博弈

互联网外卖平台能否遵守规章制度对平台内的商家做到有效的约束是互联网外卖食品安全的核心问题，也是互联网外卖食品安全治理的着力点。过去几年互联网外卖市场处于起步和快速扩张阶段，相关法律规章也不完善，给了不法商家可乘之机，各个互联网外卖平台为了开辟市场和吸引商户也不惜违反有关规定降低平台准入门槛。相对于传统餐饮服务业，如果不存在互联网外卖平台的监管，则平台商户有更大的倾向违规生产。这主要是由于互联网外卖市场与传统餐饮服务市场相比存在一些新的特点。存在大量虚假信息，相比于传统餐饮服务业，互联网外卖平台上的商户与消费者存在着更为巨大的信息不对称。在大部分传统餐饮服务业中，消费者虽然不能够了解食品全部的信息，但是消费者所了解的信息可信度较高，而在互联网外卖市场上消费者了解到的信息可能和实际情况背道而驰。在互联网外卖市场上，消费者主要通过电脑或者手机 APP 订购外卖，这使得消费者只能通过商家给出的信息和其他消费者过去的评价来了解商家。而目前通过虚假图片误导消费者已经成为互联网外卖市场上商户的惯用手段，甚至商户还可以通过“刷单”来提高店铺的评价。所以探讨互联网外卖平台如何能够有效地监督和管理商户就变得尤为重要，下面将从准入和生产两个阶段构建互联网外卖平台与其商户的博弈模型，从而探讨如何才能对商户形成有效的约束。

互联网外卖平台对商户的治理主要可以分为准入阶段和生产阶段，准入阶段能否进行有效的治理对食品安全治理意义重大。目前曝光的食品安全问题，有很大部分是因为互联网外卖平台在准入阶段没有对商户进行有效的监督和管理，这给了不法商贩可乘之机，甚至有些商户连最基本的营业执照都没有，在小区的出租屋内动动手指就在互联网外卖平台上注册并申请成为了入驻商户。本节将分析互联网外卖平台与商户准入阶段的博弈。互联网外卖平台新商户的申请流程一般为：①外卖平台依照相关法规要求新申请的商户提供相关申请材料；②商户按照外卖平台的要求将所需材料的照片在线提供给外卖平台；③外卖平台对符合条件的商户进行实地考察。

1. 准入阶段模型的建立

（1）基本假设。本模型将互联网外卖平台与平台商户作为博弈双方。互联网外卖平台的策略空间主要包括（约束，不约束）、（审核，不审核）、（接受贿赂，拒绝贿赂）；平台商户的策略空间主要包括（不造假，造假）、（行贿，不行贿）。

1）双方的行为是有顺序的。也就是说后者在观测到前者所做出的决策后，理性地根据自身效用选择自己的行为，行动的顺序是固定的，并且该博弈是完美信息博弈，即在一方做出决策后，另一方能够明确地了解对方所做的决策。

2）博弈的双方都以收益最大化为目的选择自身的行为。

3）双方都了解对方的策略空间，也了解对方的收益和成本。

4）行动顺序：①互联网外卖平台依照相关法律法规行使职权并对平台内商户进行监督管理，选择是否要求商户在申请入驻平台时提供政府监管部门要求的相关材料。由于互联网外卖平台的约束行为使得平台损失了部分潜在商户，这部分损失为 C_1；允许不合法商户入驻外卖平台造成的声誉的损失为 α_1，受到政府监管部门的处罚为 β_1。非法商户成功入驻外卖平台获得的收益为 Q。②随后新注册商户选择是否对所提供的材料造假，C_2 为选择不造假行动所付出的成本，由于造假行为被平台责令整改并补充材料无法正常经营所损失的机会成本为 C_3。③互联网外卖平台在线收到申请后，选择是否在线下对商户所提供信息的真伪进行审核，则审核成本为 C_4。④被发现造假的商户为了能够通过审核获得外卖平台的经营资格，选择是否向互联网外卖平台做出行贿行为，违规商户采取行贿行动的成本为 C_5。值得注意的是，C_5 甚至可能会大于 C_2，比如商户可能会通过行贿获得多个平台商户经营许可并同时经营多家虚拟店铺，但现实中只有一个经营场所，这种行为不但大大减少了商户的成本，同时也占据了更大的市场份额，大大提高了商户的营业额。⑤最后外卖平台选择是否接受商户的行贿，接受行贿的行为被曝光的可能为 P，P 受到地方政府监管力度的影响，一经曝光造成的名誉损失为 α_2，受到政府监管部门的处罚为 β_2。商户行贿被曝光后受到政府监管部门的处罚为 F_2，商户行贿被曝光或行贿被拒绝受到平台的处罚为 F_1，且 $C_3 \leqslant F_1$。

（2）博弈树。互联网外卖平台与商户准入阶段的博弈树，如图 7－6 所示。

博弈树中每个节点对应的收益如下，其中第一项为互联网外卖平台的收益，第二项为商户的收益。

a$(-C_1,\ -C_2)$

b$(-\alpha_1-\beta_1,\ Q)$

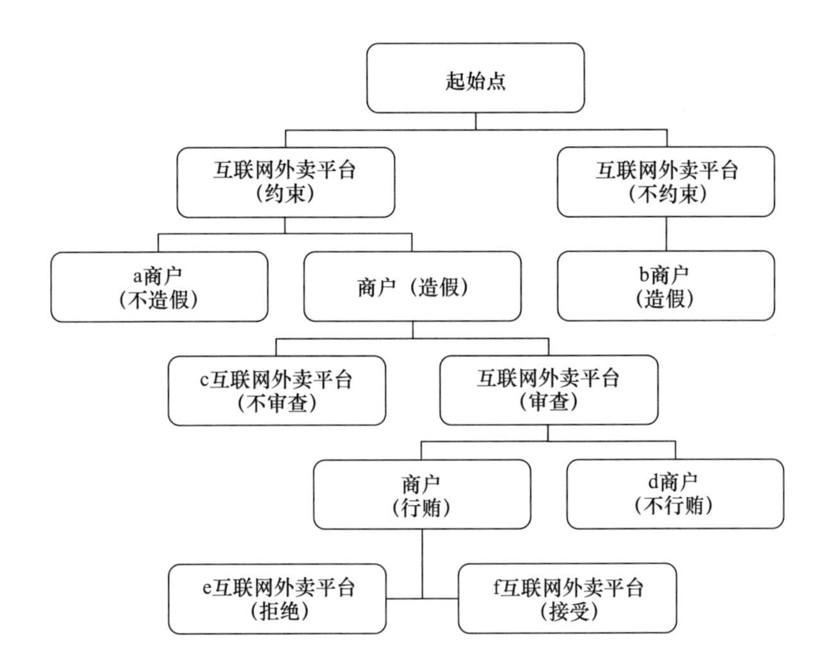

图 7－6　互联网外卖平台与商户准入阶段博弈树

c$(-C_1-\alpha_1-\beta_1,\ Q)$

d$(-C_1-C_4,\ -C_3)$

e$(-C_1-C_4,\ -F_1)$

f$(C_5-C_1-C_4-P(C_5+\alpha_2+\beta_2),\ Q-C_5-P(Q+F_1+F_3))$

节点 f 比较特殊，此处的收益为预期收益，因为接受行贿有可能被曝光。

2. 准入阶段完美信息动态博弈分析

在博弈树的 6 个终结点，我们希望 a、d 和 e 为博弈的纳什均衡。为了让博弈结果有利于食品安全问题的改善，我们用逆向归纳法来分析。

当 $C_5-C_1-C_4-P(C_5+\alpha_2+\beta_2)<-C_1-C_4$ 时，互联网外卖平台出于自身利益的考虑会选择拒绝商户的行贿。整理得：

$$P>\frac{C_5}{(C_5+\alpha_2+\beta_2)} \tag{7-21}$$

当 $C_5-C_1-C_4-P(C_5+\alpha_2+\beta_2)<C_1-C_4$ 时，如果商户选择行贿则平台一定会拒绝，商户同样也了解这一点，所以对于商户来说选择行贿也就是选择了 e 点的收益，但是由于之前的假设 $C_3\leqslant F_1$，所以对于商户来说，不行贿是更优

的选择。所以式（7－21）也就尤为重要，说明互联网外卖平台是否会选择拒绝商户的行贿与受贿行为被曝光的可能 P、一经曝光造成的名誉损失 α_2、受到政府监管部门的处罚 β_2 和商户行贿的成本 C_5 相关。其中受贿行为被曝光的可能 P 主要取决于政府监管部门的监管力度，监管力度越大 P 就越大。具体而言互联网外卖平台拒绝受贿的概率与政府监管部门的监管力度、受贿被曝光造成的名誉损失 α_2，受到政府监管部门的处罚 β_2 成正比，与商户行贿的成本 C_5 成反比。由于商户会选择不行贿，所以在互联网外卖平台选择是否对商户信息进行审查时，若 $-C_1-C_4>-C_1-\alpha_1-\beta_1$，则外卖平台会选择对商户进行审查，整理得：

$$C_4<\alpha_1+\beta_1 \tag{7-22}$$

式（7－22）说明，当互联网外卖平台在线下对商户进行审核的成本 C_4 小于允许不合法商户入驻外卖平台造成的声誉损失 α_1 与受到政府监管部门的处罚 β_1 之和时，外卖平台出于自身的逐利性会选择对商户进行监管。也就是说，互联网外卖平台在线下对商户进行审核的成本 C_4，与外卖平台审查商户的概率成反比；允许不合法商户入驻外卖平台造成的声誉损失 α_1 和受到政府监管部门的处罚 β_2 与外卖平台审查商户的概率成正比。此时，商户选择造假会导致博弈在 d 点结束，也就是说选择造假的收益是 $-C_3$，而选择不造假的收益是 $-C_2$。当 $C_2<C_3$ 时商户选择不造假；相反地，当 $C_2>C_3$ 时商户选择造假。其中 C_2 为商户提供真实材料的成本，C_3 为由于造假行为被平台责令整改并补充材料无法正常经营所损失的机会成本，影响 C_2 的主要因素是整改的时间，由互联网外卖平台决定。外卖平台出于自身的利益会提高 C_3，使得商户选择不造假。这是因为当商户选择不造假时外卖平台的收益高于商户造假时的收益。所以外卖平台会调整管理办法激励商户选择不造假。最后博弈回到了外卖平台的最初选择，即当外卖平台选择约束，节点 a 为博弈的纳什均衡；当外卖平台选择不约束，节点 b 为博弈的纳什均衡。

当 $-C_1>-\alpha_1-\beta_1$，即 $C_1<\alpha_1+\beta_1$ 时外卖平台选择约束。也就是说互联网外卖平台约束商户的成本 C_1 与外卖平台约束商户的概率成反比，允许不合法商户入驻外卖平台造成的声誉损失 α_1 和受到政府监管部门的处罚 β_2 与外卖平台约束商户的概率成正比。

基于以上分析，得到以下结论：目前曝光的互联网外卖平台准入阶段的商户无证经营问题主要是以博弈模型中节点 b、节点 c 或节点 f 为博弈的终结点。这些问题产生的原因主要是政府监管部门的监管力度小，使外卖平台受贿行为被曝光的力度低；外卖平台处于发展的起步阶段，被曝光的声誉损失 α_1、α_2 对平台影响较低，政府监管部门对外卖平台违规行为的处罚力度 β_1、β_2 较小，使外卖平台的违规成本过低，平台甚至出现鼓励商户造假的情况。模型中的参数 P、β_1 和 β_2 都是受监管部门影响的，所以政府部门应加大监管力度和对外卖平台的处罚力度，这会导致外卖平台出于自身利益考虑而提高商户违规的成本 C_3，最终使（约束，不造假）成为博弈的纳什均衡。

（五）生产阶段互联网外卖平台与商户间的多次博弈

商户入驻外卖平台后进行外卖食品的生产和销售，互联网外卖平台与商户的博弈还在继续，由于外卖平台与商户的合作是长期的，所以博弈也是长期的。本章将建立多次博弈模型以便分析外卖平台和商户在合作过程中的行为。

1. 互联网外卖平台与商户间的多次博弈模型

基本假设。

（1）博弈中只有两个参与主体，分别为互联网外卖平台和平台商户，外卖平台的策略空间为（重点监督，普通监督），商户的策略空间为（违规生产，不违规生产）。模型中只考虑自建物流团队的外卖平台，商户可能为“自律型”和“非自律型”中的一种。“自律型”商户自觉遵守法律法规及外卖平台的安全生产规范，行动时仅选择不违规生产；“非自律型”商户为了追逐利益有可能违反相应的生产法规，行动时可能选择违规生产。商户明确了解自身的类型，但是互联网外卖平台不了解商户的类型，第一次博弈前外卖平台认为商户是“非自律型”的可能性为 P_1，第 n 次博弈前外卖平台认为商户是“非自律型”的可能性为 P_n，并且外卖平台会根据前一次博弈中商户的行为确定 P_n，当发现商户的违规行为后，外卖平台认为商户是“非自律型”，此后每一次博弈都认为商户一定是“非自律型”直到博弈结束。

（2）博弈双方的行为是同时发生的，且博弈进行 N 次。

（3）假定模型中的商户为“非自律型”，商户通过违规生产行为获得的收益为 Q，由于违规生产给外卖平台造成的声誉损失为 α。

（4）对于未确定类型的商户，外卖平台进行普通监管；对“非自律型”商户，外卖平台选择重点监管，重点监管额外花费的成本为 C。

（5）假定一旦商户发生违规生产的行为，外卖平台可以通过物流团队和消费者的反馈情况立即发现。

（6）外卖平台对“非自律型”收取额外的管理费用 F。

收益矩阵如表7－2所示。

表7－2 互联网外卖平台与商户生产阶段博弈收益矩阵

平台商户 \ 外卖平台	普通监督	重点监督
不违规生产	$(0, 0)$	$(0, -C)$
违规生产	$(Q, -\alpha)$	$(-F, F-C)$

2. 生产阶段多次博弈模型分析

在被外卖平台发现自身的真实情况之前，商户有可能为了获得更高的利益选择不违规生产，从而隐瞒自身的真实类型。设商户在第 n 次博弈时选择违规生产，且此次获得的收益为 Q，由于被外卖平台发现为“非自律型”商户，从而收取额外的管理费用 F。故商户的收益 π 为：

$$\pi = Q - (N-n)F \tag{7-23}$$

当 $n=N$ 时，商户获得的收益最大。也就是说，“非自律型”商户为了获得最大收益，将会隐瞒自身的类型坚持不违规生产，直到最后一次博弈时才选择违规生产，因为此时暴露自身的类型成本为零，不会对自身产生负面的影响，反而能够获得额外收益 Q。

但是该模型存在一些缺陷，因为在现实中商户选择违规生产暴露自身类型后，完全可以入驻其他外卖平台或者在该平台以新身份重新申请入驻。当商户自己配送或外卖平台监管力度较小时，商户的违规生产行为较难被发现，其出于自身利益考虑往往第一次生产就违规，因为违规不容易被发现，而且被发现后商户很容易就以另一个面貌重新入驻，并开始新一轮的违规生产，这也是近年来互联网外卖市场食品安全问题频发的原因。商户能够如此肆无忌惮地“打一枪，换一个地方”，究其原因主要是行业内缺乏相应的信用体系，也正是因为缺乏完善的信用体系，才使不法商户有了可乘之机。

四、我国互联网外卖市场食品安全治理对策建议

如前文所述，在治理过程中，地方政府的努力程度、互联网外卖平台与商户之间行为的内在联系都会影响中央政府治理目标的实现。换言之，互联网外卖食品安全治理的有效性依赖于外卖食品安全治理所涉及的各相关主体在外卖食品安全立法和执行过程中的一系列行动。鉴于此，本章借助于前文的研究结论，立足于我国目前互联网外卖食品安全治理现状，深入分析我国互联网外卖市场食品安全治理中存在的问题，并给出相关的对策建议。

（一）明确各级政府在监管过程中的监管范围和职责

明确各级政府在互联网外卖市场食品安全监管过程中的监管范围。经营范围横跨省域的大中型互联网外卖平台企业由中央一级政府负责监管，横跨地市的中小型互联网外卖平台企业由省一级政府负责监管，地方政府负责对经营范围仅限于该地的小型互联网外卖平台企业以及辖区范围内互联网外卖平台的入驻商户实行监督。在互联网外卖市场食品安全的治理过程中扮演着重要角色，只有明确各级政府在互联网外卖市场食品安全治理过程中的权利和义务，才能充分发挥政府在治理过程中的重要作用。相对于传统食品生产企业，对互联网外卖平台企业的监管更为复杂，互联网外卖平台企业的经营范围更广，从南至北，用一线城市到郊区县城都能看到外卖平台的影子。互联网外卖市场食品安全监管过程中监管范围的明确划分是互联网外卖市场食品安全有效治理的前提。

明确各级政府在互联网外卖市场食品安全监管过程中的职责。除了之前提到的对外卖平台的监管之外，中央政府在互联网外卖市场食品安全治理过程中最主要的职责是构建有效的监管体系以及可供其他各级政府作为监管依据的标准，此外中央政府还要对其他各级政府的监管行为进行监督和抽查。省一级政府负责对地方政府监管行为进行监督和抽查。

（二）完善责任追究机制，加强对地方政府的激励

新修订的《中华人民共和国食品安全法》[以下简称《食品安全法》（2015）]已于2015年10月1日起正式施行。《食品安全法》（2015）将原由质量技术监督局、工商行政管理局、食品药品监督管理局等部门分别承担的食品生产、流通、餐饮分段监管职能，调整为由食品药品监督管理部门统一监管；县级人民政府食药监部门可以在乡镇或者特定区域设立食药监派出机构，将监管服务延伸到乡镇街道等基层，有效提升监管效能。《食品安全法》（2015）的实施使我国由多部门协同监管转型为发达国家常用的单一部门独立监管的监管模式，但这并没有解决中央政府和地方政府监管目标不一致的现实问题。加强对地方政府的激励仍然十分必要。

针对地方政府与中央政府规制目标不一致的现实问题，中央政府应将互联网外卖市场食品安全监管的过程分解为阶段性的目标，细化地方政府规制行为，加大违规行为的惩罚力度，完善监管过程中的责任追究机制，对完成监管目标的地方政府给予适当的补贴以激励其与中央政府监管目标保持一致。

（三）健全和完善我国互联网食品安全法律法规

《网络食品安全违法行为查处办法》（以下简称《办法》）已于2016年3月15日经国家食品药品监督管理总局局务会议审议通过，自2016年10月1日起施行。《办法》不仅强化了网络食品交易第三方平台和入网食品生产经营者的义务，明晰了网络食品安全违法行为查处的管辖职责和查处职责，对抽样程序、电商平台的惩处措施也给出了明确规定。《办法》规定，县级以上食品药品监管部门都可以通过网络购样进行抽检。也就是说，鉴于网络食品影响的广泛性和民众的高度关注性，包括国家总局和地方局在内都可以根据监管的需要对网络食品进行抽检。

但是对第三方平台的约束依然较小。《办法》中对第三方平台的罚款一般在5000元以上3万元以下，这对于获得亿元融资的互联网外卖平台企业来说无异于九牛一毛，使得第三方平台存在严重的违规倾向。应加大对第三方平台的处罚力度，依法追究平台的连带责任，完善相关的法律法规。

（四）充分发挥互联网外卖平台作用

互联网外卖平台作为消费者和平台入驻商户的中间人，应该起到应有的监督作用。现阶段我国互联网外卖市场的配送方式多为第三方平台代为配送，配送员在外卖市场的日常经营中起到不可或缺的作用——其不仅是将外卖产品交付到消费者手中，还可以起到对平台入驻商户进行监管的作用。商户在外卖产品生产过程中操作是否规范、生产场所的卫生条件是否达标等都是配送员日常能够观测到的情况，互联网外卖平台在日常经营中起到的监督管理作用要比监管部门更为有效。在商户申请入驻互联网外卖平台时，平台应对商户的准入资格进行严格的审查并进行登记。对平台内现有商户，互联网外卖平台应设置专门的检查部门实行抽查制度，定期对平台入驻商户生产场所的卫生情况、生产过程中的合规与否以及商户的生产资格进行抽查。建立信息反馈中心，对消费者提出的投诉、举报等问题进行核实，对问题商户进行处罚，情节严重的应暂停为其提供服务，拒不改正的应下架其虚拟店铺。

（五）加强信用体系建设

在互联网外卖市场上信息不对称不仅存在于平台入驻商户与消费者之间，同样也存在于互联网外卖平台与入驻商户之间。这种存在于互联网外卖平台与商户之间的信息不对称使得监管成本大大提高，平台很难判断各个商户是否存在违规生产的倾向，从而无法合理分配监督管理人员以使其对商户的监管更为有效。这种信息不对称也使得商户违规生产的成本降低，当商户因违规生产而被平台关闭其虚拟店铺时，其可以轻易地重新申请作为新的商户入驻平台，因为互联网外卖平台很难了解到商户的真实信息。解决互联网外卖平台与商户间信息不对称的最好方法就是建立完善有效的信用体系。互联网外卖市场作为新兴产业，信用体系建设还处于初始阶段，以现有的社会信用体系为基础，构建互联网外卖行业的信用体系将事半功倍。

通过建立行业协会以及国家政策和资金的扶持，来推进互联网外卖市场从业商户的信用体系建设，建立互联网外卖行业中参与平台企业及商户的信用档案，提高违规商户的违规成本，降低信用商户的竞争成本，使信用商户在竞争中处于优势地位，从而激励商户重视自身的信用评级。现阶段，我国不同行业不同地区之间的信用体系间并没有形成良好的信息共享机制，各信用体系多各自为政，体系的建设和完善成本较高。健全的信用体系应该是互融互通的，不同行业之间得以实现信息的共享，这不仅大大加速了各行业信用体系的建设，也减少了信用体系建设和完善的成本。

现阶段我国互联网外卖市场上监管力度不足的问题同样影响了信用体系的建设。对于自建物流团队的互联网外卖平台来说，物流团队参与的监管方式是最好的日常监管手段，物流团队与商户接触密切，在外卖产品的日常配送中就能清楚地了解到商户的生产过程是否违规，这种监管方式不仅行之有效，更重要的是监管成本较低，互联网外卖平台不需要建立专门的监管团队，只需建立抽查机制即可。但是现阶段，我国拥有自建物流团队的互联网外卖平台并没有把物流团队作为监管的手段，物流团队并没有承担起对商户监管的职责。

互联网外卖平台企业应对不同信用等级的商户采取不同的监督措施。对于信用较好的商户，互联网外卖平台企业可以采取较为宽松的监管手段，因对其监管成本较低，故可收取较少的管理费用。相对地，互联网外卖平台企业应对信用较低或有过违规生产行为的商户采取较为严格的监管，由于严格的监管需要更多的监管成本，故应对其收取较高的管理费用。在监督过程中互联网外卖平台企业应根据商户上一阶段的生产行为进行调整，对上一阶段无违规行为的商户应维持或适当降低管理费用，对上一阶段有违规生产行为的商户应提高其管理费用，以激励商户保持良好的信用水平合规生产。

（六）提高消费者参与度

互联网外卖市场在给消费者带来极大便利的同时也造成一些问题。首先互联网外卖市场存在着严重的信息不对称问题，商户对自己生产的外卖产品的卫生安全情况的了解程度远远高于消费者。在互联网外卖市场交易中，某平台商户生产外卖产品场所的卫生情况、使用的原材料的安全性和从业人员的健康情况等方面，消费者只能通过客户端或者网页上商户上传的图片以及其他消费者对商户及产品的评价了解到部分信息，而且这些信息的真实性很难有保障。这是因为在互联网外卖市场上，第三方平台与平台入驻商户间存在相互勾结的情况，当商户受到消费者差评或认为自身评价较低时，其倾向于与外卖平台勾结，向外卖平台行贿，将消费者的差评删除，或者由外卖平台帮助商户刷好评，使商户的评价较高，从而吸引消费者购买商户的外卖产品，也就导致了互联网外卖市场上劣币驱逐良币现象的出现。

在互联网外卖市场食品安全治理的过程中消费者扮演了重要的角色，消费者不单单是外卖产品的购买者和使用者，更是对商户及外卖产品的评价者，而消费者的评价在其他消费者购买外卖产品时有着重要的作用，由于网页或者客户端上外卖产品的信息都是由商户提供的，所以其他消费者的评价就更为重要。保障消费者评价的权利和评价的真实性有着重要的意义。此外，互联网外卖平台应该及时对产生纠纷的消费者与商户的交易进行介入，以保障消费者的权利，并将纠纷产生的原因与解决方式作为商户信息与消费者评价共同显示在网页及客户端上。互联网外卖平台还应该将相关部门的联系方式和食品安全问题的举报方式显示在网页及客户端上，增强消费者在互联网外卖市场食品安全治理中的参与度，提高互联网外卖市场食品安全的治理效果。

（七）健全互联网外卖市场准入制度

现阶段我国互联网外卖市场食品安全问题严重，其中很多食品安全问题都是由非法商家进入互联网外卖市场造成的，这些商家存在着没有营业执照、没有相关的生产许可、卫生水平不达标等相关问题，这些问题都是由互联网外卖市场准入门槛过低造成的。商户在第三方平台开设互联网外卖虚拟店铺的必须有相关的营业执照、食品生产许可证以及实体店铺。互联网外卖平台企业应依照相关法规对申请入驻的商户要求出示相关证件，并对提供完整材料的商户进行线下审查，审查的内容应包括相关材料的真实性、实体店铺的真实性、从业人员的卫生资格以及经营场所的卫生是否满足标准。对于尚未通过线下审核的商户暂缓其互联网外卖产品的生产和经营，对于审查不合格的商户则令其整改或补充相关材料直至符合生产经营条件方可从事互联网外卖市场的生产经营活动。

互联网外卖平台企业应在准入阶段对商户进行真实有效的资格审查，并依据信用体系中商户的信用水平对商户进行评级，对评级较低的商户征收较高的管理费用，加强对其监管，对信用水平较高的商户则应征收较低的管理费用。

第八章 集体声誉视角下的我国农产品安全治理

一、背景

我国自古就是一个农业大国，根据现有考古发掘证据，中国农业已有长达八九千年的悠久历史。早在新石器时代，生活在这片土地上的先民们就开始了原始农业与畜牧业。而在漫长的中国古代社会，农业也一直居于国家生产生活中最重要的地位。中华人民共和国成立后，随着土地改革在全国范围内的完成，中国的农民终于实现了耕者有其田。此后各地大量的水利工程建设基本解决了中国农业几千年来靠天吃饭的问题。

近些年随着改革开放后中国经济的蓬勃发展，一方面由于新的生产技术得以广泛使用，我国农业生产总量也得到了极大的提高，截至 2010 年我国农林牧渔业累积总产值达到 69319.8 亿元①。另一方面因为生活水平的提高，人民群众对于质量又有了更高的诉求。然而与此同时我国农产品质量似乎并未随着产量的提高而提高，新技术在解决了近 14 亿中国人的温饱问题之后也带来了诸如农药残留，过量使用抗生素，用争议颇大的转基因饲料喂养牲畜等这样的负面影响，甚至一些不法之徒还利用严重危害人体健康的工业原料进行造假。刚解决完能否吃饱饭的问题，中国人民又遇到了能不能吃得安心的问题，如何解决农产品安全问

① 资料来源于中国国家统计局数据。

题也放在了决策者们的办公桌上。

农产品安全是一个系统性问题，涉及许多方面。保障好农产品安全需要科学的规划和设计、需要理性的思考。但是普通民众更直观的感受是农产品安全问题已经影响到了千家万户，影响到了每个国民的身体健康，甚至生命安全。危害农产品安全的事件一旦发生，公众往往会过度反应，甚至产生恐慌情绪，而这种情绪带来的危害也许要比事件本身大得多，对国民经济正常运行也会造成不良影响。

正因为农产品安全问题有着这样的重要性，世界各国政府无不给予农产品安全高度的关注。以美国为例，接近一个世纪前，美国政府就陆续颁布了《联邦肉类检验法》、《禽类检验法》、《蛋类产品检验法》等针对农产品质量标准和检验的相关法律法规，此后的数十年里美国政府又陆续颁布了后续修正案对此加以完善。2011 年 1 月 4 日，美国前总统奥巴马又签署了《FDA 食品安全现代化法》，其中 FDA（食品药品管理局）的主要职权就包括“制定畜产品中兽药残留最高限量和标准”。我国同类的法律出台时间相对较晚，从 20 世纪 90 年代中后期开始到 21 世纪初国家技术监督局和农业部陆续发布了一些意见性的文件，但没有就此立法。直到 2006 年 11 月《中华人民共和国农产品质量安全法》的颁布实施，我国农产品质量安全问题才真正实现了有法可依。

虽然我国法律法规逐渐完善，但是这些年陆续曝光的毒大米、瘦肉精、牛肉膏、毒豆芽等事件，却表明农产品安全问题在我国依然是令人担忧的。根据卫生部公布的数据，2006 ~ 2010 年卫生部共收到食源性疾病暴发事件报告 2023 起，累计发病 62920 人，死亡 967 人。考虑到我国医疗卫生系统的不完善，尤其是落后地区的病例报告汇报困难，真实数字可能还要更高。

前段时间中央电视台的记者随机采访过路行人，采访的内容只有一个问题“您觉得您幸福吗?”这个事情体现了人们对于生活品质有了越来越多的关注。从人们的回答可以看出，生活幸福应该具体到衣食住行的方方面面。如果不能切实解决农产品安全这一直接关系到“食”的问题，那么“让人民幸福生活”注定只能成为一句口号。

二、目的和意义

（一）研究目的

传统观点认为，造成我国农产品质量不高的主要原因在于我国农产品行业的特点。我国农业生产有着生产分散、技术落后的特点。除了适宜大规模耕作的农作物以外，其他许多农产品都是由个体农户小范围生产。而对农产品的初级加工也更多的是在小作坊、小型企业进行。这些小作坊往往注册登记信息不全，甚至具有一定的流动性，这都加大了监管治理的难度。此外，我国农产品监管部门也存在职能不明确等问题。从这个层面来说，监管的失灵对我国农产品质量不高负有不小的责任。然而我们又看到，前几年如“双汇”、“三鹿”这样的知名企业也发生了重大食品安全问题，其中三鹿奶粉曾经还是质量免检单位[①][②]。这种具有广泛社会影响力的企业一旦发生产品质量安全问题，其对于整个行业的声誉也将造成不可挽回的损失。事实上自三鹿奶粉事件之后我国乳制品行业也受到了长时间的冲击。低的产品质量，消费者持续低迷的信心，行业遭受声誉冲击的后续影响，这些都需要理论上有新的解释。

农产品安全是我国食品安全这个大问题下的一个子问题。从社会舆论来看，普通民众对我国食品的总体质量十分不信任。网上那些调侃中国食品安全的段子既是一种无可奈何的自我解嘲，也体现了食品生产者们糟糕的集体声誉。农产品或作为许多食品生产的原料，或直接供人食用，它的安全就与食品安全息息相关。值得注意的是相较于下游的食品生产企业，农产品生产者的个体声誉信息更

① 严格来说“双汇”和“三鹿”的主要业务都是对初级农产品进行深加工。这里作为一个典型，仍然将其发生的产品质量事故归于农产品安全问题。

② 受到三鹿奶粉事件的影响，我国在2009年颁布的《中华人民共和国食品安全法》中就废止了食品质量免检制度。

难被完全揭示出来，对于这种上游分散的生产者的舆论监督也要更弱一些①。因为信息不完全，消费者关于农产品质量的合理推断可能是基于其行业总体声誉的一个条件期望。其背后的逻辑很简单——虽然消费者不能完美地观察到单个产品的质量，但如果其来自的总体有着很高的质量，那么消费者对该产品质量的推断就应该较高。Akerlof（1970）在信息经济学上的开创性贡献中就体现了这一思想，Arrow（1973）提出的统计性歧视理论则对此给出了一个更正规的描述，而Tirole（1996）关于集体声誉的研究为我们提供了一个现成的分析框架。

考察和解释我国农产品质量问题并提供政策建议是本文主要的研究目的，与以往的研究不同，本章将在一个集体声誉视角下来考察这些问题。同时也希望能够对传统集体声誉模型做进一步的拓展，以获得更多的解释力。

（二）研究意义

目前关于我国农产品质量的治理研究主要基于两个视角：一是行业内部的纵向一体化；二是采取横向的组织形式，比如农村合作社。而在实际生产中这两种机制的相关实践也随处可见，比如现在不少乳制品企业自己建立牧场，确保奶源供给就是一种纵向一体化。在纵向一体化中，下游企业出于对自身个体声誉的考量与上游农户签订促使其进行高质量生产的合约。合作社则是通过一定的内部治理机制形成组织的集体声誉，相对单个农户的势单力薄，合作社更加庞大的结构使得证实自身产品质量信息变得可行。但是这里依然存在两个问题：第一，对于形成合作社的行业，如何保障由一个个独立的农户构成的合作社这个整体的声誉；第二，对于没有形成合作社的行业，如何激励单个企业考虑整个行业的集体声誉。这些问题需要对市场结构进行更深的剖析，设计相应的机制来加以解决。

正是基于上述两点，本章的研究立足于一个新的角度，即不从行业中个体内部的微观结构来考量，而是从集体声誉的角度对现象加以描述，并寻找治理我国农产品质量相应的政策建议，这也就是本研究的实践意义。此外传统的集体声誉模型一般讨论的是委托代理问题，如何将其应用到解释我国农产品市场结构方面具有一定的学术意义。

① 媒体可能会盯着可口可乐、肯德基等产品是否健康，但一般不会去关注某个种植户生产的蔬菜是否农药超标。

三、农产品行业及集体声誉理论的相关概念界定

（一）农产品

《现代汉语词典》（第五版）对于农产品的定义为："农业中生产的物品，如稻子、小麦、高粱、棉花、烟叶、甘蔗等。"随着全世界范围内农业的快速发展，关于农产品概念的范围也在不断扩大。我国《农产品质量安全法》规定："本法所称农产品是指源于农业的初级产品，即在农业活动中获得的植物、动物、微生物及其产品。"农产品的主要特征表现为：对自然的依赖性、产品的易腐蚀性、非标准化、生产周期性、生产的时间性、生产的分散性等。

（二）农产品安全

根据樊红平（2007）的界定"农产品安全包括数量供给或者供需保障方面的安全（即粮食安全），以及品质和特性要求上的安全（即农产品质量安全）"。本章研究的是农产品质量安全，其包括以下四个方面："第一，成分安全，不包括含有危害人体健康的成分；第二，功能安全，食用后不影响人体正常的新陈代谢；第三，免疫安全，不能带有导致人体发病的动物、微生物和病毒；第四，遗传安全，即不改变人类基因和人类的遗传功能。"

（三）行业

行业一般是指其按生产同类产品或具有相同工艺过程或提供同类劳动服务划分的经济活动类别，如饮食行业、服装行业、机械行业等。

（四）声誉

《美国传统词典》对声誉的定义是："声誉是公众对某人或某物的总体评价，是归属于某人或某物的独特的特征或特质。"在线《牛津英语词典》对于声誉的

定义为："声誉是公众对于某人性格或其他品质的总体评价，是对某人或某物的相对评价或尊重。"在经济学文献中声誉往往被视为企业或者组织的一项重要的无形资产。

（五）个体声誉

Doby 和 Kaplan 对个体声誉的定义是，公众对某个个体性格的综合评价，或者说是他人对这个个体的信息搜集，即个体的声誉是可以客观评价的；Tsui 对个体声誉的评价是主观的，是基于对评价个体的印象以及期望做出的。而本章所使用声誉的概念更偏向于前者，是个体过去行动信息的一个反映。

Fombrun 则对现有不同领域关于声誉的描述进行了更细致的分类：在市场领域中，企业商标对企业的影响；在代理理论中被认为是未来行动的一个特征，是维护委托代理关系的一个保证；在会计方面声誉被定义为一个好名声；在组织理论中被认为体现了企业的身份；在管理领域声誉被认为是一种潜在的进入壁垒。

（六）集体声誉

最为广泛接受和使用的是 Fombrun 的定义，他认为集体声誉是与其他处于领导地位的竞争者相比较，集体（组织、企业、团队等）的过去行为和将来展望对于其所有利益相关者的整体吸引力。

（七）统计性歧视

统计性歧视是指个体的情况都被按其所属群体的平均情况而非个人特征来加以处理。统计性歧视不仅能将个人的群体特征类型化，而且还能减弱个人对教育和培训进行投资的激励，从而反过来又强化关于原有群体特征的成见。

（八）锦标赛机制

锦标赛又称为标尺竞争，即以代理人的相对表现为激励标准，给予相对表现较好的代理人以激励，给予相对表现较差的代理人以惩罚。锦标赛又分为公平锦标赛与非公平锦标赛，在公平锦标赛中对称的代理人之间在未有合谋的情况下均会选择最大的努力程度，而非公平锦标赛是要激励非对称的所有代理人都提供最大化的努力程度。

四、我国农产品行业现状

（一）我国农产品交易方式现状

我国目前农产品交易基本形成了一个与农业生产经营相适应，多种经济成分并存，以批发市场为中心，直销配送和超市经营补充的多层次农产品市场体系。按交易种类可分为：组织化实体市场、非组织化实体市场、契约化非实体市场和非契约化非实体市场。

组织化实体市场是指有固定销售场所并且有经营管理主体，经过工商注册的法人实体。主要包括农产品批发市场、超市、农副产品商店、连锁店等。此类市场的主要特点是：具有明确的经营主体，能够承担一定的法律责任，便于产品和责任的直接追溯。

非组织化实体市场是指有固定的交易场所，但没有经营管理主体的市场。一般是由于地理条件、历史因素等原因自发形成的市场。主要包括乡村农产品集中销售点、非组织化农村集贸市场等。主要特点是：经营规模小、销售不稳定，难以对农产品进行安全和质量管理；销售者投资少，缺乏确保产品安全的硬件设备；没有经营管理主体，难以直接追究销售场所责任。

契约化非实体市场是指没有固定实体的交易场所，以合同、信用等契约形式为基础的交易方式。这类交易主要包括企业与农户订单交易、连锁配送、直销、信用承诺等方式。主要特点有：以契约为基础确定了法律责任关系；能够追溯责任人；交易产品受声誉影响。

非契约化非实体市场是指既没有契约，也没有固定场所的销售交易行为。这类场所主要包括走街串巷、沿街叫卖、临时摊点。主要特点是：没有固定场所，交易行为不稳定；不能提供可靠的产品质量安全信息，产品质量难以追溯。

（二）我国农产品安全法律层次现状

我国农产品安全的法律现状可概括为以下几点：

第一，立法缺失。在《中华人民共和国农产品质量安全法》颁布之前涉及农产品质量管理的法律法规主要有《中华人民共和国农业法》、《中华人民共和国标准化法》、《中华人民共和国食品卫生法》、《农药管理条例》等。但是真正系统的法律规定尚未出台，对于诸如农产品质量标准体系，质量监管等问题既无法可依又无章可循。

第二，执法不力。这主要体现在执法机关对自身角色定位不清。一些执法机关受利益驱动，执法目的错位，重收费轻执法，以收取罚款为目的。还有一些执法部门渎职、不作为，对于违法行为听之任之。此外由于对农产品监管的职责不清晰，存在相关部门互相推诿"踢皮球"的现象。

第三，法律意识淡薄。这一方面体现在农产品生产、销售者为了追求超额利润，无视法律，进行有毒有害农产品的生产和销售。而法律体系的不完善更进一步给他们以可乘之机。另一方面体现在消费者维权意识淡薄，当遇到有危害的产品时，只要损失不大，往往会选择息事宁人。即使受到了严重危害，也经常会因为维权成本高而不得不自认倒霉，这也助长了不法之徒的嚣张气焰。

（三）我国农产品质量安全认证体系现状

质量标准的制定和安全认证给消费者传递了关于产品质量的信号。相对于个体消费者，标准制定单位无疑对产品质量有着更准确和细致的信息。我们知道信息是有租金的，所以质量信号的传递给消费者带来了正的外部性，而企业也可以通过安全认证向消费者显示自己产品质量的类型。所以质量认证体系的完善对于改进我国农产品质量具有重要意义。目前我国农产品质量认证主要有以下几种：

第一，绿色食品。农业部于 1990 年启动了绿色食品开发管理工作，于 1996 年在国家工商行政管理总局商标局完成了绿色食品标志图形、中英文及图形、文字组合 4 种形式在 9 大类商品上共 33 件证明商标的注册工作。截至 2007 年全国使用绿色食品标志的企业总数达到 5740 家。

第二，有机食品。我国政府和一些民间机构在 20 世纪 90 年代开展了有机食品认证，并开始与国际有机农业联盟（IFOAM）进行交流合作，推动有机食品的发展（刘志文，2003）。

第三，无公害农产品。2001 年农业部正式开启了"无公害食品行动计划"，首先在上海、深圳、北京、天津四地试点，并于次年在全国范围内推广。

第四，HACCP（Hazard Analysis Critical Control Point）认证。国家标准

GB/T15091—1994《食品工业基本术语》对 HACCP 的定义为：生产（加工）安全食品的一种控制手段；对原料、关键生产工序及影响产品安全的人为因素进行分析，确定加工过程中的关键环节，建立、完善监控程序和监控标准，采取规范的纠正措施。国际标准 CAC/RCP-1《食品卫生通则 1997 修订 3 版》对 HACCP 的定义为：鉴别、评价和控制对食品安全至关重要的危害的一种体系。我国于 1990 年开始应用这项认证。2003 年 4 月国家质检总局发布的《卫生注册需评审 HACCP体系的产品目录》要求罐头、肉类、水产品等六类出口食品生产企业应用 HACCP 体系，这也标志着我国 HACCP 认证进入了统一管理和部分产品强制执行的新阶段。

（四）我国农产品质量追溯体系现状

质量追溯体系的建立是保障农产品质量的一个重要途径。质量追溯体系使得生产、销售不符合安全标准产品的生产、销售人员和单位相对更难逃脱法律责任的追究。

我国在法律法规中对农产品质量追溯的途径进行了明确。《中华人民共和国食品安全法》规定：食品生产单位应当构建食品原料、食品添加剂、食品有关产品进货查验记录制度和食品入市检验记录制度，食品经营企业应当构建食品进货查验记录制度，为建设食品安全溯源体系提供良好的制度保障；农业部门在农垦系统先期开展了农产品质量追溯试点，已经制定了《农垦农产品质量追溯系统建设项目信息管理办法》等规章制度；畜牧部门根据自 2006 年 7 月 1 日起施行的《畜禽标识和养殖档案管理办法》，依托耳标体系采集畜牧生产过程中的质量追溯信息。此外企业和地方政府也进行了建立农产品质量追溯体系的尝试，部分地方政府在质量追溯体系方面制定了更严格的地方标准，而一些具有前瞻性的企业，更是将自身产品的可追溯性视为企业品牌和声誉的附加值。

虽然随着法制社会的建设以及消费者维权意识的提高，我国农产品质量追溯体系正在快速发展并取得进展。但总体上我国农产品质量追溯体系还是存在着诸如立法缺位、监管效率低、利益相关主体缺乏参与意愿、农产品生产标准化程度低等问题。对企业建立追溯机制的创新，以及监管职能部门结构上的改革是今后进一步建设的重点。

（五）对我国农业现状的总结

伴随着改革开放之后经济的腾飞，我国农产品行业就各个总体来说有了蓬勃的发展。然而虽然总体发展较快，但发展却并不全面。快，主要表现在规模扩大的速度上；不全面则体现为法律法规、监管体系建设没有跟上规模扩张的速度，以及生产经营者法律意识淡薄，消费者维权困难等方面。所以正如经济发展方式需要转型，由粗放的追求速度，转变到科学可持续发展，我国农产品行业今后也要向追求发展质量的道路上走。

五、我国农产品行业质量结构的理论模型
——基于集体声誉模型的解释

（一）集体声誉模型的基本框架

1. 集体声誉模型的基本思想

在生活中，我们经常遇到这样的说法，某个地区的人比较懒惰，某个地区的人比较勤快，某个地区的人比较机灵，某个地区的人比较老实（这里没有地域歧视的意思）。又或者经常可以在人才招聘市场上听到从 A 大学来的学生工作能力比较强，从 B 大学来的学生比较有科研能力。事实上可能 A 大学中的一些学生科研也做得很好，B 大学中的一些学生参与实践的表现同样出色。但是如果雇主并不清楚一个应聘学生的具体素质特点，那么根据已有信息对于应聘者类型的推断很可能就是基于该学生就读于哪所大学。这样的例子和体现出的思维方式随处可见，数不胜数。再举一个更具体的例子，自三鹿的三聚氰胺事件后，整个国产乳制品行业都受到了巨大冲击，尤其是婴幼儿奶粉产品。但凡条件允许的家长都会选择洋奶粉，即使其价格要比国产奶粉高出许多，而代购洋奶粉甚至发展成了一个产业。这两年出现的内地游客“疯抢”香港奶粉的现象就是一个极端的体现。香港这个世界贸易自由度最高的地区也不得不对此进行了限制，每个大陆游客在港一次最多只能购买两听奶粉。这背后的原因无非是消费者对于国产奶粉质量的推断是基于国产奶粉过去的整体声誉，一些质量优良的国产奶粉也因此蒙受了损失。

Tirole（1996）最先对该思想进行了模型化的尝试，在其模型中他尝试将集

体声誉视为个体声誉的一个加总。代理人个人过去的行动对于委托人来说混杂有噪声，委托人对此没有一个完美的观察。所以其对代理人集体过去的行动的观察也是不完美的。代理人个人当期的激励不仅受到其过去行为的影响，也同样受到整个集体过去所表现出声誉的影响。本节将给出原始模型的基本设定，包括基本假设和博弈的要素（参与人、支付、信息的划分、行动的序贯）。模型的求解将放在下一节进行。

2. 模型基本假设

（1）一个集体的声誉由其所有成员的声誉构成。其成员的类型由成员过去的行动所部分体现。成员过去的行动传递了他们类型的信息，并生成了他们的个体声誉。

（2）委托人对集体内成员过去行动的观察是不完美的，但可以观察到一部分。如果个人过去的行为是完全不可观察的，那么成员就没有动机去维持自身的声誉，可预见整个集体的行为会一直是“坏”的。相反，如果每个成员过去的行动均可完全被观察到，那么集体声誉就没有意义了。这样委托人对每个成员的声誉就具有了完美信息，委托人只需根据个体声誉来进行决策。对个体声誉的不完美观察是集体声誉现象存在的基础。

（3）委托人对于集体当下行为的判断是基于集体过去行为的一个条件期望，集体过去行为也被用于对个人当下行为进行推断。集体中每个成员的福利与激励都受到整个集体声誉的影响。

（4）模型还进一步假定代理人集体中的成员会发生更迭。而代理人存在于这个集体中的时间长短，行动次数，发生欺骗的行为都是不完美信息。所以新成员行为的决策也是基于老成员过去的行为。

3. 模型博弈要素

（1）参与人。考虑一个永久的经济（$-\infty < t < \infty$），代理人如果在 t 期生存那么在 $t+1$ 期生存的概率为 $\lambda \in (0,1)$。集体内成员的更迭符合“泊松生灭过程”，所以代理人的总数不变。该模型是一个匹配模型，代理人在其生存期中不会两次遇到同一个委托人。每一期中代理人将面对一个未曾接触过的新委托人。委托人将决定提供给代理人两种合同中的一种，合同 1 是一个效率合同，合同 2 是一个次优合同。合同 2 的非最优性来源于对代理人违约行为的防范。代理人面对合同 2 比面对合同 1 时要缺乏违约动机。在后面的技术性假设中的设定将确保委托人至少会选择合同 2 而不会一个合同都不选，而对于代理人来说参与约束也

是一直满足的。代理人一旦接受了合同其将选择是否违约或是说采取欺骗行为。代理人的类型分为三种：比例为 α 诚实的人，比例为 γ 的机会主义者，比例 β 不诚实的人，$\alpha+\beta+\gamma=1$。更迭的人群也符合这个分布。诚实者永远只会做出诚实的行为，或者说永远不会违约；不诚实的人只会采取不诚实的行为，也就是说会一直违约。而机会主义者则会“见机行事”，采取诚实或者不诚实的行为完全由哪种行为具有更高收益决定。

（2）支付。委托人和奉行机会主义的代理人获得的支付如表 8－1 所示，代理人的贴现因子为 δ_0，又设相关贴现因子为 $\delta=\delta_0\lambda\leqslant 1$（这并不是静态博弈的支付矩阵，实际上这个博弈不但有行动的序贯，还有较为复杂的信息结构，以下所使用的这种表示方法只是为了陈述的方便）。

（3）信息的划分和行动的序贯。代理人知道自己的偏好（自己的类型）。委托人知道 α、β、γ 的值，但是对于它们当期所匹配到的代理人过去的行动只有一个不完美的观察，即不能观察到代理人每一次的违约行为。对于这种不完美的观察的模型化这里使用一个技术性的假设：当代理人实际采取了 k 次违约行为时而被至少发现一次的概率为 x_k。所以委托人对于代理人过去行动的信息是二元的（要么观察到代理人曾违约过，要么没有观察到代理人曾违约过。）委托人也不知道匹配上的代理人在集体中总共存在了多少期。

表 8－1　博弈的支付结构

委托人＼代理人	违约	不违约
合同 1	(d, G)	(H, B)
合同 2	(D, G)	(h, b)

对于 x_k 的限制（技术性假设 1）：

$x_0<x_1<x_2<x_3<\cdots<1$，并且对所有 k 有：$x_{k+1}-x_k<x_k-x_{k-1}$

这是一个很自然并且很直观的技术性假定——坏事做得越多越容易被发现，这个发现概率以一个边际上递减的速度在递增。这个假定保证了当代理人违约了若干期后，其将会一直采取违约行为，分析的难度因此大大降低了。行动的时序如图 8－1 所示。

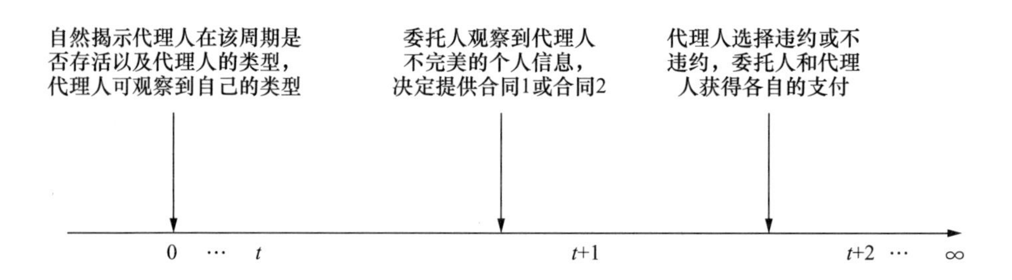

图 8－1 博弈的时序

4. 可能的均衡

（1）低违约率的均衡。假设所有的机会主义者都采取一直诚实的行动，当 $d>D$ 时委托人总是提供合同 2 给那些有违约记录的代理人，而给未观察到违约记录的代理人提供合同 1。委托人遇到集体中诚实的代理人和机会主义的代理人的概率为 $\alpha+\gamma$，而遇到不诚实的代理人但未被观察到有违约行为的概率为 βY。其中 Y 为不诚实的代理人未被发现的概率，用式（8－1）表示：

$$Y=(1-\lambda)[1+\lambda(1-x_1)+\lambda^2(1-x_2)+\cdots+\lambda^k(1-x_k)+\cdots] \tag{8-1}$$

那些没有违约记录的代理人中在这一期也不会违约的比例为：$\frac{\alpha+\gamma}{\alpha+\gamma+\beta Y}$。委托人提供合同 1 的条件为（技术性假设 2）：

$$\frac{\alpha+\gamma}{\alpha+\gamma+\beta Y}(H-h)+\frac{\beta Y}{\alpha+\gamma+\beta Y}(D-d)>0 \tag{8-2}$$

如果该假设得以满足，那么可以验证满足何种条件时机会主义的代理人会一直不违约，委托人给无违约记录的代理人提供合同 1，反之提供合同 2，构成一个均衡。当其一直不违约时，获得收益为：$\sum_{t=0}^{\infty}\delta^t B=\frac{B}{1-\delta}$。如果其从此转入违约行为，则期望收益为：

$$(B+G)+\delta(B+G)\left[\frac{1}{1-\delta}-Z\right]+\delta(b+G)Z,\ Z=x_1+\delta x_2+\delta^2 x_3+\cdots \tag{8-3}$$

其中，Z 表示折现到当期违约被发现的概率。所以低违约的均衡需要满足条件（技术性假设 3）：

$\frac{G}{1-\delta}\leqslant\delta(B-b)Z$，且 x_i 不全为 0。

也就是说代理人多少具有一点委托人个体声誉的信息。

以上的论证留下了一个问题，是否机会主义代理人会存在这样的机会——在接下来的若干期中选择违约，但是若干期后再转入不违约，或者说在违约与不违约之间不断转化。下面我们将证明如果机会主义者违约了 k 次而没有被发现，那么此后他会一直选择违约。

令 V_k 表示在代理人过去违约了 k 次的条件下当期的期望收益（注意 V_k 不是一个具体的值，而是一个连续函数）。一个代理人过去违约了 k 次，而下一次依然选择违约需满足：$G+V_{k+1}\geqslant\delta V_k$。如果对于代理人来说违约 k 次的条件下选择违约，而违约 $k+1$ 次的条件下选择不违约为最优抉择，则有：

$$V_k=(1-x_k)B+x_kb+G+\delta V_{k+1}\geqslant(1-x_k)B+x_kb+\delta V_k$$

$$V_{k+1}=(1-x_{k+1})B+x_{k+1}b+\delta V_{k+1} \tag{8-4}$$

综上则有：

$$G\geqslant\delta(x_{k+1}-x_k)(B-b)/(1-\delta) \tag{8-5}$$

另外，当代理人在曾经违约 $k+1$ 的条件下选择不再违约而不是再多违约一次需满足：$G+\delta\tilde{V}_{k+2}\leqslant\delta V_{k+1}$，其中 $\tilde{V}_{k+2}=(1-x_{k+2})B+x_{k+2}b+\delta\tilde{V}_{k+2}$，$\tilde{V}_{k+2}\leqslant V_{k+2}$。由以上两式可得：

$$G\leqslant\delta(x_{k+2}-x_{k+1})(B-b)/(1-\delta) \tag{8-6}$$

可见如果技术性假设 1 成立，式（8－5）、式（8－6）不能同时成立，所以如果代理人违约过 k 次，那么任何违约 k' 次（$k'>k$）都优于此后不违约。

（2）高违约率的均衡。所有的机会主义的代理人都一直选择违约的行为，而委托人只提供合同 2，构成一个均衡。对于机会主义者来说，此时保持一个良好的诚信记录毫无价值，所以一直违约为其最优选择。对于委托人来说是否应该给拥有良好诚信记录的代理人提供合同 1 呢？委托人在本期遇到没有违约记录的代理人且为诚实代理人的概率为：$\frac{\alpha}{\alpha+(\beta+\gamma)Y}$，遇到机会主义者及不诚实代理人的概率为：$\frac{(\beta+\gamma)Y}{\alpha+(\beta+\gamma)Y}$。高违约率均衡需要满足以下条件（技术性假设 4）：

$$\frac{\alpha}{\alpha+(\beta+\gamma)Y}(H-h)+\frac{(\beta+\gamma)Y}{\alpha+(\beta+\gamma)Y}(D-d)<0,\ \lambda\neq1$$

容易验证，当低违约率均衡和高违约率均衡都成立时，存在一混合策略均衡，其具有以下性质：对于诚信记录良好的代理人，委托人以概率 θ 提供合同 2，以 $(1-\theta)$ 的概率提供合同 1。对于诚信概率不好的代理人，委托人一直提供合同 2。参数 θ 满足：$G=(1-\delta)\delta(B-b)\theta Z$。机会主义代理人一旦违约，以后将一直会违约；如果在一期开始前从没有违约过，那么在这一期随机化自己的行动，以概率 v 采取不违约的行为，v 满足：$v(H-h)+(1-v)(D-d)=0$。

5. 对于均衡的描述

当4个技术性假设均满足时，该经济存在三个稳定的均衡。均衡的多重性来源于过去和未来声誉之间的权衡。代理人集体过去的好的声誉增加了代理人未来被信任的可能，这也使得奉行机会主义的代理人有激励去维持自身的声誉并将之一直维持在高的水平。

（二）模型一：集体声誉模型在农产品市场上的应用

1. 从委托代理框架到一个农产品市场

以上的基本模型从某种程度上来说和我国农产品行业中的一些市场存在着诸多共性。首先我国农业生产分散，存在大量的生产者。其次因为生产规模小，相关企业的品牌效应也就不明显，个体声誉的信息也不完全。事实上消费者对于某种农产品质量的信念还是基于其行业整体的情况。以赣南脐橙染色剂风波为例，销售赣南脐橙的企业众多，但是消费者在购买时一般是认准赣南脐橙整个品牌，很少有人关注具体是由哪家厂商供应的。所以当曝出部分不法厂商使用染色剂之后，大量合法生产企业以及农户的脐橙销量也受到了巨大影响。此外，消费者重复购买同一个生产者产品的意愿可能会受到一些客观限制，这可能来源于某级供货市场方面的流动性。而单个企业低质生产被揭示的概率，这里我们应该理解为可被消费者观察的那部分，如果曾经被检查出低质生产，但是如果这个信息没有被消费者了解，就仍需视为没有被揭示。综上这就使得市场上的交易可以近似地看作一次性的匹配。最后群体内部的更迭过程仍然视为一个自然的更迭过程，群体内生产者不同类型的分布保持稳定。

2. 模型一的建立

考虑这样一个农产品市场，市场上存在数量众多的农产品生产者，每期无弹性地生产并销售一单位的产品，市场上消费者数量正则化为1，依然是一个匹配模型。生产者群体的更迭速率还是服从概率为 λ 的泊松生灭过程。也就是说每期单个生产者仍然存在于市场上的概率为（$1-\lambda$）。

消费者每期可以观察到整个市场过去的表现，也就是平均质量水平，但无法观察到自己购买的产品质量（信任品特征）。产品的质量可能为高，用 H 表示，也可能为低，用 L 表示。消费者观察不到单个生产者过去的行为，只购买那些没有被揭示出曾经低质生产的企业的产品。如果消费者关于购买到高质量产品的后验概率为 v_t，那么市场上产品的价格则为：$p = v_t H + (1 - v_t) L$。

依然假定市场上的生产者具有三种类型：诚实的、机会主义的、不诚实的。先验概率分别为 α、γ、β，$\alpha + \beta + \gamma = 1$。诚实的生产者会一直生产高质量的产品，不诚实的生产者会一直生产低质量的产品，机会主义者则会根据何种行为对自己更加有利，当然生产高质量产品的成本要高于生产低质量产品的成本。

生产者进行了 k 次低质量生产而被发现一次的概率为 X_k，其遵从技术性假设 1 的条件。一个关于群体人员更迭的合理假设是，如果生产者一旦被发现进行了低质量生产，那么其就应该被驱离市场。生产者存留于市场上的时间被假定为私人信息。生产者的相关贴现因子如上节所示为：$\delta = \delta_0 \lambda \leqslant 1$。机会主义者在一期进行低质生产得到的额外收益为 G。我们将考察高声誉市场和低声誉市场的均衡，以及在这两种市场上机会主义者会做出怎样的质量选择。为了表述的方便，不妨定义：机会主义者一直采取高质量生产的市场称为高质量市场，机会主义者一直采取低质量生产的市场称为低质量市场。

3. 模型一的求解

（1）高质量市场的情形。消费者每期在该市场碰到低质量生产的生产者概率为：$\tilde{Y} = (1 - \lambda) \sum_{t=0}^{\infty} \lambda^t (1 - x_0) \cdots (1 - x_t)$，其中，$x_0 = 0$，$\lambda^t$ 表示在时期 t，该不诚实的生产者尚未由于自然更迭而离开这个市场的概率，$(1 - x_0) \cdots (1 - x_t)$ 则为其低质生产行为没有被抓住的概率。假设新进入的生产者依然满足诚实、不诚实、机会主义概率分别为 α、β、γ 的分布律，则在时期 t，该市场上的价格为：

$$p_H = \frac{\alpha + \gamma}{\alpha + \gamma + \beta \tilde{Y}} H + \frac{\beta \tilde{Y}}{\alpha + \gamma + \beta \tilde{Y}} L \tag{8-7}$$

保证机会主义者进行高质量生产的一个必要条件是，其进行高质量生产的收益要高于进行低质量生产的收益，所以有：

$$\frac{p_H - G}{1 - \delta} \geqslant p_H \sum_{t=0}^{\infty} \delta^t (1 - x_0) \cdots (1 - x_t) \equiv p_H \left[\frac{1}{1 - \delta} - \delta \tilde{Z} \right] \tag{8-8}$$

其中，$\delta \tilde{Z}$ 表示生产者一直进行低质量生产被发现折现到当期概率的期望。所以当 $G/(1 - \delta) \leqslant \delta p_H \tilde{Z}$ 时，存在高质量的均衡。

（2）低质量市场的情形。在这个市场上只有那些诚实的生产者才生产高质量的产品，机会主义者和不诚实的生产者均生产低质量产品。因为机会主义者也生产低质量产品，所以比起高质量市场，低质量市场有着更快的更迭速度。此时市场上的均衡价格为：

$$p_L = \frac{\alpha}{\alpha + (\beta + \gamma)\widetilde{Y}} H + \frac{(\beta + \gamma)\widetilde{Y}}{\alpha + (\beta + \gamma)\widetilde{Y}} L < p_H \tag{8-9}$$

同高质量市场情形类似，该均衡成立的必要条件是：

$$G/(1-\delta) \geqslant \delta p_L \widetilde{Z} \tag{8-10}$$

因为 $G/(1-\delta) \leqslant \delta p_H \widetilde{Z}$ 和 $G/(1-\delta) \geqslant \delta p_L \widetilde{Z}$ 可能同时成立，所以会存在多重均衡。根据无名氏定理，机会主义者所有可以支撑其收益集的策略都可以构成一个均衡。也就是说诸如机会主义者每期以任意概率随机化自己行动的策略都会构成一个均衡。

4. 均衡的比较静态分析及经济意义

可以看到高质量均衡时的条件为 $G/(1-\delta) \leqslant \delta p_H \widetilde{Z}$，而低质量均衡时的条件为 $G/(1-\delta) \geqslant \delta p_L \widetilde{Z}$。首先从直观上不难发现 $\widetilde{Z}$ 值越大，高质量的均衡越有可能实现。另外 p_H 越大，高质量的均衡的条件越容易满足；p_L 越小，低质量均衡的条件越容易满足。所以可以通过比较静态来分析外生参数对 $\widetilde{Z}$、p_H、p_L 的影响，以获得均衡的经济意义。

因为 $1-\delta>0$，$\delta>0$，为了考察 $G/(1-\delta) \leqslant \delta p_H \widetilde{Z}$，$G/(1-\delta) \geqslant \delta p_L \widetilde{Z}$ 两式成立的条件，不妨设 $F_H = G - \delta(1-\delta) p_H \widetilde{Z}$，$F_L = G - \delta(1-\delta) p_L \widetilde{Z}$，又由于：

$$\widetilde{Z} = \frac{1}{\delta}\left[\frac{1}{1-\delta} - \sum_{t=0}^{\infty} \sum_{i=0}^{t} \delta^i (1 - x_i)\right]$$

所以有：

$$F_H = G - p_H\left[1 - (1-\delta) \sum_{t=0}^{\infty} \sum_{i=0}^{t} \delta^{i+1} (1 - x_i)\right]$$

$$F_L = G - p_L\left[1 - (1-\delta) \sum_{t=0}^{\infty} \sum_{i=0}^{t} \delta^{i+1} (1 - x_i)\right]$$

当 $F_H \leqslant 0$ 时，机会主义生产者进行高质量生产，类似地，当 $F_L \geqslant 0$ 时，机会主义生产者进行低质量生产。令：

$$F_H(G^*, \alpha^*, \beta^*, \gamma^*, \delta^*, \lambda^*, x_i^*, H^*, L^*) = 0$$

$$F_L(G^{**}, \alpha^{**}, \beta^{**}, \gamma^{**}, \delta^{**}, \lambda^{**}, x_i^{**}, H^{**}, L^{**}) = 0$$

注意可能会存在无穷多组的 G^*，α^*，β^*，γ^*，δ^*，λ^*，x_i^*，H^*，L^*，G^{**}，α^{**}，β^{**}，γ^{**}，λ^{**}，δ^{**}，x^{**}，H^{**}，L^{**} 使得上面两个等式成立。我们只考虑内点情况，不考虑边界上的情形。

此时对于机会主义生产者来说，高质量生产与低质量生产无差异。我们在临界值附近进行比较静态，来分析参数的变化引致生产者行为偏向高质量还是偏向低质量。

因为，$\frac{\partial F_H}{\partial G}=1>0$，$\frac{\partial F_L}{\partial G}=1>0$，所以随着当期低质量生产的额外激励越大时，机会主义生产者越容易偏向低质量生产。

$$\frac{\partial F_H}{\partial \alpha}=-[1-(1-\delta)\sum_{t=0}^{\infty}\sum_{i=0}^{t}\delta^{i+1}(1-x_i)]\beta(H-L)\tilde{Y}/(\alpha+\gamma+\beta\tilde{Y})^2<0$$

$$\frac{\partial F_L}{\partial \alpha}=-[1-(1-\delta)\sum_{t=0}^{\infty}\sum_{i=0}^{t+1}\delta^{i}(1-x_i)](\beta+\gamma)(H-L)\tilde{Y}/[\alpha+(\beta+\gamma)\tilde{Y}]^2<0$$

所以，随着市场上诚实的生产者的增多，机会主义者越容易偏向高质量的生产，也就是说他们越有动机将自己伪装成诚实的生产者。

$$\frac{\partial F_H}{\partial \beta}=-[1-(1-\delta)\sum_{t=0}^{\infty}\sum_{i=0}^{t}\delta^{i+1}(1-x_i)](\alpha+\gamma)(L-H)\tilde{Y}/[\alpha+(\beta+\gamma)\tilde{Y}]^2>0$$

$$\frac{\partial F_L}{\partial \beta}=-[1-(1-\delta)\sum_{t=0}^{\infty}\sum_{i=0}^{t}\delta^{i+1}(1-x_i)]\alpha(L-H)\tilde{Y}/[\alpha+(\beta+\gamma)\tilde{Y}]^2>0$$

所以，随着市场上不诚实的生产者的增多，机会主义者越容易偏向低质量的生产，也就是说他们越有动机将自己伪装成不诚实的生产者。

$$\frac{\partial F_H}{\partial \gamma}=-[1-(1-\delta)\sum_{t=0}^{\infty}\sum_{i=0}^{t}\delta^{i+1}(1-x_i)](H-L)\beta\tilde{Y}/[\alpha+(\beta+\gamma)\tilde{Y}]^2<0$$

$$\frac{\partial F_L}{\partial \gamma}=-[1-(1-\delta)\sum_{t=0}^{\infty}\sum_{i=0}^{t}\delta^{i+1}(1-x_i)]\alpha(L-H)\tilde{Y}/[\alpha+(\beta+\gamma)\tilde{Y}]^2>0$$

所以，机会主义者在生产者中的比例对于其行为的影响是未定的，机会主义者比例的上升使得可能的均衡集合变小了。

机会主义生产者在$\delta(1-\delta)p_L\tilde{Z}\leqslant G\leqslant\delta(1-\delta)p_H\tilde{Z}$区间内收益所支撑的行动都可同消费者相应的行动构成均衡。γ的上升使得这个区间变小，也就是说随着机会主义者在生产者集体中比例的上升，其可选择的行动变得更少。当其他参数不变，γ趋于某一特定值时机会主义者的行为趋于稳定的均衡，即一直高质量生产，或者一直低质量生产。

$$\frac{\partial F_H}{\partial \delta}=p_H\{(i+1)\sum_{t=0}^{\infty}\sum_{i=0}^{t}\delta^{i}(1-x_i)-(i+2)\sum_{t=0}^{\infty}\sum_{i=0}^{t}\delta^{i}(1-x_i)\}<0$$

$$\frac{\partial F_L}{\partial \delta} = p_L\{(i+1)\sum_{t=0}^{\infty}\sum_{i=0}^{t}\delta^i(1-x_i) - (i+2)\sum_{t=0}^{\infty}\sum_{i=0}^{t}\delta^i(1-x_i)\} < 0$$

可见随着贴现因子的上升，高质量的生产变得越发可能。其背后的经济学意义也是清晰的——生产者变得更有耐心也更加注重长远利益，对于低质生产导致消费者低价购买的惩罚令其选择在每一期进行高质量的生产。

回忆$\delta=\delta_0\lambda\leqslant 1$，根据链式法则$\frac{\partial F_H}{\partial \lambda}=\frac{\partial F_H}{\partial \delta}\cdot\frac{\partial \delta}{\partial \lambda}=\delta_0\frac{\partial F_H}{\partial \lambda}<0$，类似地，有$\frac{\partial F_L}{\partial \lambda}=\frac{\partial F_L}{\partial \delta}\cdot\frac{\partial \delta}{\partial \lambda}=\delta_0\frac{\partial F_L}{\partial \lambda}<0$。所以随着生产者群体内部自然更迭速度的加快，机会主义生产者有低质生产的倾向。试想如果生产者在市场上存在时间越短，或者说当下一期就是最后一期的概率越大，机会主义生产者在当期进行低质生产的倾向自然也越大。在朝不保夕的情况下，机会主义者会倾向于追逐短期的利益，因为：

$$\frac{\partial F_H}{\partial x_i} = -\left[\sum_{t=0}^{\infty}\sum_{i=0}^{t}\delta^{i+1}(1-x_i)\right]p_H < 0,\ \frac{\partial F_L}{\partial x_i} = -\left[\sum_{t=0}^{\infty}\sum_{i=0}^{t}\delta^{i+1}(1-x_i)\right]p_L < 0$$

所以，低质量生产被发现的概率越高，机会主义生产者越有动机将自己伪装成诚实的生产者，并进行高质量生产。

$$\frac{\partial F_H}{\partial H}=\frac{\partial F_H}{\partial p_H}\cdot\frac{\partial p_H}{\partial H}=(1-\delta)\left[1-\sum_{t=0}^{\infty}\sum_{i=0}^{t}\delta^{i+1}(1-x_i)\right]\frac{\alpha+\gamma}{\alpha+\gamma+\beta\tilde{Y}}<0$$

$$\frac{\partial F_H}{\partial L}=\frac{\partial F_H}{\partial p_L}\cdot\frac{\partial p_L}{\partial L}=0$$

$$\frac{\partial F_L}{\partial H}=\frac{\partial F_L}{\partial p_H}\cdot\frac{\partial p_H}{\partial H}=0$$

$$\frac{\partial F_L}{\partial L}=\frac{\partial F_L}{\partial p_L}\cdot\frac{\partial p_L}{\partial L}=(1-\delta)\left[1-\sum_{t=0}^{\infty}\sum_{i=0}^{t}\delta^{i+1}(1-x_i)\right]\frac{(\beta+\gamma)\tilde{Y}}{\alpha+(\beta+\gamma)\tilde{Y}}<0$$

因此，随着消费者关于高质量和低质量产品保留价格的上升，机会主义生产者趋向于更高质量的生产。背后的直觉也是简单的，消费者关于产品保留价格的上升，使得产品有个更高的市场价格。留在市场上卖出产品的激励就更大，机会主义的生产者也就更加害怕因为低质生产而被永久驱逐出市场的风险。

5. 小结

本部分通过一个农产品市场上的集体声誉模型来解释农产品市场上产品的质量结构。因为信息的不完全，机会主义的生产者获得了伪装成其他类型生产者的机会。因此面对不同的情况，市场可能出现不同的均衡结果。这里有三点是值得注意的。

第一，均衡是偏向高质量还是低质量取决于一系列外生参数。其中如低质量生产的额外激励、生产者类型的先验分布、消费者对于不同质量产品的保留价格、机会主义生产者的贴现因子等这些都是客观给定的。但是低质生产的揭示概率这一参数则具有现实意义。政府相关部门监管效率的提高无疑会提高这一概率，而由比较静态的结果我们可以知道该概率的上升会引致“更好”均衡的出现。

第二，消费者的信任是脆弱的，一旦观察到生产者有过一次低质量生产的行为，消费者就不会购买其产品。而消费者的支付意愿决定于其对于市场上产品质量的期望。假想在高质量均衡的某一期发生了一个质量上的负的冲击（可能来源于新进入者类型分布的变化，或因产品质量本身就是一个随机变量，在该期出现了一个负的扰动，等等），那么市场的价格就会下降，在上一节我们分析了这种情况下市场就有可能向低质量的均衡转变。

第三，生产者类型在每一期是不稳定的，为了求解的方便，本部分忽略了这一点，仍然假设每期开始时生产的先验分布均为（α，γ，β）。事实上因为进行高质量生产的生产者和进行低质量生产的生产者更迭的机制是不同的，前者只受到自然更迭的影响，而后者还遭受外在的驱逐力量。下一部分我们将讨论生产者类型分布调整的动态机制，以及对均衡结果的影响。

（三）模型二：生产者类型分布的动态调整过程

1. 生产者类型分布的探讨——从稳定分布到动态调整

在模型一中考虑生产者群体内部更迭的另一种因素——一个生产者如果进行低质生产并被发现的话将被永久驱逐出市场。那么很自然的一个想法是，那些低质量生产者被迫在下一期离开市场的概率比那些高质量生产者要高，而每一期新进入市场的生产者类型的分布是稳定的。由此可见随着时间的推移，市场上存在的生产者的类型分布就不再是稳定的。考虑一个低质量状态的均衡，除了自然的更迭，每期都有机会主义和不诚实的生产者被驱逐出市场，新进入的生产者类型分布稳定。可以预见，随着时间的推移，诚实的生产者在集体中所占的比例会越来越高。由上文比较静态的结果我们知道，随着诚实的生产者在群体中比例的上升，新进入的机会主义生产者会趋向于高质量生产。

可以猜想，对于一个低质量的均衡，随着时间的推移，是否存在这样一个时期上的临界点——在该期消费者转而愿意支付一个高价格；生产者方面在该期之前进入的机会主义生产者都进行低质量生产，而在该期之后进入的机会主义生产者都进行高质量生产。这就会出现一个很有意思的现象，机会主义生产者的行为是由其已经存在于这个市场上的时间决定的。存在时间长的机会主义生产者将自己伪装成不诚实的类型，存在时间短的机会主义生产者将自己伪装成诚实的类型，高质量的均衡重新出现。

2. 一个形式化的描述（模型二）

假设从一个低质量状态的均衡开始，以该期为 t_0 期，在 t_0 期生产者类型的分布如原始模型所设定的那样诚实者、机会主义者、不诚实者的比例为（α，γ，β）。系统更迭的速度、低质生产被驱逐的概率等均与上一部分一致。经过 N 期后到达临界值 t_N 期。那么当 t_N 开始时，消费者对于生产者类型的先验判断会是怎样的？因为机会主义生产者和不诚实的生产者从 t_0 到 t_N 都会采取低质量生产，先计算在 t_N 期市场上存在的低质量产品的概率。该概率可拆分成以下形式进行计算：

t_0 期存在于市场上并一直存活到 t_N 期的概率为：

$$\eta_0 = (1-\lambda)^N \sum_{i=1}^{N} (1-x_i)^i (\beta+\gamma) \tag{8-11}$$

t_1 期进入市场并一直存活到 t_N 期的概率为：

$$\eta_1 = (1-\lambda)^{N-1} \sum_{i=2}^{N} (1-x_i)(\beta+\gamma) \tag{8-12}$$

t_2 期进入市场并一直存活到 t_N 期的概率为：

$$\eta_2 = (1-\lambda)^{N-2} \sum_{i=3}^{N} (1-x_i)^i (\beta+\gamma) \tag{8-13}$$

以此类推，在第 t_{N-1}期进入市场，并在第 t_N 期存活的概率为：

$$\eta_{N-1} = (1-\lambda)(1-x_{N-1})(\beta+\gamma) \tag{8-14}$$

所以 t_N 期对于一个没有观察到低质生产行为的生产者在本期低质量生产的概率为：

$$\pi_N^L = \sum_{i=0}^{N-1} \eta_i \tag{8-15}$$

相应地，在本期高质量生产的概率为：

$$\pi_N^H = 1 - \sum_{i=0}^{N-1} \eta_i \tag{8-16}$$

则市场上产品的价格为：$p_N = \pi_N^H H + \pi_N^L L$。当时期 $t_j \in \{t_0, t_1, \cdots, t_{N-1}\}$ 时，

随着 j 的上升 p_j 也随之上升的。这是由于低质量生产者在生产者群体中的比例是随 j 的上升而一直下降的。

对于第 t_N 期新进入的机会主义者来说，进行低质量生产的收益为：

$$\sum_{i=N}^{\infty}\sum_{j=N}^{i}[p_j(1-\lambda)(1-x_j)+G] \tag{8-17}$$

注意：t_N 为临界值，因为 p_j 的单调性，如果第 t_N 期进入的机会主义生产者没有选择高质量，那么第 t_{N+1} 期进入的机会主义生产者理应选择高质量生产。

而第 t_N 期进入的机会主义生产者进行高质量生产的收益为：

$$\sum_{i=N}^{\infty}p'_i(1-\lambda) \tag{8-18}$$

因此第 t_N 期新进入的机会主义生产者转向高质量生产的条件为：

$$\sum_{i=N}^{\infty}p'_i(1-\lambda) \geqslant \sum_{i=N}^{\infty}\sum_{j=N}^{i}[p_j(1-\lambda)(1-x_j)G] \tag{8-19}$$

注意：p'_i 和 p_i 的区别在于第 i 期（$i \geqslant N$），在形成 p'_i 的市场上新进入进行低质生产的机会主义生产者的数量要比 p_i 少一期，少的这一期正是在第 N 期进入的。所以我们容易建立起 p'_i 和 p_i 之间的联系：

$$p'_i=(H-L)\eta_i+p_i \tag{8-20}$$

由式（8－11）～式（8－14）可递推得到 η_i 的通项公式：

$$\eta_i=(1-\lambda)^i\sum_{t=i}^{N}(1-x_i) \tag{8-21}$$

在所有外生参数可以给定的情况下，我们可以由式（8－17）～式（8－20）求得临界值 N。也就是说可以知道一个低质量状态的均衡需要经过多久可以使新进入的机会主义生产者行为发生转变。

3. 小结

本部分考察了生产者类型分布的一个动态调整过程。从前面的分析可以看出，集体声誉高质量的均衡是脆弱的，消费者“冷酷”的触发策略使得在一定情况下均衡一旦遭遇了扰动①，市场结构将会很快转向低质量的均衡。值得庆幸的是因为退出市场的机制不同，低质量生产者有着更大的退出概率。随着时间的推移，市场中诚实类型的生产者的比例会不断累积，每一期开始的时候消费者先验信念也会随之更新，消费者对于遇到的没有不良记录的生产者会更加宽容，直到某一期高质量的均衡又重新出现。所以如果考虑生产者类型先验分布的动态调

① 这种扰动可能来源于新进入人群分布律的一次变化，或者机会主义生产者行为的一次偶然变化。

整过程，那么低质量的均衡最终总会收敛到高质量的均衡。

然而需要注意的是，这里我们认为诚实的生产者在高质量均衡和低质量均衡时每期退出市场的概率是一样的，这显然并不是十分合理的。试想一种情况下诚实的生产者高质量生产，却只能以相对低的市场价格卖出自己的产品；另一种情况下诚实的生产者高质量生产，并能以相对高的市场价格卖出自己的产品。显然在第二种情况下生产者有着更大的留下来继续生产的意愿。试想如果在低质均衡形成之后，诚实的生产者有着高于自然更迭速度的概率，当这个概率低于低质生产被发现的概率时，高质量的均衡重新出现的时间会更长；当这个概率同低质量生产被发现的概率相等时，现有均衡维持不变；当这个概率高于低质量生产被发现的概率时，市场上产品质量结构会退化为经典“柠檬市场”的情形①。

（四）模型三：两个群体间的声誉锦标赛

1. 锦标赛模型与集体声誉

Holmstrom（1982）最先研究了标尺竞争对于团队成员的激励作用。所谓标尺竞争即是以成员的相对表现为激励执行的标准，这一机制也被称为锦标赛。杜创和蔡洪滨（2010）在差异产品市场上的声誉锦标赛的研究中，分析了企业个体声誉对于其所供应产品质量的影响②。一个很自然的推广是如果存在不同群体供应相似的产品，比如国产奶粉和进口奶粉，农产品行业还有许多类似的例子。在这种情形下各群体之间的集体声誉竞争会导致怎样的结果就值得进一步探讨。

我们知道不完全信息下的“搭便车”会导致低效率。同样地，集体声誉的供给中也会存在“搭便车”行为。集体中的某个成员维持集体声誉的行为对于集体中其他成员来说具有正的外部性，但是这种正的外部性往往是难以获得的。这在前面的模型中已经有所体现，机会主义者的行为并不直接受到集体的整体利益的影响。而在有多集体的情形中，消费者从低质量到高质量均衡转变的触发壁垒会更高。试想，如果你熟悉一件产品，并且有购买该产品的习惯，是什么样的动机会使你放弃该产品，转而购买其同类商品？——只有当你对二者价值的判断出现了较大差异时。因为习惯的改变以及对新产品的熟悉都是需要成本的，消费者对两个集体内产品价值差额的判断应该需要保证对该项成本的支付。

---

① 这里只给出一个直观描述而不做详细证明，事实上遵循前文的分析思路很容易得出该结论。

② 杜创，蔡洪滨．差异产品市场上的声誉锦标赛［J］．经济研究，2010（7）：130－140.

为了便于比较，下面建立一个消费者“简单”决策模型。所谓简单就是消费者在两个市场上购买量的抉择只由在两个市场上购买产品的边际效用决定，而不考虑消费决策跳跃时的转化成本①。

2. 双生产者集体模型的设定及稳态

先从两个生产者集体的情形开始考察，沿用前面模型一的设定：假设存在两个生产者群体，生产同类产品（质量水平可能不一样），构成两个不同的市场。两个群体（以1，2表示）生产者的类型依然包括三种：诚实的、不诚实的、机会主义的，其先验分布分别为：$(\alpha_1, \beta_1, \gamma_1)$，$(\alpha_2, \beta_2, \gamma_2)$。这三种类型的生产者的行为、成员进出集体的规则均同前文中的假定一致。为了区分方便，对于群体1的所有变量均加下标1，对于群体2的所有变量均加下标2。消费者每一期总共在两个市场（如果存在多个集体则是在多个市场上）上购买一单位产品②。同时我们假设如果有市场遭遇如上文所分析的质量冲击，那么只有当这个质量冲击超过一个临界值时，消费者的购买决策才会发生改变，这个临界值就可以视为改变购买习惯的成本。此外为了使可能的随机化策略更具有解释力，比起基础模型这里添加一个新的假设：产品的市场价格不但是期望质量的函数，而且受到消费者在这个市场上购买比例的影响，消费者购买的比例越高，产品价格越高③。为了方便处理，假定两个市场上的机会主义生产者有着相同的贴现因子 δ，同一期中低质生产的额外激励 G 一样大，每一期在不同市场低质量生产的行为被揭示的概率均为 x_t。

并令：

$$p_i = \sqrt{v_i} e_i, \quad e_1 + e_2 = 1, \quad i \in \{1, 2\} \text{④} \tag{8-22}$$

其中，p_i 代表市场 i 的均衡价格；v_i 为消费者对市场 i 上产品质量主观评价的期望，该指标反映消费者对于产品的需求因素，产品质量越高，需求越旺盛；e_i 为消费者在市场 i 上购买的产品比例，该指标反映产品的供给弹性，e_i 越大，产品的供给弹性越小。

---

① 这种建模方式意在将消费者的决策连续化。

② 可以是只购买一个集体的产品，也可以是随机化的购买策略，因为生产者风险态度为中性，消费数量正则化为1，所以随机化的购买策略可视为不同生产集体销售量构成的一个单型。

③ 这就意味着不同于基础模型中的无弹性供给，此时供求关系总是在某个方面起作用的，我们不去深究其具体作用机理，而只是假设这种作用始终存在。

④ 对于 v 开根号是为了保持效用函数凹性的一种简单处理方式。

消费者从市场 i 上获得的效用由其性价比衡量，即质量与价格之比。

分别考察两个市场均为高质量均衡的情形，一个市场为高质量均衡另一个为低质量均衡的情形，两个市场都为低质量均衡的情形，以及这三种情形存在的条件。

情形 1：两个市场均为高质量均衡，由式（8 - 21）及式（8 - 22）得：

$$p_1^H = \left[\frac{\alpha_1 + \gamma_1}{\alpha_1 + \gamma_1 + \beta_1 \widetilde{Y}_1}H + \frac{\beta_1 \widetilde{Y}_1}{\alpha_1 + \gamma_1 + \beta_1 \widetilde{Y}_1}L\right]^{\frac{1}{2}} e_1 = Ae_1$$

$$p_2^H = \left[\frac{\alpha_2 + \gamma_2}{\alpha_2 + \gamma_2 + \beta_2 \widetilde{Y}_2}H + \frac{\beta_2 \widetilde{Y}_2}{\alpha_2 + \gamma_2 + \beta_2 \widetilde{Y}_2}L\right]^{\frac{1}{2}} (1 - e_1) = Be_2 = B(1 - e_1)$$

由式（8 - 8）及混合策略均衡的性质，消费者在两个市场上获得的单位效用应该相等，所以均衡时应满足以下条件：

$$\frac{p_1^H - G}{1 - \delta_1} \geqslant p_1^H \sum_{t=0}^{\infty} \delta^t (1 - x_0) \cdots (1 - x_t) \equiv p_1^H \left[\frac{1}{1 - \delta} - \delta \widetilde{Z}_1\right] \tag{8 - 23}$$

$$\frac{p_2^H - G}{1 - \delta_2} \geqslant p_2^H \sum_{t=0}^{\infty} \delta^t (1 - x_0) \cdots (1 - x_t) \equiv p_2^H \left[\frac{1}{1 - \delta} - \delta \widetilde{Z}_2\right] \tag{8 - 24}$$

$$\frac{A^2}{p_1^H} = \frac{B^2}{p_2^H} \tag{8 - 25}$$

给定各外生参数，由式（8 - 25）我们就可以求得均衡时的 e_1，e_2：

$$e_1 = \frac{A}{A + B},\ e_2 = \frac{B}{A + B}$$①

且式（8 - 22）、式（8 - 23）成立时，两个市场存在同时的高质量均衡。

情形 2：两个市场均为低质量均衡，由式（8 - 9）及式（8 - 21）有：

$$p_1^L = \left[\frac{\alpha_1}{\alpha_1 + (\beta_1 + \gamma_1) \widetilde{Y}_1}H + \frac{(\beta_1 + \gamma_1) \widetilde{Y}_1}{\alpha_1 + (\beta_1 + \gamma_1) \widetilde{Y}_1}L\right]^{\frac{1}{2}} e_1 = Je_1$$

$$p_2^L = \left[\frac{\alpha_2}{\alpha_2 + (\beta_2 + \gamma_2) \widetilde{Y}_2}H + \frac{(\beta_2 + \gamma_2) \widetilde{Y}_2}{\alpha_2 + (\beta_2 + \gamma_2) \widetilde{Y}_2}L\right]^{\frac{1}{2}} (1 - e_1) = Ke_2 = K(1 - e_1)$$

由式（8 - 10）及混合策略均衡的性质，在均衡时应满足以下条件：

$$G/(1 - \delta) \geqslant \delta p_1^H \widetilde{Z}_1 \tag{8 - 26}$$

---

① 因为 A，B 代表消费者对产品质量的主观评价，该式非常直观地表明消费者对于期望质量更高的市场上的产品有着更高的需求。

$$G/(1-\delta) \geqslant \delta p_2^H \widetilde{Z}_2 \tag{8-27}$$

$$\frac{J^2}{p_1^L} = \frac{K^2}{p_2^L} \tag{8-28}$$

同样，可以求出该状态下的 e_1，e_2：

$$e_1 = \frac{J}{J+K},\ e_2 = \frac{K}{J+K}$$

当式（8－26）成立时，两个市场存在同时的低质量均衡。

情形3：一个市场高质量均衡，另一个市场低质量均衡。对于两个市场不同状态的均衡，由于模型设定的对称性，不妨假设在市场1上实现了高质量的均衡，在市场2上实现了低质量的均衡，则有：

$$p_1^H = \left[\frac{\alpha_1+\gamma_1}{\alpha_1+\gamma_1+\beta_1 \widetilde{Y}_1}H + \frac{\beta_1 \widetilde{Y}_1}{\alpha_1+\gamma_1+\beta_1 \widetilde{Y}_1}L\right]^{\frac{1}{2}} e_1 = Ae_1$$

$$p_2^L = \left[\frac{\alpha_2}{\alpha_2+(\beta_2+\gamma_2)\widetilde{Y}_2}H + \frac{(\beta_2+\gamma_2)\widetilde{Y}_2}{\alpha_2+(\beta_2+\gamma_2)\widetilde{Y}_2}L\right]^{\frac{1}{2}}(1-e_1) = Ke_2 = K(1-e_1)$$

由情形1和情形2容易推出，情形3均衡时需满足式（8－23）和式（8－27），以及$\frac{A^2}{p_1^H} = \frac{K^2}{p_2^L}$。同样可以求出该状态下的 e_1，e_2：

$$e_1 = \frac{A}{A+K},\ e_2 = \frac{K}{A+K}$$

3. 集体声誉锦标赛制下稳态的滞后收敛效应

由模型二的类型分布动态调整过程可以知道，低质量的均衡会随着时间的推移重新收敛到高质量的均衡状态。那么如果存在其他的生产集体，集体声誉锦标赛机制的引入对于从低质均衡向高质均衡收敛的速度有何影响？下面的内容就是要回答这个问题。

情形4：t_0 时期一个市场高质量均衡，一个市场低质量均衡，低质量均衡市场向高质量均衡的调整过程。

同样因为对称性，不妨假设在 t_0 时期市场1处于高质量均衡状态，市场2处于低质量均衡状态。则有式（8－23）、式（8－27），$\frac{A^2}{p_1^H} = \frac{K^2}{p_2^L}$同时成立，且有：

$$p_{1,0}^H = \frac{A_0^{\frac{3}{2}}}{A_0+K_0},\ p_{2,0}^L = \frac{K^{\frac{3}{2}}}{A+K},\ e_{1,0} = \frac{A_0}{A_0+K_0},\ e_{2,0} = \frac{K_0}{A_0+K_0}$$

假设 N 期为向高质量均衡收敛的那一期。由式（8－11）厂商从 t_0 期存在于市场 2 上，一直存活到 t_N 期并属于低质生产的概率为：

$$\eta_{2,0} = (1-\lambda)^N \sum_{t=1}^{N}(1-x_t)^t(\beta_2+\gamma_2)$$

类似地，t_1，t_2，…，t_{N-1}期存在于市场上并一直存活到 t_N 的条件概率由式（8－12）～式（8－14）给出。市场 1 的情形有所不同，市场 1 因为已经处于高质量的均衡，只有不诚实的生产者会进行低质量生产，所以有：

$$\eta_{1,0} = (1-\lambda)^N \sum_{t=1}^{N}(1-x_t)^t\beta_1$$

$$\eta_{1,1} = (1-\lambda)^{N-1} \sum_{t=2}^{N}(1-x_t)^t\beta_1[\lambda+(1-x_1)\beta_1]$$

$$\eta_{1,2} = (1-\lambda)^{N-2} \sum_{t=3}^{N}(1-x_t)^t\{\beta_1+(1-x_2)\beta_1[\lambda+(1-x_1)\beta_1]\}$$

$$\vdots$$

$$\eta_{1,N} = (1-\lambda)(1-x_{N-1})\beta_1^2[\lambda+\lambda(1-x_{N-1})+\Pi_{t=1}^{N-1}(1-x_t)\beta_1^N]$$

所以，t_N 期对于一个没有观察到低质生产行为的生产者在本期低质量生产的概率为：$\pi_i^L = \sum_{t=0}^{N-1}\eta_{i,t}$ ，高质量生产的概率为：$\pi_i^H = 1-\sum_{t=0}^{N-1}\eta_{i,t}$ 。由此可以求出 $A_N = \pi_1^H H + \pi_1^L L$，$K_N = \pi_2^H H + \pi_2^L L$。由稳态条件得出：

$$e_{1,N} = \frac{A_N}{A_N+K_N}$$

$$e_{2,N} = \frac{K_N}{A_N+K_N}$$

而对于市场 2 的机会主义生产者来说，如果第 t_N 期进入，则转入高质量生产需满足条件：$\sum_{t=N}^{\infty}\sum_{j=N}^{t}[A_t(1-\lambda)(1-x_t)+G] \leqslant \sum_{t=N}^{\infty}A'_t(1-\lambda)$ ，其中 A_t，A'_t 应满足递推关系：$A'_t =$（$H-L$）$\eta_N + A_t$。类似于模型二的方法，这里同样可以求出临界值 N 的大小。

与单一集体的情况相比，情形 4 中临界值 N 的大小会变得更大，其逻辑是原来高质量均衡的市场随着时间的推移，不诚实类型的生产者的比例会越来越小，其市场的平均质量也会逐渐改善。低质量均衡市场平均产品质量虽然也会随着时间的推移而改善，然而因为声誉锦标赛，比起没有其他竞争集体的情况，市场价格随时间变化的速度要更加缓慢，因而其成员厂商高质量生产的潜在收益增长得更加缓慢。这种引入其他集体形成集体声誉锦标赛而导致的低质量均衡向高质量均衡收敛更慢的现象就被称为集体声誉锦标赛的滞后效应。

情形 5：t_0 时期两个市场均为低质量均衡，两个低质量均衡市场均向高质量均衡的调整过程。因为由低质量均衡向高质量均衡的收敛速度受到类型分布的影响，所以两个厂商收敛的期数会不同，可以令市场 1 的收敛期数为 N_1，市场 2 的收敛期数为 N_2，且有 $N_1 < N_2$，即市场 1 先收敛到高质量均衡。那么整个收敛过程可分为两个阶段，第一阶段为市场 1 收敛到高质量均衡，市场 2 新进入的机会主义者仍然进行低质量生产。第二阶段为市场 1 处于高质量均衡，而市场 2 继续调整，这个阶段可以近似地看作情形 4 的调整过程①。

由式（8－26）～式（8－28）可知，t_0 时刻的状态为：$e_{1,0}=\frac{A_0}{A_0+B_0}$，$e_{2,0}=\frac{B_0}{A_0+B_0}$。市场 1 上，到 t_{N_i-1} 期存在于市场上并一直存活到 t_{N_1} 的条件概率由式（8－11）～式（8－14）给出。市场 1 上 t_{N_1} 期消费者对于一个没有观察到低质生产行为的生产者在本期进行低质量生产的概率为：$\pi_1^L=\sum_{t=0}^{N_1-1}\eta_{i,t}$，高质量生产的概率为：$\pi_1^H=1-\sum_{t=0}^{N_1-1}\eta_{i,t}$，$A_{N_1}=\pi_1^H H+\pi_1^L L$。市场 2 上的情形稍有不同，到了 t_{N_1} 期市场 2 尚未收敛，所以市场 2 第 N_1 期的质量结构如下：

市场 2 上 t_{N_1} 期消费者对于一个没有观察到低质生产行为的生产者在本期高质量生产的概率为：$\pi_2^H=1-\sum_{t=0}^{N-1}\eta_{i,t}$，低质量生产的概率为：$\pi_2^L=\sum_{t=0}^{N_1}\eta_{i,t}$，$B_{N_1}=\pi_2^H H+\pi_2^L L$。

收敛时有 $e_{1,N}=\frac{A_{N_1}}{A_{N_1}+B_{N_1}}$，$e_{2,N}=\frac{B_{N_1}}{A_{N_1}+B_{N_1}}$。收敛条件为：

$$\sum_{t=N_1}^{\infty}\sum_{j=N_1}^{t}[A_t(1-\lambda)(1-x_t)+G]\leqslant\sum_{t=N}^{\infty}A'_t(1-\lambda)$$

$$\sum_{t=N_1}^{\infty}\sum_{j=N_1}^{t}[B_t(1-\lambda)(1-x_t)+G]\geqslant\sum_{t=N}^{\infty}B'_t(1-\lambda)$$

其中，A_t，A'_t 和 B_t，B'_t 应满足递推关系：$A'_t=(H-L)\eta_{N_1}+A_t$，$B'_t=(H-L)\eta_{N_1}+B_t$。

至此即可求出临界值 N_1，而临界值 N_2 的求法与情形 4 中类似。两个市场均收敛于高质量均衡的总期数为：N_1+N_2。

对于情形 5，调整期限与单一市场相比要更久，逻辑与情形 4 类似，锦标赛使得高质量生产的潜在利润降低，对于新进入的机会主义生产者来说高质量生产

① 之所以为近似，是因为市场 1 收敛到高质量均衡之后，市场仍然存在以前低质量生产但存活下来的机会主义者，在该市场上机会主义者的行动由其生存时期决定，而非采取同种行动。

的激励也就随之降低了。只有当类型分布中诚实生产者上升到一定比例时，新进入的机会主义生产者才会开始模仿诚实生产者的行为。

4. 存在调整成本的集体声誉锦标赛

上文分析了消费者连续决策模型，这种情形下消费者可以无成本地改变其消费习惯。现在考虑消费者调整其决策时会存在一个成本，也就是说只有从改变购买决策中获得一个超额收益消费者才会改变。假设这个超额收益为$\bar{y}$，消费者的行为回到模型二中的离散形式，即消费者只在期望产品质量更高的那个市场上购买一单位产品。因此，只有在锦标赛中获胜的集体中的生产者可以获得支付，而在锦标赛中失利的集体中的厂商则一无所得。所以对于未能赢得锦标赛的集体中的机会主义者来说最优选择是不生产。这样在一期的标尺竞争后一个市场就完全消失了。

为了能进行比较并得出一些有用的结论，假设企业总是会生产的，在0期进行了第一次的标尺竞争。容易验证落败的集体中的机会主义者此后会一直进行低质量生产；获胜集体中的机会主义者行为未定，其由该市场上的先验分布律、机会主义生产者的贴现因子、外生揭示概率等因素所确定。这是因为 $P_H > 0$，所以赢得锦标赛集体中每期新进入的机会主义者高质量生产的激励永远大于输掉锦标赛集体中每期新进入的机会主义者。在0期获胜的集体的平均质量要高于失利的集体，由于高质量生产的激励不同，所以获胜集体平均质量提升速度至少不低于失利集体此后的平均质量提升速度。又因为壁垒$\bar{y}$的存在，那么如果没有外生冲击，则在0期失利的集体将在此后的每一期都输掉锦标赛。所以对于在0期失利的一方，市场结构永远收敛不到高质量均衡。

竞争居然导致了低效率的结果？这似乎违反常理。事实上，不同集体之间的竞争更有可能导致的结果是竞争失败的一方迅速地退出了市场，而获胜者在唯一的市场上提供高质量的产品。在生活中我们经常能看到某些产品完全由或者主要由某一特定地区或集体所供给，这种状态也许就是一个集体声誉锦标赛的结果。

5. 小结

当生产者集体由一个扩展为两个时，市场向高质量均衡收敛的速度放慢，抑或有的市场无法向高质量均衡收敛，当然这是在外生揭示概率不变的情况下。在现实中，很难想象如果一个行业始终质量低下，政府监管部门的监管力度不会为之加大。虽然与现实有不符的地方，但是这里的讨论仍然不乏现实意义。我们看到三鹿奶粉事件之后，国产婴幼儿奶粉产品受到了极大的冲击，而进口奶粉则越发地受到欢迎，并且价格不断走高。走高的价格又抑制了消费者对进口奶粉的需求，新的市场份额的分配重新形成。这可以看作是两个集体声誉竞争的一个例子，模型在这里也获得了解释力。

当生产者集体超过两个时，模型还可做进一步的推广，但是模型的基本架构和结论应该是不变的，而外生冲击的具体作用机制也可以继续研究。本章的所有冲击都是独立的，事实上当存在两个或两个以上的生产者集体时，外生冲击在不同集体间的相关系数也是重要的，而且没有理由认为该相关系数为0。假如冲击来自货源质量①的供应，那么不同集体如果生产同类产品，其或多或少都要受到该冲击的影响。

六、模型特殊情形的算例分析与数值模拟

（一）模型特殊情形的算例分析

1. 一次性冲击和持续低质量均衡

在基础模型中定义了低违约率均衡和高违约率均衡的概念，分析了其存在的条件。因为生产者类型在时间上的稳定性，所以不存在类似模型二和模型三所揭示的那种市场自发的由低质量向高质量收敛的过程。此时，因为消费者的冷酷策略，低违约率均衡是脆弱的，一次冲击就可以导致市场由低违约率均衡转变为持续高违约率均衡。作为同类型先验分布动态调整模型的对比，我们将研究持久的高违约率的可能性。

为了分析上的方便，这里对于揭示概率做以下假设：

$x_1 = x_2 = x_3 \cdots$，$x \in (0, 1)$

该假设意味着违约行为被揭示出的概率关于时间独立。那么回忆 Y 和 Z 的定义式，由该假设可化简为：$Y = 1 - \lambda x$，$Z = \frac{x}{1-\delta}$。

---

① 可能是种子、肥料、农药又或者是如三鹿奶粉事件中的奶源。

假设市场原先处于低违约率的均衡状态，在0时期市场遭遇了一个一次性的冲击。可能是来源于违约行为带来的额外收益的巨大提高，在0时期生存的机会主义代理人都选择了违约，而在1，2，3…期基本模型中的其他参数不变。我们将证明在添加一个新的条件后，市场将再也无法回到高质量的均衡状态。此时唯一的均衡是永久性的高违约率均衡①。

如果在1到t期进入的机会主义生产者在t期前都采取诚实的行为，那么委托人一直到t期对代理人都应保持信任（提供合同①）。那么总体中那些有着良好个人声誉记录并且确实采取诚实行为的代理人的比例为：

$$p(t) \equiv \frac{\alpha + \gamma(1-\lambda)\sum_{i=0}^{t-1}\lambda^i}{\left[\alpha + \gamma(1-\lambda)\sum_{i=0}^{t-1}\lambda^i\right] + \left[\beta Y + \gamma(1-x)(1-\lambda)\sum_{i=t}^{+\infty}\lambda^i\right]}$$

$$= \frac{\alpha + \gamma(1-\lambda^t)}{\left[\alpha + \gamma(1-\lambda^t)\right] + \left[\beta Y + \gamma(1-x)\lambda^t\right]} = \frac{1-\beta-\gamma\lambda^t}{1-\beta\lambda x-\gamma x\lambda^t}$$

注意：$p(t)$ 的表达式的含义，假设在第1期市场处于高违约率的均衡，而在∞期，市场会重新稳定在低违约率的均衡，那么有：

$p(1)(H-h)+(1-p(1))(D-d)<0$

$p(\infty)(H-h)+(1-p(\infty))(D-d)>0$

因为，$p(t)$是一个关于t的单增函数，所以令T为最大可能的t，也就是说直到T期新进入的机会主义生产者还在选择不诚实的行为，那么有：

$p(T)(H-h)+(1-p(T))(D-d)<0$

所以，委托人至少在T期不会信任那些有着良好个人声誉记录的代理人，而最好的情况是T+1期委托人开始重新提供合同1。

技术性假设5：$G(1+\delta+\cdots+\delta^{T-1}) > \frac{x\delta^T(B-b)}{1-\delta} \Leftrightarrow G(1-\delta^T) > x\delta^T(B-b)$②

该假设意味着如果委托人直到$T+1$期才会提供合同1，那么对于在第1期进入市场的机会主义者来说，在第1期选择违约行为是占优策略。不等式的左边表示从第1期到第T期都选择违约带来的收益，不等式右边表示直到T期都不违约可获得的收益上限。

因为，第1期进入的所有的机会主义者都选择了违约，假设5同样意味着对

① 而在类型分布动态调整模型中，这种情况是不存在的。

② 该假设意味着该代理人一直可以存活到第T期，对于不能存活到第T期的代理人，因为$p(t)$的单调性，在其存活时期会选择和那些能一直存活到T期的代理人同样的行为。

于第2期进入市场并一直存活到第 T 期的机会主义者来说，违约也是占优策略。以此类推，如果假设5成立，对于以后所有时期进入的机会主义者来说，违约都是占优策略，所以有 $T\to+\infty$。相反地，如果假设5不等号反转，那么市场会重新回到低违约率的均衡。那么所有第0期以后进入的机会主义生产者不违约，委托人在1到 T 期选择合同2，在 $T+1$ 期以后选择合同1构成均衡。当 $t\to+\infty$ 时，均衡收敛到低违约率状态。

该情形同样意味着短期的针对违约行为的治理行动是无效的。假设在第1期政府（或是其他有外在影响的部门）开展维持1期的治理行动，这使得机会主义者的违约行为在该期无利可图。如果假设5满足，那么一旦治理行动结束，市场又会回到高违约率均衡。因为假设5满足时意味着下式也满足：

$$G(1+\cdots+\delta^{T-2})\geqslant x\delta^{T-1}(B-b)/(1-\delta)$$

该式意味着对于第1期进入的机会主义者来说，从第2期开始进行违约是占优策略。对于第1期以后进入的机会主义者来说，因为治理行动已经结束，而先进入者一直采取违约行为，所以类似前文所描述的，对于他们来说违约也是占优策略。这就引出了一个有意思的结论，一次性负的冲击使市场永远稳定在了高违约率均衡之上，而一次性的正向治理行动却无法将市场重新带回低违约率均衡，这也许就是所谓的覆水难收吧。而该模型与类型分布动态调整模型结论上截然相反的差异在于，类型分布动态调整模型中低质生产行为将要受到更大的惩罚，在这种情形下高质量生产者更应该有比较大的可能存在下去。

2. 类型分布动态调整模型的收敛期限

当存在进行低质量生产一旦被发现就会永久驱离市场这一机制时，进行低质量生产的生产者离开市场的概率要大于进行高质量生产的生产者。所以在这种情形下市场终究会收敛到高质量的均衡，前文对此给出了一个描述，但是没有给出期限 N 的表达式。因此本节将在特定条件下求解收敛期限 N。

令 $x_1=x_2=x_3\cdots$，$x\in(0,1)$，重新整理式（8－21）得式（8－29）～式（8－31）：

$$\pi_N^L=\sum_{i=0}^{N-1}\eta_i=\frac{(1-x)(1-\lambda)[1-(1-\lambda)^{N-1}]}{\lambda}\tag{8-29}$$

$$\pi_N^H=1-\sum_{i=0}^{N-1}\eta_i=1-\frac{(1-x)(1-\lambda)[1-(1-\lambda)^{N-1}]}{\lambda}\tag{8-30}$$

另由 $p_N=\pi_N^H H+\pi_N^L L$，$p'_i=(H-L)\eta_i+p_i$，$\eta_i=(1-\lambda)^i\sum_{t=i}^{N}(1-x_i)$ 及平

衡条件 $\sum_{i=N}^{\infty} p'_i(1-\lambda) \geqslant \sum_{i=N}^{\infty} \sum_{j=N}^{i} [p_j(1-\lambda)(1-x_j)G]$ 可得：

$$G(1-\lambda)(1-x)(\beta+\gamma)\left[\frac{(1-x)(1-\lambda)}{1-(1-x)(1-\lambda)}-\frac{(1-x)^2(1-\lambda)^2}{1-(1-x)(1-\lambda)}\right]\leqslant L+\frac{(H-L)}{\lambda}\left[\left(N-\frac{1}{\lambda}\right)(1-\lambda)(1-x)\right]$$

解该不等式可得：

$$N\geqslant\frac{\lambda G(1-\lambda)^2(1-x)^2(\beta+\gamma)-\lambda L}{(H-L)(1-x)(1-\lambda)}+\frac{1}{\lambda} \tag{8-31}$$

当不等式取等号时，N 取到最小值，该值即为机会主义生产者行为变化的临界值，也就是市场由低质量均衡向高质量均衡的收敛期限。

（二）设定参数与数值模拟

式（8－3）关于各参数的比较静态是困难的，除了关于低质量生产的额外激励 G 的影响，消费者对于高、低质量产品的主观评价差是一目了然。随着 G 的增大，收敛期限 N 变长，随着消费者关于产品质量主观评价差 $H-L$ 的变大，收敛期限 N 变短。这也很符合直觉的逻辑，低质量生产的额外激励越大，机会主义者低质量生产的动机就越强。而消费者对于产品质量的主观评价差越大，则高质量均衡市场与低质量均衡市场上产品的价格差就越大，机会主义生产者进入高质量均衡的状态的激励也就越大。而其他参数的比较静态的结果就不那么明显了，甚至是复杂未定的，所以我们借助设定的特定参数来对式（8－31）进行数值求解。

因为 G 和 $H-L$ 的效应明显，而生产者群体的先验分布律是客观的，所以我们更关心市场成员更迭速度 λ 和生产者进行低质量生产而被揭示出的概率 x 对收敛期限 N 的影响。令 $G=30$，$H-L=0.2$，$L=1$，$\beta+\gamma=0.9$①，依次固定 λ 和 x，分别求出这两个变量变化时 N 的变化趋势。为了比较 N 对参数在不同范围时的敏感性，考察 λ、x 分别在 0.1 和 0.4 附近以 0.01 为间隔变动对应的 N 值的变化。我们对 λ 和 x 的取值进行正交配对，即 λ 在 0.1 附近变动时，x 分别固定在 0.1 和 0.4 这两个水平；λ 在 0.4 附近变动时，x 分别固定在 0.1 和 0.4 这两个水平。而 x 变动时，λ 同样如此取值，这样可以得到 8 组 λ、x 和 N 的关系，其结果见表 8－2 和表 8－3。

① 参数的选取基于可以使所求变量具有明显变化趋势这一原则。

表 8－2　$x-N$ 关系表

N	$\lambda=0.1$, $\bar{x}=0.1$	N	$\lambda=0.4$, $\bar{x}=0.1$	N	$\lambda=0.1$, $\bar{x}=0.4$	N	$\lambda=0.4$, $\bar{x}=0.4$
20.82998345	0.06	29.40990071	0.06	16.90794444	0.36	18.02766667	0.36
20.70212843	0.07	29.04777061	0.07	16.77266578	0.37	17.62099471	0.37
20.57413527	0.08	28.68481159	0.08	16.63694265	0.38	17.21165591	0.38
20.44599939	0.09	28.32099634	0.09	16.50075319	0.39	16.79951913	0.39
20.31771605	0.1	27.95629630	0.1	16.36407407	0.4	16.38444444	0.4
20.18928027	0.11	27.59068165	0.11	16.22688041	0.41	15.96628249	0.41
20.06068687	0.12	27.22412121	0.12	16.08914559	0.42	15.54487356	0.42
19.9319304	0.13	26.85658238	0.13	15.95084113	0.43	15.12004678	0.43
19.80300517	0.14	26.48803101	0.14	15.81193651	0.44	14.69161905	0.44
19.67390523	0.15	26.11843137	0.15	15.67239899	0.45	14.25939394	0.45

表 8－3　$\lambda-N$ 关系表

N	$\bar{\lambda}=0.1$, $x=0.1$	N	$\bar{\lambda}=0.4$, $x=0.1$	N	$\bar{\lambda}=0.1$, $x=0.4$	N	$\bar{\lambda}=0.4$, $x=0.4$
23.16465674	0.06	20.70315177	0.06	27.64637778	0.36	16.23184444	0.36
21.77720419	0.07	18.93157414	0.07	27.76156611	0.37	16.29279741	0.37
20.95930821	0.08	17.73696232	0.08	27.85196103	0.38	16.33883486	0.38
20.51251056	0.09	16.92083529	0.09	27.91704000	0.39	16.36952169	0.39
20.31771605	0.1	16.36407407	0.1	27.9562963	0.4	16.38444444	0.4
20.29911739	0.11	15.99084654	0.11	27.96923409	0.41	16.38320688	0.41
20.40615758	0.12	15.75056970	0.12	27.95536388	0.42	16.36542594	0.42
20.60381721	0.13	15.60819696	0.13	27.91419826	0.43	16.33072818	0.43
20.86706438	0.14	15.53866800	0.14	27.84524791	0.44	16.27874632	0.44
21.17752451	0.15	15.52357843	0.15	27.74801768	0.45	16.20911616	0.45

其中，用$\bar{x}$、$\bar{\lambda}$带上标的记号表示 x、λ 在一定范围内取值，不带上标的记号表示 x、λ 取固定值。

由表 8－2、表 8－3 可以得到在各参数固定情况下 N 与 x、λ 关系的散点图。

图 8－2 纵轴为 N，横轴为 x，x 在（0.06，0.15）和（0.36，0.45）两个区

间内取值，λ 取 0.1 的固定值。可以看到当市场人员更迭速度较小时，N 和 x 具有稳定的负相关关系，也就是说低质量生产行为被揭示的概率越大，市场收敛到高质量状态所用的时间越少。

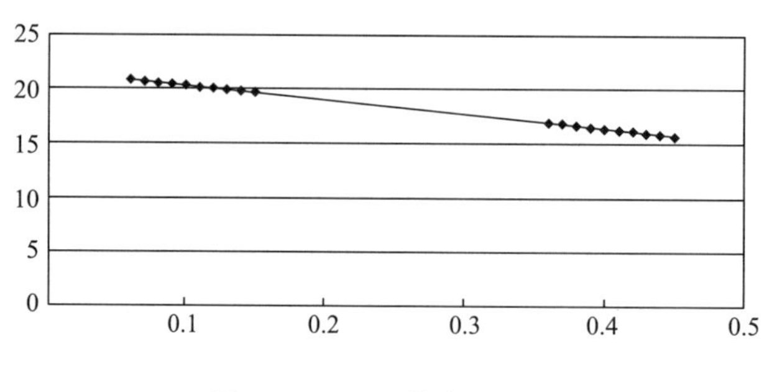

图 8-2　$x-N$ 散点图（1）

图 8-2 纵轴为 N，横轴为 x，x 在（0.06，0.15）和（0.36，0.45）两个区间内取值，λ 取 0.4 的固定值。可以看到当 λ 较大时，N 和 x 依然具有稳定的负相关关系，并且这种负向替代关系更强。

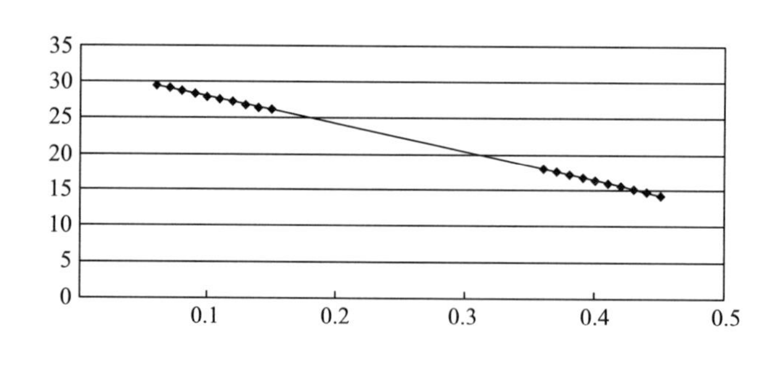

图 8-3　$x-N$ 散点图（2）

图 8-4 纵轴为 N，横轴为 λ，λ 在（0.06，0.15）和（0.36，0.45）两个区间内取值，x 取 0.1 的固定值。可以看到 λ 与 N 的关系是未定的，一方面由比较静态的结果我们知道市场人员更迭速度越快，机会主义生产者追求短期利益的动机越强。因为其即使进行了高质量的生产，下一期依然很有可能退出市场。另一方面当 λ 越大时，诚实的生产者进入并留在市场上的速度就越快，群体中诚实类型生产者比例的增长速度就越快，由比较静态的结果我们知道群体中诚实类型

的生产者比例越高，机会主义生产者模仿其行为的动机也就越强。所以，市场人员更迭速度对市场向高质量均衡收敛速度的影响取决于这两方面的净效应。此外，从图上还可以大致找到 N 关于 λ 的单调区间，在该区间内市场人员更迭速度对市场向高质量均衡收敛速度有着单调的净效应。

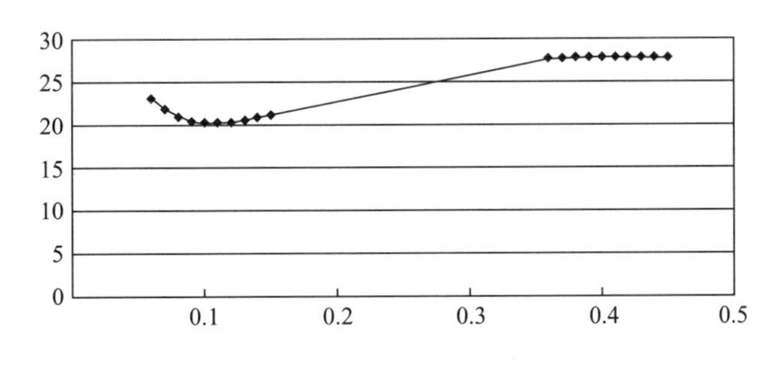

图 8－4　λ－N 散点图（1）

图 8－5 纵轴为 N，横轴为 λ，λ 在（0.06，0.15）和（0.36，0.45）两个区间内取值，x 取 0.4 的固定值。与图 8－4 的情形类似，λ 对 N 的影响未定，相较于图 8－4 中 x 的较小取值，当 x 取较大值时，N 对 λ 的变动变得不敏感。

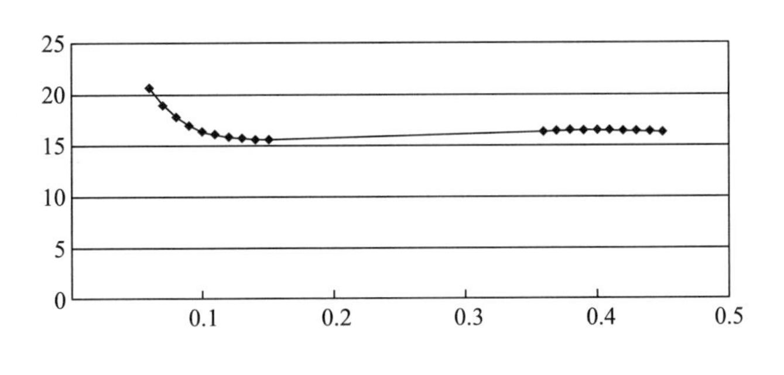

图 8－5　λ－N 散点图（2）

通过特殊情形的算例和数值模拟结果，可以得出以下结论：低质量生产被揭示概率的上升对于市场向高质量均衡状态收敛具有正效应；而市场人员更迭速度对收敛速度的影响未定，其取决于机会主义生产者对诚实生产者行为模仿的动机与追逐短期利益动机两者之和的净效应，前者对收敛速度具有正效应，而后者具有负效应。

七、结论及政策建议

（一）结论

本章在一个集体声誉视角下研究了农产品市场的质量结构及其受到的影响因素，主要得出了以下结论：

第一，农产品市场上，在个体声誉是不完美信息，个体行为不能被完全揭示出来的情况下，消费者对于所购买的农产品质量的判断是基于对其所属市场上所有农产品平均质量的估计。市场的质量结构由市场上机会主义者的行为所决定，机会主义者的行为受到低质生产激励大小、生产者类型先验分布、机会主义生产者自身贴现因子、市场人员更迭概率、低质生产行为被揭示概率、消费者对于高低质量产品主观评价之差的影响①。

第二，在该集体声誉框架下，高质量水平的均衡是脆弱的，只要外生参数满足一定条件②，那么一次性的负冲击就会导致市场永久停留在低质量水平的均衡之上。这是因为消费者对于生产者类型观察的不完美性导致了消费者对于生产者的不信任，消费者一旦观察到某个生产者曾经进行过一次低质生产，就永远不再购买该生产者产品的策略断绝了有过低质量生产的机会主义者重新进行高质量生产的愿望。

第三，在考虑生产类型分布动态变化的情形下，如果外生监管可以保证低质量生产有一个正的被驱离市场的概率，市场上高质量生产者又不存在因为低市场价格导致亏损而离开市场的窘境，那么市场高质量状态的均衡最终总是可以实现的。也就是说生产者类型分布的动态调整使得一次性的冲击不会令市场如类型分布稳定时那样，永久地固定在低质量的均衡水平上。

第四，当存在多个生产者集体形成多个生产者集体之间的声誉锦标赛机制

① 具体影响机制比较静态研究的结果。

② 即技术性假设5。

时，两个市场向高质量均衡收敛的速度变慢了。这是因为竞争带来利润的降低，机会主义者转向高质量生产的激励也因此变小。而在消费者购买行为转换存在成本的情形下，一旦一个生产者输掉了声誉锦标赛，那么该集体所在的市场永远收敛不到高质量的均衡。

集体声誉理论体现了集体利益与个人选择之间的冲突。集体声誉作为一种公共品，个人缺乏对其做贡献的动机。因此，每个人都乐于他人的“搭便车”，希望别人为自己所在集体的声誉做贡献（这是需要成本的），而自己则只需从好的集体声誉中获得高额收益，但是这种获得超额利润的行为又反过来损害了集体声誉。比如我们可能会希望自己所在学校的其他同学能努力学习，这样我们所在学校会有一个学生用功刻苦的好声誉，而自己最好不用去努力学习，因为努力学习毕竟是件“痛苦”的事情。但当我们去应聘找工作时，招聘单位会因为我们所在学校的好声誉而高看我们一眼，但因我们事实上并不努力，各种技能不精，用人单位在雇用我们之后会大失所望，其对于我们母校学生水平的期望就会因之降低。我们搭了母校由其他同学建立起的良好声誉的便车并从中获益，同时却也损害了这份声誉。

在本章的研究框架下，之所以有的时候可以实现有效率的均衡，是因为委托人或消费者对代理人或生产者个体声誉的观察虽然不完美，但是个体声誉依然存在，如果模型中的个体声誉是完全观察不到的，那么所有情形下有效率的均衡都不会实现。

（二）政策建议

针对本章的结论，结合我国农产品行业的实际情况，不难得出以下关于治理我国农产品安全问题的政策建议：

第一，由数值模拟的结果可知市场人员更迭的速度直接影响了市场均衡的状态，一定条件下当更迭速度越快，就能有越多的诚实生产者进入并留在市场上，这对市场收敛到高质量均衡水平有着正面意义。然而在基础模型的比较静态分析中我们看到，市场更迭速度越快，机会主义生产者低质量生产的动机越强。综合这两方面因素，政府能做的是应该在确保一个市场稳定的同时保证市场上个体生产者的自由进入与退出，即尽量降低生产者进出市场的壁垒。

第二，由比较静态的结果可知对低质量生产行为的揭示概率越大，高质量的均衡越容易实现，并且如果这个揭示概率为正，即使市场现在处于低质量均衡，但随着时间的推移总能收敛到高质量的均衡，而且揭示概率越大，收敛速度越快。所以政府应该督促生产者披露自身产品的质量信息，并接受国家制定的相关质量标准，对产品的相关信息要充分标识。

第三，在模型中规定机会主义生产者选择高质量生产还是低质量生产是出于哪种生产更能获利的考量。现实生活中，一个理性的生产者也会如此做决策。我们很难指望道德因素对大部分的偏好起决定作用，使他们在无论什么条件下都只进行高质量生产。而从模型中我们看到高质量生产的激励来源于高质量均衡状态的高市场价格，如果这个价格不够高，则激励会不足。另外，为了让生产者不会因为低均衡时高质量生产的亏损而退出市场，高于竞争性价格的农产品价格是不可或缺的。所以综合这两点，政府如果想保障某种农产品的质量，而其产品市场价格又不够高，那么政府应该对该种农产品进行额外的补贴。

第四，在生产者类型稳定的情形下，一次负向的冲击可能导致永久的低质量均衡，当存在类型动态调整，但调整速度不够快时，负向冲击也会导致市场重新收敛到高质量均衡需要一个漫长的过程。而在前一种情形中，一次性运动式纠正低质量行动不会使得高质量均衡重新出现。因此当市场上出现了质量安全危机事件之后，政府需要进行持续的外部干预，而非仅仅进行一个短暂的治理运动。

第五，因为机会主义生产者低质量生产的激励来源于个体最优化抉择与集体利益的冲突，来源于个人的“搭便车”行为。如果各机会主义生产者需要为自己的行为负更多责任的话，那么其低质量生产的冲动就要小许多，所以所有有助于揭示个体声誉的政策都有助于高质量均衡状态的实现。比如政府可以建立产品质量追溯体系，企业一旦发生了低质量的生产行为就会被揭露出来。事实上本章所说的低质量生产行为不能完全被揭示的背后逻辑就是，消费者买到低质量产品后的追溯行为存在障碍。因为消费者每一期获得的期望效用表明消费者在购买后确实可以知晓产品的质量，那么低质量生产行为不能完全被揭示的唯一原因就来自消费者不知道到底是向谁购买的这个低质产品。同样地，企业自身也可以通过建立品牌来表明自己的个体声誉，注意到不诚实的生产者无论什么时候都不会进行高质量的生产，对于它们来说建立品牌毫无意义。所以一个生产者如果愿意建立自己的品牌，那么这也是生产者向消费者传递关于自己类型信息的表现。分散的生产者往往难以建立起自身的品牌，因此政府应该鼓励农产品生产的规模化，只有形成规模，企业才能有效地树立起品牌。

第六，对于多生产者集体锦标赛导致的失利市场上长期低质量均衡的状况，政府如果不希望失利市场退化掉，那么在持续性加强监督的同时，应给予这个市场一定扶持，使得锦标赛变为非公平的锦标赛，只有存在重新赢得锦标赛的希望，才有可能激励失利一方市场上的机会主义生产者转向高质量的生产。

总而言之，对于农产品安全问题的治理，一是要缓解信息不对称问题，二是要解决信息不对称下高质量生产的激励问题。因为集体声誉公共品的性质，所以政府的外力在其中需要发挥其应有的作用。

（三）可供继续研究之处与展望

本章是在一个全新的视角上对我国农产品行业产品质量结构进行解释的尝试，初步提出了一些问题，解释了一些现象，给出了一些建议，但还有许多需要完善，或者可以继续研究的地方。

为了技术处理的方便，本章做了很多并不十分符合实际的假设。其中关于消费者行为的假设是比较严苛的，即消费者采取一种一旦发现企业进行过低质量生产就永远不原谅的策略。这种假设使得博弈中参与人的信念集更容易表述，但是如果消费者的行为更具有弹性，那么博弈的结果会怎样？这是一个值得继续探讨的问题。模型所描述的情节其实体现了一种囚徒困境，机会主义者高质量生产，消费者选择信任，从而市场上有一个高质量的均衡，这对于生产者和消费者来说都是更有利的。著名的关于囚徒困境策略比较的“阿克塞尔罗德竞赛”①中胜出的策略并不是本章中消费者采取的这种“冷酷”策略，更加宽容的策略可能会带来更好的结果。这一点可以进行进一步的验证。

本章在模型连续化的努力中做了许多非标准化的设定，这也是可以完善的地方。当然非标准化的假定带来了技术处理的便捷，特定函数形式的设定使得模型可以方便地求解，得到一些有意义的结论。消费者策略的连续化使我们对一些感兴趣指标的讨论变得可能，比如连续化的模型可以让我们去分析不同群体所占有的市场份额，也可以对市场的供需结构给予更多关注。后续研究可以将这种连续化建立在一个更规范或更一般的框架之内。

---

① 1970年阿克塞尔罗德邀请20名经济学家、数学家等各学科专家设计囚徒困境博弈中参与人的策略，并用计算机模拟对这些策略进行配对，其中表现最好的是一种类似于“以牙还牙”的策略，参与人对背叛行为进行有限期限的惩罚，对合作行为报以持续的合作。

第九章　中国食品安全信息障碍与化解路径

一、背景和意义

（一）研究背景

俗话有云："民以食为天，食以安为先。"这句话形象地说明了食品安全在人民生活中的重要性，它直接关系到人民的身体健康和生命健康，关系到社会的稳定发展、经济的稳步前进，甚至关系到一个国家的声誉。在我国食品工业已成为第一大产业。相关资料显示，2012 年我国食品工业总产值近 10 万亿元，而在 2003 年我国食品工业总产值首破 1.2 万亿元，平均年增长率约 23.62%。但近日在全球以及我国接连发生的恶性食品安全事故却引发了人们对食品安全的高度重视，并促使各国政府重新审视这一已经上升到国家公共安全高度的问题。比如近日发生在欧洲的"马肉风波"事件让食品安全问题再次受到全球的重视；在我国，近几年被曝光的"膨胀西瓜"、"工业双氧水开心果"、"瘦肉精猪肉"、"吊白块腐竹"等"致癌食品"、"毒食品"，还有一直存在的"地沟油"问题，这些都与我们的生活息息相关，却同时又在危害着我们的身体健康和生命安全，这一系列的食品安全事件让人不寒而栗。根据调查，发生"阜阳劣质奶粉"事件后，在诸多的社会生活问题中，有多达 82% 的公众对食品安全问题表示担心[①]。为此，食品安全问题越来越引起政府的高度重视，并加强了对食品安全的监管，同时社会媒体、消费者也参与其中，共同促进食品安全市场的良好发展。尽管目前取得了一定的成效，但食品安全问题不是一朝一夕就能解决的，它需要企业和社会的共同努力，再配合政府的监督工作，可见其任重而道远。

据经济学原理，我们可以知道完全竞争市场是最具有经济效率的市场。在完全竞争市场中，假定市场参与者（消费者、企业）有关于市场中资源和产品的完备信息。对于企业而言，完备信息反映了各种资源的边际生产力、如何把这些资源有效组合，以及这些资源对企业产品的需求等相关信息。对于消费者而言，完备信息则反映了关于产品质量以及价格的信息。但是，食品安全市场中普遍存在信息不完备性，而这主要是由于消费者处于信息劣势地位导致的。同时，信息不对称现象将会直接影响食品安全市场的效率，而信息沟通的不顺畅也会导致一些食品安全信息无法及时传达。这些都直接或间接地导致了食品安全问题的发生，换句话说，食品安全问题的频频发生就是由食品安全市场中存在着的信息障碍导致的。为此，为了有效地解决食品安全问题，就必须有效地化解食品安全市场中的信息障碍。在此过程中，生产者、消费者、政府和社会舆论都扮演着重要的角色。政府监管市场，制定法规、条例督促生产者按照标准生产出不低于最低安全标准的产品，保证国民的食品安全，保证市场的有效运行；生产者根据利益最大化原则生产产品；消费者是产品价值的最终实现者；社会舆论同时对生产者以及政府的工作起着监督作用。本章将从企业自身、社会公众以及政府监管三方面分析和寻求有效化解路径，以期能促进我国食品安全市场健康和谐发展。

（二）研究意义

1. 理论意义

食品是市场中的一种特殊商品，随着近年来各地不断发生食品安全事件，使得人们越来越关注食品安全问题。与发达国家相比，中国对食品安全的研究基础较弱，起步较晚，同时也缺乏相应的专业技术人员。只有极少数人自 20 世纪 80 年代开始陆陆续续研究食品安全问题，但当时的研究手段和方法极为有限，科研经费也极为缺乏。2002 年以来中国重大食品安全事件接二连三发生，这才引起

① 徐百柯．82% 的公众最担心食品安全问题［N］．中国国门时报，2004－07－19.

政府部门以及相关专家的高度重视，我国开始较大规模地投入资金和人力开展相应的研究。在目前已有的学术成果中，较少有对食品安全信息障碍的纯理论研究。而食品安全信息障碍是引发食品安全问题的一个重要因素。为此，对食品安全信息障碍化解路径的研究是一个重大课题。随着目前学术界对食品安全研究的增多，也为我国食品安全信息障碍化解提供了一定的理论基础和实践分析。总的来说现阶段的研究还存在以下几个问题：首先，缺乏系统的理论研究。我国学者研究食品安全大多还停留在经验分析的基础上，较难为我国食品安全信息障碍的化解提供系统的理论支撑。其次，大部分是从单一的学科视角对食品安全进行研究。研究领域也主要集中在经济学和管理学等学科，缺乏多学科视角，尤其是在社会科学角度，尤为匮乏。对食品安全问题的研究不仅要求具备食品安全技术知识，还要具备法学、经济学、管理学以及社会学等多种知识结构，这样才能更好地为研究提供良好的理论支撑。最后，对食品安全信息平台建设的研究不多。大部分的研究对信息公共平台建设只是稍微带过，浅尝辄止，没有深入探讨并提出详细的建设性意见。因此，本章将通过对食品安全信息障碍深入理论研究，运用博弈模型，结合经济学、法学、管理学等知识，多角度探索食品安全信息障碍化解路径，力争使企业、社会公众以及政府在食品安全问题的信息障碍化解上做出积极有益的理论探讨。

2. 现实意义

近年来，无论是发达国家还是发展中国家，食品安全问题由于其危害的严重性，已普遍成为大家共同关注的核心问题之一。21 世纪以来，随着中国特色社会主义市场经济的繁荣发展，人们生活水平的不断提高，人们对食品安全问题的态度已经从以往对食品短缺的恐慌逐渐变为低劣食品对身体健康甚至生命带来的威胁。首先，食品安全问题中由单一食品源引发的危害范围越来越大，现代食品生产已不再局限于单一的企业、部门或国家，而是具有跨企业、跨部门、跨地区或跨国家的商品经济属性，其中任何一个食品源发生污染都可能随着大范围的流通而扩散至全国甚至全球。其次，食用不洁或污染食品对人体影响的时间在延长。生物技术、工业化农业造成的各种残留、引发的环境污染使得一些既存的或潜在的有害物质进入人体，而这些有害物质可能潜伏相当长的时间甚至可能直到下一代才表现出症状。例如二噁英，其降解期需要几十年甚至更长时间才能完成。最后，食品安全问题造成的危害程度也越来越大。不仅直接影响到大众的健康，还成为国家经济发展的一大障碍，在对外贸易中，由于我国部分农产品不达标等原因而直接遭受经济损失的例子比比皆是，同时食品安全出现问题也使得我国食品在国际食品市场中缺乏竞争优势。因此，深入分析引发我国食品安全问题的原因并提出相关对策有着重要的现实意义。本章主要以信息障碍理论为基础，应用博弈论分析导致食品安全市场信息障碍的理论原因，结合现实剖析我国政府食品安全信息披露中存在的主要问题，同时借鉴发达国家食品安全信息披露机制，通过激励企业自主公开食品信息、社会加强和完善监督、政府搭建食品公共安全信息共享平台等措施来化解食品安全信息障碍，其研究结论应对完善我国食品安全信息体系，建立食品安全信息的披露机制，保障人民身体健康，提升我国食品产业的国际竞争力有着重要意义。

二、研究对象和相关概念

本章主要通过博弈模型分析研究食品安全市场中各相关主体在存在信息障碍的前提下如何做出最佳选择，同时结合现实中存在的信息障碍问题，从企业、社会公众和政府三方面进行分析，并据此提出化解食品安全信息障碍的方法。其中涉及的研究对象及相关概念如下：

（一）研究对象

有学者将食品安全划分成三个部分：数量安全、质量安全和可持续安全。其中食品数量安全是指一个地区或国家能够生产满足本民族基本生存所需的膳食需要，是从数量上反映食品消费需求能力和保障供给水平。食品数量安全问题在任何时候都是世界各国所需解决的首要问题，尤其是发展中国家，粮食的安全供给问题是国内外对食品数量安全研究得最多的问题。目前我们最关注的食品安全问题有三大类：一是滥用食品添加剂，比如防腐剂、膨松剂、增稠剂等；二是化学性的污染，包括重金属污染、农药等；三是致病性微生物污染过的食品，这可能引起食源性疾病，比如伤寒、痢疾、霍乱等。显而易见，食品安全问题已经远远超出了公共卫生问题的范畴，而上升为十分重要的经济与管理问题，亟须从经济学和管理学的角度加以研究，并提出保证食品安全的科学有效对策。

食品安全信息是建设食品安全体系的重要内容，同时也是国家制定相关法律法规的依据。Nelson 等（1970）将食品安全信息类型分成三种：搜寻品、经验品和信任品。而目前食品市场中导致市场失灵和食品安全问题产生的根本原因是其存在的信息障碍。食品安全的“信任品”特征导致任何消费者获得食品安全信息的成本相当高昂，因此，食品安全信息服务作为公共物品，它的提供需要政府的介入。而消费者对食品品质信息缺乏信任又造成了食品市场“差品驱逐良品”的现象。为缓解食品安全信息的供需矛盾，各国政府在对食品安全进行监管的过程中十分重视食品安全信息的披露，以让消费者获得更多信息。因此解决食品安全问题的一大利器就是化解食品安全信息障碍。

经济学和管理学把食品安全问题的发生分为以下两种：首先是在生产和制造食品的过程中，由于利益的驱动，行为人违背诚信道德在投入物选用和用量上的“败德行为”而引发的食品安全问题，如使用违禁的农药残留、“毒大米”事件等；其次是由于科技进步带来的食品安全问题，也就是在既有技术条件下，行为人完全遵从法律和道德义务也无法避免食品安全问题的产生，如六六六（农药）、瘦肉精、DDT 等新技术成果曾经被广泛推广使用而导致的食品安全问题。这两种食品安全问题的产生都是因为信息障碍的存在：前者是由食品生产者、经销商和消费群体之间的信息障碍引发的；至于后者，广大的生产者、经销商以及消费者群体对相关食品信息，特别是对其中含有的对人体健康的潜在威胁并不知悉。

本章将分别从企业、社会以及政府三个角度对我国现存的食品安全信息障碍问题进行分析。首先，从企业角度来看，由于缺乏相应的激励机制，企业作为理性经济人，追逐自身利益最大化，往往不对外公布及披露企业所生产食品的安全信息。其次，社会公众的参与虽然能很好地督促企业公开食品安全信息，但由于我国的纵向行政体制以及社会媒体监督不够完善等原因，消费者和社会媒体对食品安全信息的掌握十分有限。最后，政府监督是化解食品安全信息障碍不可或缺的主要力量，由于相关法律法规的不完善、食品安全信息披露体制不健全，以及缺乏食品安全信息共享平台等导致现阶段政府对食品安全信息披露不足。通过借鉴发达国家的相关经验，分别针对以上三个主体提出相关的解决方案，以期较好地化解中国食品安全信息障碍，促进中国食品安全市场的健康发展。

（二）相关概念

1. 食品安全

20世纪后期，随着食品生产规模的急剧扩大，食品资源的过度开发以及生态环境污染日趋严重，全球性恶性食品安全事件频频发生才开始引起各国的广泛关注。1974年，联合国粮农组织在世界粮食大会上从食品数量满足人们基本需要的角度，第一次提出了“食品安全”的概念，并通过了《世界粮食安全国际约定》。1996年，在《加强国家级食品安全性指南》中，首次区分了食品安全、食品质量和食品卫生，并指出：食品安全是一种担保，它是对消费者食用按其原定用途进行制作的食品时不会受到伤害的担保；食品质量是食品满足消费者明确或隐含的需求额度特征；而食品卫生则是指为确保食品安全性和适合性在食物链的所有阶段必须采取的一切条件和措施。1996年，《世界粮食首脑会议行动计划》和《世界粮食安全罗马宣言》再次重申食品安全的概念：“只有当所有人在任何时候都能够在物质经济上获得足够安全且有营养的食物来满足其健康生活的膳食需要及食物喜好时，才实现了食品安全。”从上述定义中我们可以得出食品安全的内涵：首先，它必须能够保证有足够稳定的食物供给，使得每个人都能获取维持个人生存的食物；其次，它必须是能够满足人们对健康食物基本需要的卫生安全的、富有一定营养的健康食物。目前，世界各国普遍认可的是2003年世界卫生组织提出的将食品安全定义为无毒无害的营养食品，它不具有任何有损于消费者健康的急性或慢性危害，食品安全具有不可协商性。

2. 柠檬市场

著名经济学家、2001年的诺贝尔经济学奖获得者乔治·阿克尔洛夫指出，“柠檬市场”是指在信息不对称时，往往好的商品遭受淘汰，劣等品会逐渐占领市场取代好的商品，最终导致市场中都是劣等品。那么，食品“柠檬市场”就是指价格便宜、质量低劣甚至存在安全隐患的低成本食品逐渐占领市场，而优质价高的安全食品被淘汰出市场的现象。这是由于在食品安全市场中，虽然同类食品由不同厂家生产仍有较大相似性，但食品安全水平与风险却不尽相同，消费者仅凭自己的直观观察和经验来判断食品安全水平，难以正确把握食品品质高低，相比而言，生产者掌握着更多的食品安全与风险的信息。针对食品安全市场中存在的信息不对称导致的市场失灵问题，我们可以用“柠檬市场”理论来说明。根据“柠檬市场”理论，因为信息的不对称，现实中低劣产品的存在，会使消费者在无法得到产品质量完全信息的情况下对任一产品都只愿支付市场中的优质产品和低劣产品的平均价格。而正是由于消费者愿意支付的价格低于优质产品实际出售的价格，使得优质产品最终退出市场，出现“劣币驱逐良币”的现象。最终，极端现象使低劣食品充斥整个食品市场。如图 9 -1 所示。

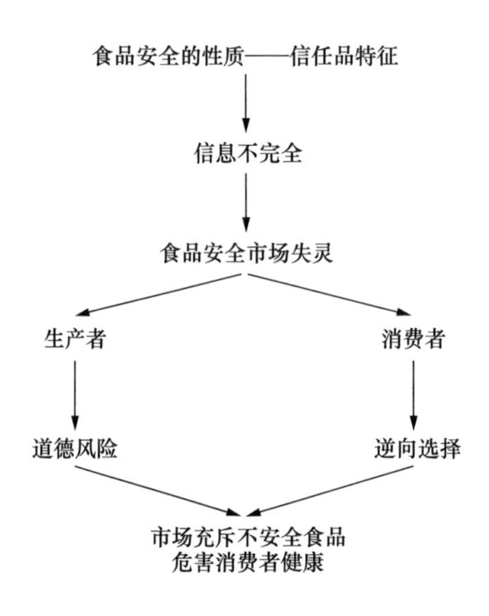

图 9 -1 食品安全市场的信息不完全

三、对食品安全信息障碍的定性分析

在食品安全中，Nelson 等按照食品质量信息的可获得性对食品信息进行了分类：搜寻品、经验品以及信任品。其中最容易、最直接获得的一类信息是搜寻品，这是由搜寻品较容易识别的特征决定的。这些特征包括显现特征——食品的生产商、食品包装及印制在包装袋上的生产日期、保质期、产地等，以及隐含特征——新鲜程度、食品的光泽度、气味如何等。这些都是消费者在购买前就能掌握的信息，并根据自己的喜好进行挑选。相比之下，对于经验品消费者较难在购买之前获取相关信息，比如食物的口感如何、新鲜与否、是否会影响身体健康等，这些食品的质量及安全水平只有在消费者购买并食用之后才能获知，通过消费者的反复购买，企业可构建其产品声誉。最后，信任品是指关于食品质量和安全的品质信息，这些信息即使消费者在食用后也较难做出正确的判断，往往需要借助专业技术人员和专业设备才可获取。例如食品中所用的添加剂、抗生素或者激素，食品中残留的药物程度、重金属含量比例以及富含营养比例等信息。也正是由于食品是经验品也是信任品，导致生产者与消费者之间存在着信息障碍。作为理性人的生产者，在追逐利润最大化目标的驱逐下，往往会发生机会主义行为和“败德行为”；对消费者而言，由于得不到信息，则可能采取“逆向选择”，最终产生食品“柠檬市场”——低劣食品充斥着食品安全市场。从这个角度来看，食品的经验品和信任品属性所引起的信息障碍是导致食品安全问题的根本原因。

目前国内还没有对信息障碍的统一定义，在不同的学科研究领域对其的定义也不同。在信息工程领域中指的是一种社会现象，这种现象是由对信息进行生成、传递、处理过程中错误或非正常使用信息而导致的一定范围内非预期结果的发生。在劳动力市场中则是指信息不充分导致劳动力失业时间延长，劳动力供需双方风险增加的一种状态，它是影响劳动力供需能力得不到正常匹配的主要原因，特别是对劳动力跨区域资源配置影响甚大，使其无法实现资源流动。由此可以对信息障碍下定义：信息障碍是指在信息流通和使用过程中，由于受到各种因素阻碍，导致处于对有效信息获取不足的状态。据此，笔者认为在食品安全领域中食品安全信息障碍是指，由于人为因素或市场机制不完善使得不同主体获取的有效信息不足，并因此阻碍食品市场的健康发展。

（一）信息障碍的界定

在传统经济学理论中，假设市场交换无摩擦，那么自由竞争就可以实现资源的最优配置。由于买卖双方拥有的产品信息是不对称的，那么在一般产品贸易中，市场机制在配置产品时会出现失灵现象。国内有学者认为在食品贸易中，信息不对称和不完全的特征尤为明显，在一般产品贸易中，它不仅可能引发由人为机会主义行为所致的信息障碍，而且还可能会引发由客观自然环境影响所致的信息障碍，或者会产生由以上两种原因共同导致的信息障碍。本章认为在食品安全问题中的信息障碍包括三方面：信息不完备，信息不对称以及信息沟通不顺畅。

1. 信息不完备

本章中的信息不完备主要是指信息的不完善、不完全。在现实经济中，信息往往是不完备的，甚至是很不完备的。在这里，信息不完备主要指那些绝对意义上的不完全，即通常在食品安全市场中，生产者对于食品安全市场中的食品信息并不一定会比消费者掌握得多。有学者把这种生产者和消费者都不完备的信息称为对称不完备信息。比如，蔬菜的种植者清楚地知道自己使用的农药品种及其用量，但他对最终市场中出售的蔬菜，其农药残留度以及是否还受到其他污染，受污染程度如何等信息不一定能清楚掌握。因此，尽管生产者和中间经营商熟知食品的生产流通过程，但同样对食品安全状况的掌握存在着信息不完备。即使生产者和中间经营商具备食品安全完备信息，但要把信息完整无缺地传递下去可能要花费巨额成本。

2. 信息不对称

信息不对称是指市场经济本身不能产生足够的信息，并有效地进行配置。在现实经济中，受到认知能力的限制，人们不可能知道在任何地方、任何时候发生的或将要发生的任何情况。2001 年诺贝尔经济学奖得主乔治·阿克尔洛夫用著名的“柠檬市场”理论来说明信息不对称所导致的市场失灵现象。对于生产商来说，由于生产更安全的食品的边际成本要升高，因此，如果在市场中优质食品不能得到优价，生产厂家就没有激励去生产更安全的食品，除非市场的竞争机制可以保护产品的差异化，使产品的价值得以体现。但由于食品安全所具有的“信任品”特征，一些假冒伪劣食品充斥着市场，所谓的“安全食品”就会供给过度。在市场交易中，生产者可能利用消费者处于安全信息的劣势地位这种信息不对称，实施机会主义行为欺骗消费者。

食品安全信息不对称主要表现在市场中相关利益主体的信息不对称，具体有：生产商和政府之间、生产商和消费者之间以及消费者和政府之间的信息不对称。其中，生产商和政府间的信息不对称主要表现在生产商在前期向政府申报相关证书时，能够按照食品安全生产标准来进行，在此之后可能存在着为追求利润，降低成本而生产影响人们身体健康的低劣食品。此时，政府监督的频率和惩罚力度也会影响其与生产商间信息不对称的程度，本章将通过博弈模型来详细分析。对于生产商和消费者间的信息不对称，主要是由于生产商作为食品生产的第一手资料拥有者，其对食品安全水平的了解以及识别能力均远远高于普通消费者。最后再来分析消费者与政府之间的信息不对称。在中国，对食品安全的管制并不是由单一的监管部门执行，而是多部门协作，为此在对食品安全的管理过程中经常出现权责交叉等问题，各部门只负责本部门的信息传递，又存在着部门分割的严重现象，再加上食品安全认证机构较多，有些认证标志不为消费者所了解，这些都加剧了消费者了解和掌握安全产品相关信息的困难程度，导致消费者与政府间信息不对称现象的存在。

3. 信息沟通不顺畅

保障食品安全的一个良好方法是保持食品安全信息沟通顺畅。在某种意义上可以说食品安全信息沟通顺畅与否直接关系到人们的身体健康甚至是生命安全。食品安全信息是由人们在生产经营、消费食品以及对其监管的过程中记录并保存下来的信息，正确而完善的食品安全信息能够对消费者起到很好的保障作用，它是探索研究食品安全问题的重要基础和条件。本章所指的食品安全市场中信息沟通不顺畅包括两方面：食品安全沟通渠道不顺畅和信息反馈渠道不顺畅。其中，信息沟通渠道是指一方将信息传递给另一方所依靠的载体，食品安全信息的沟通渠道多种多样，最直接的就是面对面沟通，同时还有报纸杂志、网络广播及电子传媒等方式。但是由于中国是金字塔式的行政机构组织形式，它决定了政府信息沟通的内容不是来源于下级的上报就是源于上级的行政命令这种狭窄的沟通渠道。在这种情况下，信息在传递过程中可能会出现跨级现象，任一层级都可能导致信息在传递过程中因为失误而出现信息缺失、信息断裂等严重后果。在现实中，地方政府故意瞒报、漏报甚至虚报信息的情况时有发生，也正是因此才导致政府信息沟通不畅。同时，对于食品安全信息的沟通是双向沟通，它不仅是单方面简单地上报信息或下达指示，而且是要求政府与消费者和社会媒体的多方面沟通，将收集到的社会公众提供和举报的相关食品安全问题信息公开，让社会公众及时了解食品安全事件的真实情况，积极引导社会公众的参与和配合，共同面对、处理食品安全事件。

（二）信息障碍的发生机理

在某种程度上可以把现代食品安全问题看作是人类自身经济活动发展的必然结果。食品的安全实用期限由食品及其加工过程中的生物学特性决定，随着科技的发展和进步，食品生产加工技术得到不断改善，再加上食品保鲜技术的提高，使得食品从制造到食用，供给范围越来越广，保质期限也越来越长。食品添加剂、食品防腐剂不断推陈出新，食品安全风险最终以不同的信息类型表现出来，为此消费者难以掌握食品的所有相关信息，如所购买的食品中是否含有抗生素，是否有病菌超标、农药残余情况，生产地的环境问题对食品安全有何影响，这些都关系到食品的食用安全。在食品市场中，消费者将根据这些信息在具有不同安全性的食品间进行选择，而食品生产者、经营厂商也通过向市场提供具有不同安全性的食品进行差异化竞争。但随着生活中食品供给环节的增多，链条的增长，范围的不断扩大，都增加了食品安全事故发生的概率。而消费者只有在食用前通过直观的外在特征判断食品品质安全信息，比如，根据食品包装、品牌、标签、价格以及产地进行判断。而更多的对产品质量的判断来自于使用后的感觉，之后才会产生重复购买。对于任何食品要从农田到最后的餐桌，都必须经过生产、加工、运输流通等诸多环节，其中任一环节出现问题，都有可能使食品受到污染。而对于生产者、经营厂商和消费者而言，很难清楚地了解食品安全问题是发生在哪个环节，他们对于食品安全信息的掌握是有限的。同时，作为理性经济人，生产者和经营厂商会选择利润最大化的经营策略，消费者则总是选择他认为最优质的产品，这就很可能导致市场上出现的是低劣食品。当出现食品安全事件后，由于信息的高不确定性，以及信息沟通渠道不顺畅等原因，人们不能及时获取有关食品安全问题的信息，使得市场上可能持续出现低劣食品。

（三）信息障碍对食品安全市场的影响

在食品安全市场中，信息障碍是引发食品安全事件的主要原因，本章主要从以下三方面进行分析：

1. 食品安全信息不完备对食品安全市场的影响

首先，信息不完备会影响食品安全市场资源配置。关于食品质量的不完备信息会导致低质量（不安全）食品的过度供给，或完全停止交易。在食品市场中，通常食品安全的部分信息具有不完备的特征，消费者和经营厂商每天都在不完备信息条件下做出关于食品安全性的决策。也正是由于食品安全信息通常是不完备的，食品安全与其他食品质量特征不同。其次，信息不完备对个人消费者和公共机构行为会产生很大影响。消费者不情愿承担有害的风险，但由于消费者很难了解安全食品的特征，有时在不知情的情况下购买了不安全的食品，而不安全食品则会导致巨大的社会和经济影响。在一些情况下，食品经营厂商可能并不比消费者了解得更多，为此，买卖双方都面临食品安全不完备信息问题。

2. 食品安全信息不对称会带来诸多不利影响

借鉴目前国内对食品安全信息不对称的相关理论研究成果①，本章进行了归纳总结：

（1）信息不对称会增加交易主体的防御成本。由于市场中信息不对称的存在，交易主体很难预料到还未发生的损害，也无法预测哪些事件是永远不会发生或者即使发生了也不一定会对其自身财产和健康发生损害，因此为保障自身安全人们会选择增加各种支出。在信息不对称情形下，交易者还会做出以下基本判断：由于市场主体是理性经济人，必然追逐自身利益最大化。此外，市场交易者为了防止自身利益受到损害，在不知道交易对方合作与否的前提下，会增加支出以加强防范。同样，生产者和中间经营商所售产品即使是质量安全的优质产品，但也由于市场中的信息不对称，很难让消费者相信自己的产品是优质的，抑或其证明成本高昂，在这种情况下如果没有适当的制度规制，那么交易主体的防御成本将可能无穷大。

（2）信息不对称将影响市场效率。根据前文分析可以知道在信息不对称情况下，市场中的交易主体为保护自身利益会通过各种方式防范对方，为此，收集信息的成本也随之增加，直接造成市场效率低下。在市场中同时存在着诚信商家和伪劣商家，但由于消费者无法区分谁出售的产品是优质的，为此，诚信商家就需要出示相关证明表示自己的产品是优质的，在此过程中又必然使得成本增加。在市场上，当无法获知谁是诚信商家或所售商品是优质产品时消费者可能直接做出交易决策，但这一举措将使他面临错误选择的风险；消费者也可能害怕自身权益受损而放弃交易，这样虽然可以避免损害，但同时也使得福利减少；或者消费者主动收集信息来进行区分，虽然此行为能让消费者做出正确的选择，但它也会导致消费者成本的增加。

（3）信息不对称将增加信息弱势群体的信息成本。当信息弱势群体（主要是指消费者）发现市场中存在信息不对称时，为了辨别相关信息的真伪优劣，信息弱势群体将会耗费大量的成本进行甄别，而信息优势者必然不希望其获取所有信息，会从中阻挠扰其行动，从而增加其搜寻成本，损害其利益。然而在市场经济中，生产经营者往往利用信息不对称这一特点，为追求利润，尽量降低成本，

---

① 王可山，李秉龙．信息不对称与畜禽食品质量安全的思考［J］．中国禽业导刊，2005（17）：19－20.

不管所用方法是否合规，同时对于市场只看重份额而不努力扩大市场的机会主义行为屡见不鲜，它将最终导致逆向选择行为的出现。信息不对称会减少整个食品市场的社会福利，使得优质产品流出，市场规模缩小，选择性减少，从而需要更多支出才能购买到质优产品。如此一来，消费者将不再愿意以高于该产品的价格购买，政府为维护市场的正常运行将不得不增加相关费用。

（4）信息沟通不顺畅对食品安全市场的影响。信息沟通不顺畅导致食品安全市场的信息传递效率低下，使食品市场无法有效地实现资源配置，其对食品安全市场的影响具体表现在以下几方面：

1）食品安全事件发生后，对社会的影响巨大，造成的损失也是无法估计的，同时由于其具有一定的复杂性，不是单一主体或者政府部门就能解决的，它需要社会多方面配合。只有社会公众及时监督举报，媒体尽职传播，政府恪守本职，完善整个监督和披露体系，才能较迅速地遏制食品安全事件的蔓延。在现实中，下级由于各种原因向上级隐瞒有关食品安全事故，导致食品安全事件不能很好地向上反馈，并得到及时处理，从而使得事情的影响范围扩大，影响民众的身体健康，影响整个社会经济的健康运行。为此，需要企业、消费者、社会媒体和政府之间进行食品安全信息资源共享，保障信息沟通顺畅，这样才能迅速解决食品安全事件，保障消费者身心健康，构建良好的食品安全市场体系。

2）食品安全信息不能及时被公众所掌握。随着近年来对食品安全的重视，社会各方各面都积极主动加入到对食品安全信息披露过程中，以保障自身健康利益不受到侵害。据调查，发生食品安全事件后，公众最想要了解的是有关食品安全的信息，而政府却掌控着 80% 的有用信息，成为最大的信息拥有者，如此一来，公众处于被动地位，只能等待政府主动公开信息，否则将无法获取。政府对于信息公开的程度、时间以及内容则完全取决于其意愿，从而造成公众和政府间信息不对称，甚至可能会给某些政府部门及其官员提供权力寻租的空间。当发生食品安全事件时，如果缺乏社会监督，则可能出现各种权力腐败现象。首先是由于政府对信息处于绝对掌控状态，可能为了个人利益，利用自己的权力或者职位便利，拒不向社会公开本应公布的食品信息；其次由于缺乏社会监督，公众意见得不到及时反馈上传，由这种不作为间接导致的对公众身体健康的损伤使得公众质疑政府公信力，损害政府形象。

四、对食品安全信息障碍的博弈分析

本章主要运用博弈模型来分析市场中各参与者（利益主体）在不同情况下所作出的行为选择，希望以此来更好地理解食品安全市场中信息障碍的存在对各参与者行为选择的影响，以及各参与者在何种选择下将信息障碍影响降到最低甚至消失，寻求整个社会效益最大化。本章对食品安全各利益主体的博弈分析基于一定的假设前提：

（1）理性假设，即博弈参与者均为理性经济人，以追求自身利益最大化为目的；

（2）博弈参与者能清楚地了解各种博弈对局状况下参与者双方的收益情况；

（3）消费者主要通过政府监管部门了解食品信息，且政府的监管部门能有效地检测出有关食品的所有信息，即政府能掌握可靠的食品安全信息。

（一）生产商与政府间的博弈——静态博弈

先对生产商和政府间的静态博弈，分析其在知晓对方行动决策的前提下自己所做的决策，并得出混合纳什均衡解：即政府以$\frac{C_1^h - C_1^l}{C}$的概率抽查，而生产商以$\frac{\pi - C_2 + C_3}{\pi + C_3}$的概率生产安全食品。

1. 博弈模型的建立

假设1：市场的参与者为食品生产商（以下称生产商）与政府监管部门（以下称政府）。

假设2：生产商生产安全食品的概率为p，生产低劣食品（即不安全食品）的概率为$1-p$。

假设3：政府以抽查的方式来检测生产商生产的食品是否安全。政府抽查概率为q。若政府检测出生产商生产了低劣食品，则将对其进行惩罚，其成本为C。

假设4：若生产商生产安全食品，其生产成本为C_1^h；若生产商生产低劣食品，其生产成本为 C_1^l。由于安全食品的价格一般大于低劣食品，因此，$C_1^h > C_1^l > 0$。

假设5：令生产商的收入为 R。假设消费者无法通过最终食品来判断其是否为低劣食品，因此，生产商的利润与 p 无关，即$\frac{\partial R(p)}{\partial p}=0$，且 $R \geqslant 0$。

假设6：政府抽查成本为 $C_2(q)$，随着抽查频率的提高，所需成本也将上升，即$\frac{\partial C_2(q)}{\partial q}>0$。

假设7：若政府抽查到生产低劣食品的生产商，则政府的社会收益为π；若政府没有抽查到生产低劣食品的生产商，则由低劣食品进入到消费者餐桌上，从而影响消费者身体健康，因而，增加了社会成本 C_3。表9－1显示了政府与生产商的博弈矩阵。

表9－1　政府与生产商的博弈矩阵

生产商＼政府	抽查	没有抽查
生产安全食品	$R-C_1^h$，$-C_2$	$R-C_1^h$，0
生产低劣食品	$R-C_1^l-C$，$\pi-C_2$	$R-C_1^l-C_3$

2. 博弈模型求解

（1）纯策略纳什均衡。若生产商生产低劣食品的成本与其惩罚费用之和小于生产安全食品的成本，即 $C_1^l+C<C_1^h$ 时，模型存在一个纯策略纳什均衡（生产商生产低劣食品，政府抽查出其生产低劣食品）；若生产商生产低劣食品的成本与其惩罚费用之和大于等于生产安全食品的成本，即 $C_1^l+C \geqslant C_1^h$ 时，模型不存在纯策略纳什均衡。

（2）混合纳什均衡。若（p^*，q^*）表示混合纳什均衡的概率，那么：

1）生产商对每一个纯策略的选择无差异，即：

$$q^*(R-C_1^h)+(1-q^*)(R-C_1^h)=q^*(R-C_1^l-C)+(1-q^*)(R-C_1^l) \quad (9-1)$$

2）政府同样对其每个纯策略的选择无差异，即：

$$p^*(-C_2)+(1-p^*)(\pi-C_2)=p^*0+(1-p^*)(-C_3) \quad (9-2)$$

由式（9－1）和式（9－2）得：$q^{*}=\frac{C_1^h-C_1^l}{C}(C>0)$，$p^{*}=\frac{\pi-C_2+C_3}{\pi+C_3}$。又因为$p^{*}$，$q^{*}\in[0, 1]$，所以，$\frac{C_1^h-C_1^l}{C}\leqslant 1$，即$C_1^l+C\geqslant C_1^h$；

$0\leqslant\frac{\pi-C_2+C_3}{\pi+C_3}\leqslant 1$，即$C_2\geqslant 0$，且$\pi-C_2+C_3\geqslant 0$。

因此，若$C_1^l+C\geqslant C_1^h$，则混合纳什均衡为政府以$\frac{C_1^h-C_1^l}{C}$的概率抽查生产商，而生产商则以$\frac{\pi-C_2+C_3}{\pi+C_3}$的概率生产安全食品；若$C_1^l+C<C_1^h$，则不存在混合纳什均衡①。

3. 博弈结果分析

通过以上博弈模型，可以得出：

（1）静态纳什均衡模型存在纯策略纳什均衡和混合纳什均衡解，但两者不会同时存在。

（2）根据混合纳什均衡解可知：

$\frac{\partial q^{*}}{\partial C}<0$，说明惩罚费用越高，其对生产商的威慑作用越大，因而，政府可以选择更低的抽查概率。

$\frac{\partial q^{*}}{\partial(C_1^h-C_1^l)}>0$，说明生产商生产高、低质量食品的成本相差越大，则生产商为追逐利润最大化越会倾向于生产低劣食品，由此，政府需要加大抽查力度，从而增加了抽查概率。

$\frac{\partial p^{*}}{\partial C_2}<0$，说明政府抽查成本越高，则生产商预期政府抽查概率越低，因此，其生产安全食品的概率就越低。

$\frac{\partial p^{*}}{\partial C_3}>0$，$\frac{\partial p^{*}}{\partial \pi}>0$，说明政府越重视低劣食品对社会所产生的不良影响，则生产商生产安全食品的概率越高。

（3）假设此博弈模型中的社会福利为生产商和政府收益之和。为了实现社

① 刘松先，李艳波. 基于食品安全的政府主管部门与食品企业的博弈分析［J］. 统计与决策，2006（5）：28－29.

会利益最大化，则生产商生产安全食品，而政府无须对生产商进行监管，因此，策略（生产安全食品，未抽查）的总收益至少要与博弈模型中的纯策略纳什均衡解的总收益相等，即：

$$R - C_1^h + 0 \geqslant R - C_1^l - C + \pi - C_2 \Rightarrow C_1^l - C_1^h + C + C_2 \geqslant \pi \tag{9-3}$$

由模型假设可知，$C_1^l - C_1^h < 0$，因此，$C + C_2(q) > \pi(q)$，这说明低劣食品引起的社会成本与政府治理成本之和大于政府治理的社会收益，即低劣食品的存在会造成社会福利损失。

（二）生产商与政府间的博弈——完全信息无限重复博弈

动态博弈是指参与博弈双方的行动有先后顺序，且后行动者可以通过观察先行动者的行为再选择其最优行动。由于政府对生产商的监管会持续进行，因此，两者都会知道上次抽查结果，并基于上次结果重新调整各自的策略：生产商将调整生产决策，而政府则调整其抽查概率，从而调整其抽查成本，因此，政府与生产商之间的博弈模型为完全信息无限重复博弈模型。

1. 博弈模型的建立

假设1：每一阶段的子博弈模型与本章中静态博弈模型具有相同的假设。

假设2：定义 δ 为贴现因子，且 $0 < \delta < 1$。

假设3：为了便于分析，设政府的调整策略为：若发现生产商生产低劣食品，则将使生产商因声誉受损等因素导致其破产，从而使生产商的未来收益降为零，而政府由于彻底使生产商无法生产低劣食品从而确保了居民健康，因此，其未来将不会获得社会收益；若未发现生产商生产低劣食品，则将在下一阶段使用低抽查概率 q_1，两种抽查概率对应的成本关系为 $C_2(q_h) > C_2(q_l) > 0$。

假设4：令第1阶段的抽查概率为 q。

假设5：生产商不改变其生产习惯，即若初始阶段生产安全食品（低劣食品），则将一直生产安全食品（低劣食品）。

2. 博弈模型求解

由于政府和生产商的策略各有两种，因此，下文将首先考虑不同策略组合下的生产商、政府和社会收益。

（1）假设生产商初始阶段生产安全食品，则生产商的收益为：

$$\sum_{i=1}^{\infty} \delta^{i-1}(R - C_1^h) = (R - C_1^h)\frac{1}{1-\delta}$$

此时，政府收益为：

$$-\left[qC_2(q)+(1-q)0+\sum_{i=2}^{\infty}\delta^{i-1}(q_lC_2(q_l)+(1-q_l)0)\right]=$$

$$-\left[qC_2(q)+\sum_{i=2}^{\infty}\delta^{i-1}q_lC_2(q_l)\right]=$$

$$-\left[(q-q_l)C_2(q)+q_lC_2(q_l)\frac{1}{1-\delta}\right]$$

社会总收益为生产商的收益与政府收益之和，即：

$$(R-C_1^h)\frac{1}{1-\delta}-(q-q_l)C_2(q)-q_lC_2(q_l)\frac{1}{1-\delta}$$

（2）假设生产商初始阶段生产低劣食品，且没有被政府抽查，那么生产商的收益为 $\sum_{i=1}^{\infty}\delta^{i-1}(R-C_1^l)=(R-C_1^l)\frac{1}{1-\delta}$；政府的收益为 $-C_3\frac{1}{1-\delta}$；社会总收益为 $(R-C_1^l-C_3)\frac{1}{1-\delta}$。

（3）假设生产商初始阶段生产低劣食品，但在第 n 个阶段被政府抽查出生产低劣食品，由假设可知，生产商被查出生产低劣食品后，其未来收益将降为零，因此，若 $n=1$，则生产商的收益为 $R-C_1^l-C$；政府收益为 $\pi-C_2(q_l)$；社会总收益为 $R-C_1^l-C+\pi-C_2(q_l)$。

若 $n>1$，则生产商的收益为 $\sum_{i=1}^{n-1}\delta^{i-1}(R-C_1^l)+\delta^{n-1}(R-C_1^l-C)=\frac{1-\delta^n}{1-\delta}(R-C_1^l)-\delta^{n-1}C$；政府收益为 $\delta^n(\pi-C_2(q_l))$；社会总收益为 $\frac{1-\delta^n}{1-\delta}(R-C_1^l)-\delta^{n-1}C+\delta^n(\pi-C_2(q_l))$。

表 9-2 总结了上述三种情况。

无名氏定理说明在无限次重复博弈中存在多重均衡，因此主要分析如何使生产商生产安全食品成为其均衡策略。

为了使生产商生产安全食品，则生产商需要满足激励相容约束，即生产商通过生产安全食品的长期收益不低于生产低劣食品的收益。

由于 $C_l^h>C_1^l$，所以，只有当生产低劣食品的生产商受到政府惩罚后，其收益才会低于生产安全食品的生产商。

若生产低劣食品的生产商在第 1 阶段被抽查出，则：

$$(R-C_1^h)\frac{1}{1-\delta}\geqslant R-C_1^l-C\Rightarrow$$

表 9-2 完全信息无限重复博弈模型

生产商初始阶段所生产食品	是否被抽查出为低劣食品	生产商收益	政府收益	社会收益
安全食品	否	$(R-C_1^h)\frac{1}{1-\delta}$	$-[(q-q_l)C_2(q)+q_lC_2(q_l)\frac{1}{1-\delta}]$	$(R-C_1^h)\frac{1}{1-\delta}-(q-q_l)C_2(q)-q_lC_2(q_l)\frac{1}{1-\delta}$
低劣食品	否	$(R-C_1^l)\frac{1}{1-\delta}$	$-C_3^1\frac{1}{1-\delta}$	$(R-C_1^l-C_3)\frac{1}{1-\delta}$
	第1阶段被抽查出	$R-C_1^l-C$	$\pi-C_2(q_l)$	$R-C_1^l-C+\pi-C_2(q_l)$
	第 n 阶段被抽查出	$\frac{1-\delta^n}{1-\delta}(R-C_1^l)-\delta^{n-1}C$	$\delta^n(\pi-C_2(q_l))$	$\frac{1-\delta^n}{1-\delta}(R-C_1^l)-\delta^{n-1}C+\delta^n(\pi-C_2(q_l))$

$$\delta \geqslant \frac{C_1^h-C_1^l-C}{R-C_1^l-C}=1+\frac{C_1^h-R}{R-C_1^l-C}\left(\frac{C_1^h-R}{R-C_1^l-C}\leqslant 0\right)$$

若生产低劣食品的生产商在第 n 阶段被抽查出，则

$$(R-C_1^h)\frac{1}{1-\delta}\geqslant\frac{1-\delta^n}{1-\delta}(R-C_1^l)-\delta^{n-1}C\Rightarrow$$

$$\delta^n(R-C_1^l-C)-\delta^{n-1}C-(C_1^h-C_1^l)\geqslant 0$$

令 $f(\delta)=\delta^n(R-C_1^l-C)-\delta^{n-1}C-(C_1^h-C_1^l)$，则：

$$\frac{\partial f(\delta)}{\partial\delta}=n\delta^{n-1}(R-C_1^l-C)-(n-1)\delta^{n-2}C$$

$$=n\delta^{n-2}(R-C_1^l-C)\left(\delta-\frac{(n-1)}{n}\frac{C}{R-C_1^l-C}\right)$$

政府的惩罚费用使得生产低劣食品的生产商无法获利，因此，假设 $R-C_1^l-C<0$，则 $\frac{\partial f(\delta)}{\partial\delta}<0$。

又因为 $\delta\in[0,1]$，则 $f(0)=-(C_1^h-C_1^l)<0$，$f(1)=R-C_1^h-2C$。若 $f(1)\geqslant 0$，即 $C\leqslant\frac{R-C_1^h}{2}$，则存在 $\delta^*>0$，使得 $\delta^n(R-C_1^l-C)-\delta^{n-1}C-(C_1^h-C_1^l)=0$，因此，当 $\delta\geqslant\delta^*$，则 $(R-C_1^h)\frac{1}{1-\delta}\geqslant\frac{1-\delta^n}{1-\delta}(R-C_1^l)-\delta^{n-1}C$，即使生产商生产安全

食品成为均衡[①]。

3. 政府行为分析

为了激励生产商生产安全食品，政府需要通过惩罚费用 C 将被查出生产低劣食品的生产商的收益至少降到零。

由表 9－2 可知，若这类生产商在第 1 阶段被抽查出，则其收益为 $R-C_1^l-C$，此时令惩罚费用 C 不小于 $R-C_1^l$，则可使其无法获利。

若这类生产商在第 n 阶段被抽查出，则其收益为 $\frac{1-\delta^n}{1-\delta}(R-C_1^l)-\delta^{n-1}C$。

令 $\frac{1-\delta^n}{1-\delta}(R-C_1^l)-\delta^{n-1}C\leqslant 0$，得 $C\geqslant\frac{1-\delta^n}{\delta^{n-1}}\frac{1}{1-\delta}(R-C_1^l)$。由此可知，惩罚费用不低于生产商生产低劣食品所获得的长期收益的修正值，修正因子为 $\frac{1-\delta^n}{\delta^{n-1}}$。又因为 $\frac{\partial\left(\frac{1-\delta^n}{\delta^{n-1}}\right)}{\partial\delta}<0,n>1$，所以，惩罚费用将随着贴现因子的上升而下降，这是因为人们更重视收益的当前价值。

（三）食品生产商与中间经营厂商间的博弈

食品从生产商到消费者，除了少数通过直销的形式售卖，大多要靠中间经营厂商来建立联系。生活中，中间经营厂商多为超市，且其所占比例越来越大，为此本部分将采用典型—普通分析法，以超市为中间经营厂商的代表，通过对食品生产商和超市间的博弈行为决策来分析食品生产商和中间经营厂商间的博弈关系。

1. 博弈模型的建立

假设 1：生产商可供选择的策略有公开食品信息和隐瞒食品信息。

假设 2：超市可供选择的策略有审查食品信息和不审查食品信息。

假设 3：短期中，超市审查食品信息的成本为 a；若审查中发现食品存在问题，则中断合作关系并导致生产商损失为 b；若超市不仅不审查还联合生产商隐瞒食品信息并从中获得收益 y；生产商将低成本的低劣食品在超市售卖而获得的

① ［美］杜塔．策略与博弈——理论及实践［M］．施锡铨译．上海：上海财经大学出版社，2005：194－221.

收益为 $Y(Y>y)$。

假设4：长期中，生产商隐瞒其食品信息并且超市也不对其进行审查，超市虽然能从生产商那里获得收益 y，但是长期下来一旦消费者发现其售卖低劣食品，会对其失去信赖并遭遇损失 $C(C>y)$；同样地，也会减少对该生产商生产食品的购买而使得生产商遭受损失 $D(D>Y)$。

2. 博弈行为分析

在短期中，超市如果选择和生产商联合，既不对外公开食品信息，也不进行审查，那么由于消费者和生产商、超市间存在着信息不对称，消费者即使购买了该低劣食品，自身利益受到损失，但在短期内不会影响生产商和超市的利益。表9－3给出了具体行为策略分析。

表9－3　超市与生产商的短期收益矩阵

生产商 超市	公开	隐瞒
审查	$(-a, 0)$	$(-a, -b)$
不审查	$(0, 0)$	$(y, Y-y)$

再对长期行为进行分析，超市如果继续选择和生产商联合，既不对外公开食品信息，也不进行审查，在长期中信息处于相对对称状态，那么一旦消费者知道自己所购食品为低劣食品，身体健康受到威胁、利益受到损失，就会失去对该超市的信任，失去对生产该低劣食品的生产商的认可，从而为了维护自身利益会减少对该食品的购买，甚至是向政府投诉其行为。如此一来必将使得超市和生产商的利益受到减损。表9－4给出了具体行为策略分析。

表9－4　超市与生产商的长期收益矩阵

生产商 超市	公开	隐瞒
审查	$(-a, 0)$	$(-a, -b)$
不审查	$(0, 0)$	$(y-C, Y-y-D)$

3. 博弈模型分析

短期模型分析：当超市选择审查食品信息时，生产商如果公开其信息收益为

0，如果选择隐瞒食品信息则收益为 $-b$，明显小于公开食品信息的收益，为此，生产商会选择公开食品信息；当超市不审查食品信息时，生产商公开食品信息的收益为0，选择隐瞒的收益为 $Y-y$，此时收益大于公开信息时的收益。再看超市的收益，当生产商选择公开食品信息时，超市的最大收益是不审查；当生产商隐瞒食品信息时，超市的最大收益还是不审查。为此，可以得出在短期内作为中间厂商的超市没有动力去审查食品信息，而生产商在知道超市不审查后就选择隐瞒食品信息，此时双方均获得最大收益，即得到博弈结果（不审查，隐瞒），显然这个结果损害了消费者的利益。下面通过表9－5对其进行分析，可以直接看出超市的策略中存在一个严格劣策略，即审查，为此超市会选择不审查，此时隐瞒食品信息成为了生产商的最佳选择，得出均衡决策（不审查，隐瞒）。

表9－5　劣势策略消去法的短期分析

超市 \ 生产商	公开	隐瞒
审查	$(-a, 0)$	$(-a, -b)$
不审查	$(0, 0)$	$(y, Y-y)$

长期模型分析：当超市选择审查时，生产商公开食品信息的收益为0，隐瞒食品信息的收益为 $-b$，显然，$-b<0$，生产商会选择公开；当超市选择不审查时，生产商公开食品信息可获得的收益为0，选择隐瞒食品信息的收益为 $Y-y-D$，由于 $D>Y$，$Y-y-D<0$，故生产商会选择公开食品信息，即无论超市审查与否，生产商都会选择公开食品信息。再看超市的行为决策，当生产商选择公开食品信息时，超市对其审查的收益为 $-a$，不对其进行审查的收益为0，很明显 $0>-a$，超市会选择不审查。也就是说，超市在知道生产商会公开食品信息的情况下，超市的最优选择是不审查，此时得到一个博弈结果（不审查，公开），显然这是理想的结果。下面通过表9－6的收益矩阵对其进行分析，可以看出生产商有一个严格的劣策略，即隐瞒食品信息，故生产商会选择公开信息而超市选择不审查，得出均衡决策为（不审查，公开）。

然而，在现实情况的运用中，由于超市一般规模巨大，固定资产及成本较高，这是在短期内无法一下收回的成本，而超市对其品牌形象的投资是长期的、巨大的，它所带来的收益不是短期就能看见的，故对于超市行为的分析适合长期

表 9-6 劣势策略消去法的长期分析

超市＼生产商	公开	隐瞒
审查	$(-a, 0)$	$(-a, -b)$
不审查	$(0, 0)$	$(y-C, Y-y-D)$

行为分析。由典型——一般的分析方法，超市作为中间厂商的代表，我们可以一般化其结果，即对于中间厂商的博弈分析适合长期模型分析。再看食品生产商，由于市场中食品生产商的规模不一，如果生产商看重自身企业声誉，注重长期利益，那么无论超市如何选择，生产商都会公开其产品信息；故无法断定生产商的行为适用于长期分析还是短期分析。如果生产商只注重眼前利益，而根据前面分析超市注重长远利益，那么超市选择不审查只会使自己利益受损。在此情况下，超市为了保证自己的声誉和长期获益，必定会重新调整其策略，选择审查食品信息，这是由于超市出售低劣食品带来的损失远远大于审查食品信息的成本。因此，为了进一步节约成本，超市会加强对生产商的监督，建立严格的产品采购质量标准，从而降低出现食品安全问题的可能性。

（四）食品生产商、消费者与政府监管部门间的博弈

在博弈过程中，博弈主体作出决策时是有先后顺序的，对于食品安全信息市场中的三个主体：生产商、消费者和政府，其中的任一主体的决策都会影响其他主体的决策。下面将建立完全信息动态博弈分析这三个主体的行为决策。

1. 博弈模型的建立

假设1：生产商可供选择的策略有：①生产安全食品，此时的生产成本为 C_1；②生产低劣食品，此时收益为 R_1，但消费者一旦发现其生产低劣食品，则将受到信誉损失 U_1 和政府的罚金 I。

假设2：生产商生产安全食品时，消费者自身利益不会受到损害，政府无须为食品安全事件的投诉付出成本，此时可以得到三个参与者的收益为 $(-C_1, 0, 0)$。

假设3：当消费者发现生产商生产低劣食品时，可供选择的策略有：①向政府投诉并支付投诉成本 C_2，此时还得到奖励 R_2；②置之不理，不向政府投诉，但此时消费者由于购买低劣食品而受到的损失 U_2 得不到补偿。

假设4：当消费者不投诉时，不存在政府是否受理的问题。

假设5：当政府接到投诉后，政府可供选择的策略有：①恪守本职，认真受理，此时的受理成本为 C_3，嘉奖投诉行为的成本为 R_2，获得上级肯定及社会信誉的收益为 R_3；②视而不见，不受理投诉，则此时遭到上级批评和社会质疑的利益损失为 U_3。

由此我们可以得出食品安全信息市场中各主体间的动态博弈树，其中，◎表示消费者的行动点，Θ 表示政府的行动点，○表示博弈树的起点，●表示博弈树的终点，则可得出以下博弈树，如图9－2所示。

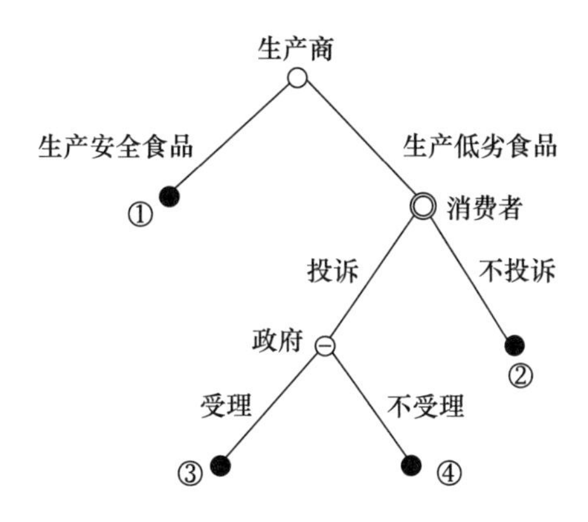

图9－2　三阶段动态博弈树

2. 博弈模型分析

我们采用逆向归纳法对完全信息动态博弈进行分析。由于博弈行为的发生是有顺序的，先行动的博弈方会考虑后行动博弈方在后面阶段如何决策，并据此判断自己的决策。在本博弈中政府作为决策的最后参与者，不受其他任何参与者行动的影响，能够直接对比自己的收益做出行为决策。由博弈模型建立部分的分析，可以得出博弈树中各个节点的收益：

表9－7　博弈树中各个节点的收益

节点	参与者收益（生产商、消费者、政府）
①	$(-c_1, 0, 0)$
②	$(R_1, -U_2, -U_3)$
③	$(R_1-I-U_1, R_2-C_2, R_3-C_3-R_2)$
④	$(R_1, -U_2-C_2, -U_3)$

在博弈的最后阶段，政府可以通过对比自己的收益，即比较 $R_3 - C_3 - R_2$ 与 $-U_3$ 的大小作出决策。当 $R_3 - C_3 - R_2 > -U_3$ 时，政府选择受理消费者的投诉，此时博弈树简化为两阶段博弈，如图 9 - 3 所示。当 $R_3 - C_3 - R_2 < -U_3$ 时，政府会选择不受理投诉，此时再来分析消费者行为策略，消费者选择不投诉的收益为 $-U_2$，选择投诉的收益为 $-U_2 - C_2$，显然消费者会选择不投诉。在消费者不投诉的前提下，生产商选择生产安全食品的收益为 $-C_1$，而生产低劣食品的收益为 R_1，$R_1 > -C_1$，即生产低劣食品带来的收益大于生产安全食品，作为理性经济人的生产商，生产低劣食品是其最佳选择。而这就导致了食品安全问题的发生，是我们不愿看到的结果。

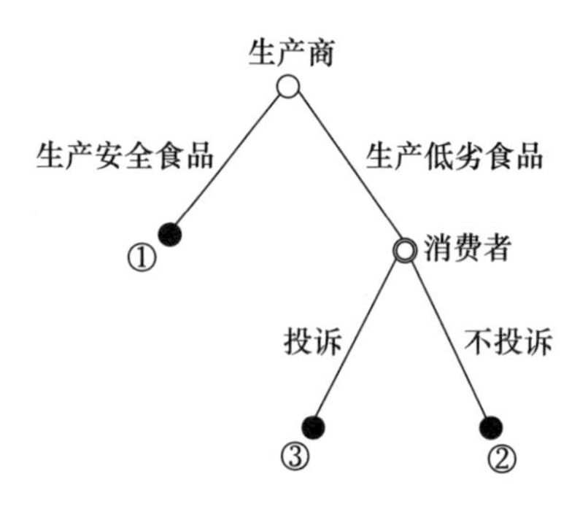

图 9 - 3　两阶段动态博弈树

化为两阶段博弈树后，消费者成了博弈的最后决策者，通过对比两种策略下的收益 $R_2 - C_2$ 和 $-U_2$ 的大小作出决策。

当 $R_2 - C_2 > -U_2$ 时，即消费者选择投诉得到的收益大于不投诉时，消费者会选择投诉生产商，于是可以将两阶段博弈树简化，如图 9 - 4 所示。

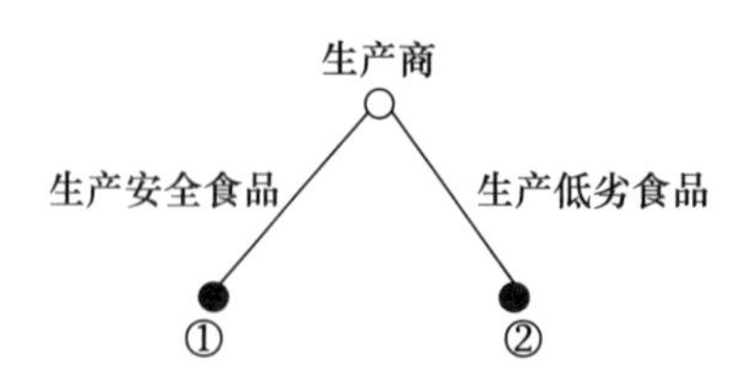

图 9 - 4　一阶段动态博弈树

当 $R_2 - C_2 < -U_2$ 时，即不投诉得到的收益大于投诉时，作为理性经济人的消费者会选择不投诉，此时生产商生产低劣食品收益为 R_1，远大于消费者投诉后生产商的收益值 $R_1 - I - U_1$，为此会出现挤出效应，最终导致整个食品市场被低劣食品所充斥。

在消费者选择投诉后，根据图 9－4 的一阶段博弈，生产商通过自身收益 $-C_1$ 和 $R_1 - I - U_1$ 的比较直接做出决策。当 $-C_1 > R_1 - I - U_1$ 时，即选择生产安全食品带来的收益大于生产低劣食品的收益时，生产商的最佳决策是生产安全食品；当 $-C_1 < R_1 - I - U_1$ 时，即选择生产安全食品的收益低于生产低劣食品时，为追求自身利益最大化，生产商会选择生产低劣食品。

3. 模型意义

根据以上分析，为了保障人民的身体健康，维护食品安全市场的健康发展，就必须让生产商生产安全食品，也就是当 $R_3 - C_3 - R_2 > -U_3$、$R_2 - C_2 > -U_2$，并且 $-C_i > R_1 - I - U_1$ 时，会促使理性的生产商做出选择生产安全食品的决策。

通过模型，我们可以知道消费者有效监督对食品安全市场的重要性，具体如下所述：

从消费者的角度看，首先，可以通过提高消费者投诉的奖励金额 R_2 的值来提供激励机制，使得社会公众参与到信息披露中，提高维护食品市场安全的积极性，促进市场信息的公开透明。其次，扩大信息反馈渠道，根据消费者提供的信息反馈，对其反映的问题进行调查核实，并给予违规企业惩罚。此外，还可以通过降低消费者的投诉成本即 C_2 的值（例如对前来投诉的消费者免收相关费用、提供相应的技术设备，或者食品安全检测）来保持消费者对食品安全问题投诉的积极性。

从生产者的角度看，首先，应该加大惩罚力度，提高惩罚金额 I 的数值，对于生产危害人民身体健康的低劣食品厂商，一经消费者投诉检举并调查属实后，对其实施更严厉的停业修整，对情节严重及对社会影响恶劣的还应追究其相应的民事或者刑事责任。其次，生产者也就是企业，应该尽力完善食品安全信息公开体系，以开放的态度面对社会媒体的监督，通过提高 U_1 值的方法让消费者不再购买其低劣食品及其他该生产商生产的食品，如此一来也就使得生产商的违法成本提高，收益低于生产安全食品，从利润最大化的角度督促其生产安全食品。

从政府的角度看，首先，完善监管部门的绩效评价体系，上级部门可以通过精神奖励和物质奖励相结合的方法，即提高 R_3 和 U_3 值的方法来促进食品安全信息的公开，包括荣誉奖励、评选先进单位，发放奖金等嘉奖措施。其次，可以实行政绩公开，发挥公众及社会媒体的监督作用，严惩不认真对待消费者投诉问题、不积极处理食品安全事件的人员，即通过增加监管部门的失职成本 U_3 的值来进行惩治。最后，还可以联合政府各个部门共同行动，发挥各部门不同的优势，提高行为效率，降低单个部门在食品安全信息监管中的成本，即 C_3 的数值。

（五）博弈结果小结与启示

在食品安全市场中，市场机制对企业（包括生产商和中间经营商）控制食品安全能起到一定的激励作用，但是鉴于食品安全市场中存在的信息障碍问题，通过市场机制激励企业控制食品安全会出现失灵现象。通过对生产商和政府间的博弈分析，我们可以知道食品安全投资会让生产商承担大量的成本，而政府是以一定概率来抽检食品，如果信息完全对称，则在由政府惩治力度和生产低劣食品引起的社会影响对生产商造成的损失大于生产商因生产低劣食品带来的收益时，生产商会自主选择生产安全食品。但是由于现实中存在着信息障碍问题，生产商和政府各自事先不知其具体行为选择，当低劣食品引起的社会成本与政府治理成本之和大于政府治理的社会收益时，会造成社会福利损失。据此可以得出，对食品安全市场中信息障碍的化解，即实现信息公开，可以降低社会成本，实现社会收益最大化。而根据生产商和中间经营商的博弈分析，在短期中由于信息不对称，双方最后的选择将是（不审查，不诚信），如此一来只会损害消费者身心健康，但是在长期模型中，由于信息完全，生产商选择不诚信带来的损失大于其收益，故可以得出均衡策略（不审查，诚信）。这说明在处理食品安全问题中，信息透明化可带来博弈结果的转变。再看生产商、消费者和政府三者之间的动态博弈结果，很明显表明消费者监督对食品安全市场信息披露的重要性，如果消费者在发现食品安全问题时能投诉生产商的行为，就会使得生产商收益减少，从而减少生产商的投机行为，但是由于食品安全的公共物品属性，使得消费者存在“搭便车”心理，如果该产品并未给消费者带来太大的健康或利益损失，单个消费者面对投诉企业食品安全的成本太高，抑或缺乏相应的激励制度使消费者有投诉的动力。如此一来，不仅使得政府更难对其进行督促、整改和监管，也使得更多的食品生产商心存侥幸，更加忽视食品安全问题。

总的来说，从以上博弈分析可以看出，化解食品安全信息障碍可以很好地促进食品安全市场健康发展。而在此过程中并不是仅仅哪一方就可以独立完成的，而是需要企业、消费公众和政府共同努力。即通过政府加强管制、完善企业激励制度、建立信息共享平台、完善社会监督等行为都可以促进博弈结果向良好的一面发展。在本章理论分析后，将结合中国现阶段存在的现实问题并借鉴发达国家优秀经验，提出食品安全信息障碍的化解方法。

五、中国食品安全市场中存在的信息障碍问题

根据食品安全市场的特征，食品安全市场健康运行的基本保障和前提是食品安全信息的有效传递。但食品安全市场中所固有的信息障碍使得市场机制难以发挥作用。而目前中国食品安全市场中信息的传递效率很低，要解决中国食品安全中存在的信息障碍问题，实现食品安全信息的公开透明性原则，需要企业、社会公众和政府的共同努力。

（一）企业自身缺乏披露食品安全信息的主动性

从前文分析可以得出，出现食品安全问题的主要原因是存在信息障碍，它导致企业和消费者对于同一食品所获取到的信息是不同的。在食品市场中，消费者对食品的需求已经由对食品数量、品种的需求转变为对食品营养、安全的需求。但在现实中这种需求在部分食品市场中比较难通过市场自身得到满足。这主要是由于：一方面，消费者对食品是否安全的信息较难做出判断，无法显示出对更安全食品的偏好；另一方面，在一些食品市场中，消费者无法获得相关食品安全的信息，导致企业不能从改善食品安全中获得回报（收益），这就直接影响了企业主动生产更安全食品的积极性。

食品由于其经验特性和信任品特性，使得其成为一种不同于普通商品的特殊商品，消费者对于其质量安全信息也是无法直接获取的，比如，对于一件食品，消费者在购买时通过直接观察只能看出简单的外表，对其是否有农药残留，是否使用过激素，以及各自的分量比重是多少这些信息无从知晓。更有甚者在食用食品数次后可能消费者仍然无法掌握其真实的食品安全信息，必须借助专业的检测技术、检测设备才能发现。正是由于食品安全信息存在信息障碍，使得企业缺乏

主动生产安全食品的激励机制，没有动力去公开自己产品的信息，即便如此，消费者也很难觉察到企业的违规行为。对于企业而言，在知道存在信息障碍时消费者无法发觉其生产低劣食品的前提下，作为理性经济人的企业为了追求自身利润最大化，会通过一切方法降低成本，比如为了使食品保持光鲜亮丽的外表而大量使用防腐剂等；为了使食品早日上市，缩短正常生产周期而使用各种激素、催化剂等，这些都对消费者身体健康造成直接影响，从而进一步加剧了食品安全问题的发生。

为此，要促使企业主动披露其食品安全信息，要从市场机制方面改善食品安全问题，就必须克服企业的机会主义倾向，而市场机制往往需要配置相应的监督管理才能很好地运作，在没有足够的外界力量监督时，企业出于自身成本及利益的考虑，缺乏主动披露相关食品安全信息的动力，这就导致社会中出现各种食品安全问题。

（二）社会对食品安全信息的掌握以及督促有限

食品安全事件的发生，利益首先受到损失也是直接受到损害的就是消费者，随着食品安全问题的破坏性越来越大，涉及的范围也越来越广，继而引发一系列社会性问题。在对食品安全事件的遏制过程中，仅仅依靠政府的管制监督是很难解决的，此时就需要联合社会各界的力量，充分发挥社会媒体的作用，以及消费者的维权意识等来更好地应对问题。但是在我国政府的结构模式是行政式金字塔结构，政府对食品安全信息握有较大掌控权，但缺乏社会舆论的监督。在社会方面，新闻媒体对食品安全的监督作用越来越明显，但由于涉及各方面利益或者政府出现权力寻租行为，阻碍新闻媒体发布有关食品安全信息，从而使得新闻媒体即使有心收集信息也无法完整公正地传递给消费者。作为消费者，当他接收不到有效的信息时，自身也难以对相关信息进行判断，从而导致利益受损，在维权过程中却受自身条件的限制或者投诉成本过高等原因而放弃。这些都会导致缺乏有效的社会监督，但是社会监督作为民间力量和资源，已展现出其在督促食品安全信息披露方面的非凡力量，是不可或缺也不可替代的一股力量。目前，创新社会监督的形式，真正将社会监督纳入到制度设计中去，应该是解决食品安全信息障碍的一个很好方式。

现阶段，社会力量在对食品安全监督方面和掌握食品安全信息方面还很薄弱，还存在许多问题有待完善，主要表现在以下几个方面：

（1）消费者监督力量薄弱。作为食品安全事件直接受害者的消费者，面对食品安全事件往往缺乏投诉举报的动力。根据上一章节的博弈分析，我们可以知道这主要是由于投诉成本过高，有时甚至超过了消费者本身所受的损害，即使消费者想继续投诉维权，但由于个人力量的薄弱，很难获取真正的食品信息及相关证据以维护自身权益。

（2）社会新闻媒体监督仍不规范。社会新闻媒体作为经济人存在于市场中，很多时候也是为了自身利益，可能发布一些失实的甚至是错误的食品安全信息，引起消费者关注。而现阶段我国对社会新闻媒体的监督还不够规范，使其有机可乘，面对真真假假的消息，消费者无法辨别，也就无法及时掌握相关的食品安全信息。

（3）网络技术日新月异，一方面增加了获取食品信息的渠道，社会公众通过网络能很好地对企业食品安全实施监督以及传播信息，但另一方面由于网络的虚拟性，使得其成为用心不轨之人发布虚假消息蛊惑公众的平台。

（4）随着生产者、经营厂商及企业警惕性的提高，社会公众尤其是媒体和单个消费者获取信息的难度也逐渐增大。

（三）政府对食品安全信息披露不足

从上章节的博弈分析我们知道，通过减少消费者获得食品安全信息的相关成本，就能有减弱生产商生产低劣食品的动机，从而减少食品安全事件的发生。但是在实际中，单个消费者要想全面获得食品安全信息，其成本是极其昂贵的，使得政府的介入成为必需。政府通过各项规制来限制企业的机会主义行为和“败德行为”，比如制定生产标准规范、管理市场秩序等，其中，质量体系认证是消费者低成本获取企业产品信息的一个途径，为此政府可严加控制食品质量体系的认证。也就是说政府通过行政手段可以直接或间接地影响企业和消费者的行为选择，那么政府作为对食品安全信息披露的主体，应努力通过提升监督水平、促进食品安全信息沟通和反馈等措施，最大限度地使市场信息公开化、透明化，提高食品安全市场效率。但目前政府对食品安全信息的披露仍有不足，主要表现在以下几方面：

1. 法律制度不完善导致食品安全缺失适用性操作工具

法律制度是保障食品安全不可或缺的基本制度。中国尽管制定了一系列关于控制食品安全的法规，但由于没有把食品安全建立在整个食品链的基础上，导致食品安全法律体系的广度不够。此外，地方的食品安全立法和实施细则不完善，造成相关制度以及标准难以落实。目前中国许多地方，特别是广大农村地区缺乏行之有效的食品安全信息披露制度，甚至还没有完善的成套食品安全法规。

2. 缺乏统一协调的信息共享平台建设

对于市场中有些食品安全信息不是一发生就能直接获取信息的，它必须要有特定的条件，例如“疯牛病”等信息，只有当事情真正发生时才能收集到有关的信息，事前是无法知晓的，对于这类食品安全信息，可以通过信息共享平台来获取。食品安全信息共享平台是各方将其所获取的信息公布于平台上，任何使用该平台的个人和单位都可轻松获取其中的信息，这样不仅可以节省成本，而且对信息的了解面也足够广泛。但目前的工作中，往往出现监督部分和其属地相分离的状态，导致在对食品信息收集及传递过程中会出现内部传递不畅的问题，以致某食品出现安全问题虽然遭到曝光，但仍然在其他地区视为安全食品出售，也就是甲地曝光、乙地畅销的现象。

3. 投诉渠道不顺畅

目前消费者维权意识逐渐增强，在发生食品安全问题后会向政府投诉，以惩治违法企业。但调查显示，对于食品安全投诉渠道是否畅通，54.8%的被访者认为当前投诉渠道畅通度一般，24%的被访者认为投诉渠道不太通畅，8.7%的被访者直接表示投诉渠道不畅通，仅有不到14%的被访者认为投诉渠道比较畅通或者畅通[①]，如图9－5所示。可见目前遇到食品安全问题时，消费者无法及时投诉维权的一个主要原因是食品安全投诉渠道不顺畅。

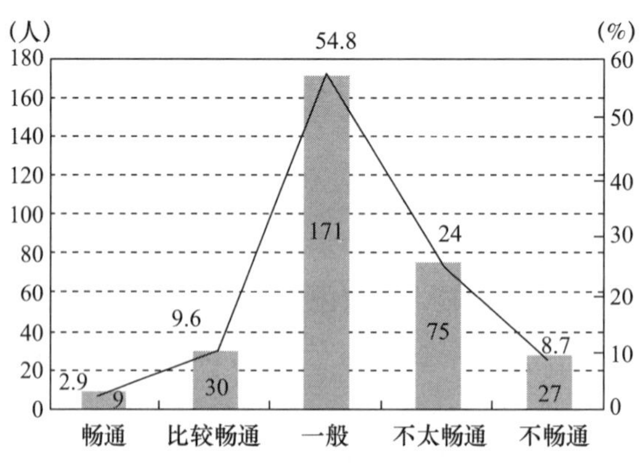

图9－5 消费者对食品安全投诉渠道畅通程度的评价

① 周小梅，陈利萍，兰萍．食品安全管制长效机制经济分析与经验借鉴［M］．北京：中国经济出版社，2011.

4. 缺乏持续动态的食品安全信息披露

在食品安全信息披露过程中，持续动态监督检测信息并加以披露是非常重要的一项内容。这是由于即使食品一开始获得市场准入，通过了质量认证，但也要加强检测防止某些厂商“一劳永逸”投机行为的发生，这就需要持续动态地监督检测信息，及时发布信息，发现其产品中存在的质量安全问题，确保食品安全。

5. 信息披露途径和方式有限

中国政府对于食品安全信息的披露途径十分有限，比如上下级之间对披露信息的交流，或者把对低劣食品的检测和查处结果披露到政府网站，导致社会公众很难了解到政府披露的信息。同时，披露的方式也十分有限，主要是通过政府内部报告、政府文件等形式，较少有直接对外的公告。

六、发达国家化解食品安全信息障碍的经验借鉴

食品安全问题已是全球性问题，目前，发达国家为了保证国民有安全卫生的食品供应，采取了一系列的措施，建立了较为完善的食品安全管制体系。其中处于较为先进水平的国家和地区有美国、欧盟、日本等，这些国家在化解食品安全信息障碍方面积累了丰富的实践经验，事实证明这些国家选择符合本国国情的措施取得了良好的效果。尽管这些国家体制不尽相同，呈现出不同的特点，但通过对它们经验的分析和借鉴，有助于中国更好地健全和完善食品安全市场。

（一）美国化解食品安全信息障碍的经验借鉴

美国在食品安全信息披露中强调制度的建设和管理的公开性、透明性，其对于食品安全中所存在的信息障碍问题主要是通过以下几方面解决的：

1. 完善法律法规，实现食品安全信息公开和透明化

在此过程中颁布三部至关重要的法律，以法律保障了美国食品安全信息披露的有效实施。其中，《行政程序法》使得整个社会中无论个人、企业还是群体组织，均可参与到相应的食品安全行政法规的制定过程中，它规定了行政法规的制

定、修改和废止应遵循的程序：《联邦咨询委员会法》规定，行政法规的制定需要借助咨询机构，那么咨询机构需要保持公正、减少利益冲突，同时确保公众能反映其诉求；《信息公开法》规定除少数限定情况外，任何个人和单位，只要居住在美国，均有权获得政府保护公众健康的信息和记录。

2. 美国政府敦促企业采用信息管理系统

比如，美国食品药品管理局（FAD）确定了《2002 公众健康安全和反生物恐怖预防应对法》。其中第 306 节的内容被称为“跟踪和追溯条款”。它要求美国食品供应链上的企业要保存好货物进出的记录，并且在受到审核要求的 4～8 个小时内提供包括货物来自何处、标签号码、送予谁在内的相关信息。

3. 建立食品安全信息发布系统

美国强调食品安全信用体系建设，通过该体系及时通报不合格食品的召回信息，并提供信息平台让消费者参与其中，使消费者切实了解食品安全的真实情况。此外，美国政府还加强对媒体的管理，要求媒体不得为牟取自身利益，炒作新闻，必须将真实的食品信息公之于社会。

4. 形成了从中央到地方，各级分工明确的信息披露制度

由于食品安全信息的公共物品特性，使得其无法从市场实现有效供给，只能由政府供给。在对食品安全信息披露上，美国主要是由农业部、卫生和公共事业部、环境保护署对其进行监管。其中，农业部主要负责肉类、家禽、蛋类加工及相关产品的监管；卫生和公共事业部负责监管其他食品、瓶装水以及酒精含量低于 7 的葡萄酒饮料；环境保护署则监管饮用水和杀虫剂。此外，商业部、财政部、联邦贸易委员会都对食品安全进行不同程度的监管。正是由于多部门共同监管、披露，才特别强调各机构间的协调和配合，以及监管范围和职责权限，联邦政府和地方各州政府各司其职、分工明确。

5. 加强信息的交流和传播

美国特别强调风险信息交流和传播：首先，食品安全信息的及时发布和传播可以避免公众受到不必要的食品危害。当有食品安全事件突发时，政府通过媒体网络及时发布食品卫生情况通告，把紧急食品安全事件告知社会公众，并通过信息分享机制告知地区组织、其他国家和国际组织，使消费者能及时预知并有所防备。其次，风险信息交流可以提高食品安全风险管理的效率，管理部门风险分析程序向社会公众公开并接受意见。

6. 重视信息反馈

通过信息反馈可以收集食品安全信息，及时了解食品安全动态，同时在信息反馈过程中强化公众参与热情，有利于提高公众主人翁意识。公众的参与有利于食品安全管理的科学民主发展，保证信息的提供能符合需求。其主要方式有：

（1）在线提问。设立开放式的平台，以便公众在线提出问题，并从平台上获取信息。消费者可以自助在平台上找寻自身关切的问题，并获取答案。政府通过归类整合信息也可以从平台获取公众最关心的热点，以便在开展工作时更具有针对性，加强对关注度较高问题的解答和披露。

（2）免费热线。美国农业部、食品和药品监督管理局都设有对公众免费的热线电话，满足公众即时获取食品安全信息的需求，通过对公众的免费解答，提升公众满意度。

（3）调查与评估。通过调查问卷的方式了解公众的需求，以及对信息披露的建议，根据调查给予评价，并公布报道评价结果。

（二）欧盟化解食品安全信息障碍的经验借鉴

20 世纪 90 年代欧洲暴发疯牛病、禽流感等疫情，使得欧盟各国经济遭受巨大损失，同时也暴露出欧盟原有食品法规和体制存在的缺陷，摧毁了公众对其的信任。为此，经过近 20 年的努力，欧盟在完善相关法律法规的基础上还在食品安全领域逐步建立起食品追溯制度、快速预警系统、风险评估系统等来保障国民的食品安全。

1. 较为完善的食品安全法规体系

欧盟委员会 1997 年发布的《食品法律绿皮书》建立了欧盟食品安全法规体系的基本框架。在 2000 年 1 月 12 日发表的《食品安全白皮书》中提出，食品安全应采用从农田到餐桌的综合管理指导原则，该法规是欧盟新食品政策的基础。同时，由于欧盟诸国政府间的特殊关系，使得其法规体系错综复杂，各成员国在欧盟食品安全的法律框架下根据自身情况制定了各自的法规框架。目前欧盟已制定了 13 类 173 个有关食品安全的法规标准，并在不断完善中，其中食品质量安全方面的主要法律有《通用食品法》、《食品卫生法》、《添加剂、调料、包装和放射性食物的法规》等。

2. 建立食品安全信息可追溯制度

食品安全信息可追溯制度建立于 1991 年，该制度是通过一个法律框架向消费者提供足够多的产品标识信息，并在生产环节对产品建立有效的验证和注册体系，当食品安全问题发生时，管制机关可以通过电脑记录查到食品来源。该制度的确立对保护消费者至关重要，它可以确定饲料和食品的源头，在一些由特殊食品和饲料引起的食品安全问题中更能凸显它的重要性。

3. 建立食品安全信息标签制度

1979 年，欧盟有关标签的立法规定，共同标签要求适用于所有的食品种类，并且包括所有标签都必须具备的信息，比如名称、成分、使用期限等，标签的立法框架被多次修改，但它仍保持一些基本原则，即保证食品标签上标注的信息是合法的，且能被消费者理解，而不是误导消费者。对消费者而言，可信的食品安全信息标注使他们能在知情的情况下根据营养需求等作出选择。

4. 注重利益相关者信息反馈及建议

2005 年欧洲食品安全局通过设立利益相关者咨询平台（此平台可以从利益相关者手中获得最直接、最有效的第一手资料，同时还可以加强自身服务，努力规范提供相关食品安全信息）、建设利益相关者参与制度和举行公开听证会等措施加强信息沟通。研究表明，通过利益相关者的参与，可以为政策制定提供更多信息，进而向公众提供正确的信息，提高在公众心中控制食品安全事件的威信。

（三）日本化解食品安全信息障碍的经验借鉴

近年来，日本国内也多次发生了如牛奶中毒等严重食品安全事件，日本在充分吸收各国先进经验的基础上对其国内的食品安全管理体系进行了根本性的调整与改善，将过去侧重于“市场到销售”的管理扩大到“农场到餐桌”的全过程管理。具体措施有：

1. 完善和健全的法律是食品安全信息公开的有效保障

日本为了使政策充分反映国民的意见要求，在《食品安全基本法》中规定，制定食品安全政策时，为保证制定过程的公正透明性，可以采取促进提供与政策相关信息的措施，促进相关人员和单位间信息和意见的交换①。这就使得政府需秉承公开与参与的原则制定食品安全政策、调查食品安全事故、公布食品安全信息，同时广泛听取、征求国民意见和建议。

① 参见日本《食品安全基本法》第 13 条。

2. 建立健全食品安全信息公开制度

针对食品安全市场中存在的信息障碍问题，对信息进行公开是一项必要选择，它使得信息公开透明，保障了社会公众的知情权，并为其共同参与提供了必要条件。在日本的食品市场中有大量“看得见的产品”，即产品包装袋上的方形二维码，消费者只要通过手机打开读码器即可获得该产品的所有信息。这些信息具体到食品的原产地，以及生产者的姓名和照片等，还有在食品生产加工过程中所使用的各种工具及食品添加剂等信息。为此可以总结出食品安全信息公开制度，它应该包括企业的相关信息，并将其向社会公开，同时消费者应积极参与其中，积极参加企业或者政府召开的座谈会，反馈食品信息；此外，政府机关应加强对信息的收集工作，可以通过设立各式信息沟通窗口，在接纳信息的同时也公布信息。在实践中，还应强调社会媒体的信息公开作用，联合社会媒体，通过在相关报刊和网络中对消费者进行问卷调查或者开辟消费者专栏等形式了解和公布食品安全信息。对国家机关来说，还可以设立消费者接待日，以便及时了解消费者需求和接待投诉，在相关传媒上公布保护消费者权益的法律、法规条文和政策草案，尽可能多地征求消费者意见并在制定相关政策法规时对这些意见进行充分反映。

3. 导入食品安全信息可追踪系统

为了向消费者提供食品的履历信息，日本通过导入食品信息可追踪系统，同时完善和建立食品安全生产供应体系，以确保在食品安全事件发生时能收回产品。从 2001 年开始，日本政府将全面信息可追踪系统应用在肉牛生产供应体系中，以保证消费者可以通过店铺终端服务，或通过互联网输入包装上的相关信息来获取他们所购买食品的所有信息，这些信息包括肉牛从农场到零售点的整个过程，并强制性要求肉牛业实施此可追溯系统。

4. 积极鼓励消费者参与

在食品安全事件中，消费者和企业经营者是直接的利益关系人，企业往往以牺牲消费者健康为代价来获取额外利润，但在民法中，消费者和企业都是平等主体，享有共同的责任和义务。但现实中却是消费者往往势单力薄，难以与规模庞大、实力雄厚的企业讨价议价，只能处于被动接受其产品的地位，形成了明显的“卖方市场”，在这种情况下消费者几乎很难获取企业的食品安全信息，甚至在发生食品安全侵害事件时难以维护自身合法权益。此时，成立代表消费者利益的社会团体就成为必然，一旦发生消费者食品安全受损事件，该社会团体就会站在消费者立场做出反应，做消费者的强大后盾并给予支持和声援。在食品安全领域，消费者可以通过以下几方面维护自己的权益：积极参与食品安全管理，检查监督食品企业，在发现触犯消费者权益问题时，应主动积极向政府监督部门反映，督促其受理投诉并进行调查，一旦发现即给予惩处；如果需要给出食品质量安全的鉴定，则还需提请鉴定部门鉴定；同时通过社会媒体揭露、批评侵害消费者合法权益的行为。

5. 加强对消费者的教育和宣传

任何一次食品安全事件都会给公众带来身体或心理方面的创伤。因此，多数情况下公众会对政府产生抱怨，尽管这种抱怨有时有失偏颇。在这种情况下国家难以获得真实的民意，因此，政府部门要将食品安全信息及时向公众全面公开，并给出合理解释，让公众对事故产生的原因有客观的认识，并对政府事后的补救措施予以理解，从而消解公众的怨言。

七、中国食品安全信息障碍化解路径探索

只有实现食品安全信息的透明性，建立完善的食品安全信息发布体系，才能最终解决中国食品安全中存在的信息障碍问题。信息优势方把信息发送出去是解决信息障碍的一种有效途径，或者劣势方尽可能地获取对手方信息。因此食品安全信息发布体系需要企业、社会公众和政府多方的共同努力，以收集和发布有关食品安全的信息，提供各种激励机制，从而改善食品质量。通过上述分析，我们可以从以下三个角度对我国的食品安全信息障碍化解路径提出相关建议：

（一）企业角度：建立食品安全信息公开公示制度

建设社会主义和谐社会，要求给予公众对食品安全信息足够的知悉权。保障公众信息权益，应该从立法、司法、行政和教育等途径多方保障公众权利。要充分保障公众的信息权利，并通过相关的立法、司法、行政和教育等多种途径进行保障，使食品行业能健康有序发展，食品生产厂家、销售商和消费者和谐相处，同时也有利于社会稳定，改善民生，使人民真正享受经济发展带来的福利。建设

符合我国国情的食品安全信用体系的措施有：

1. 完善企业信息公开激励制度

根据制度经济学理论，好制度可以使坏人变好，坏制度可以使好人变坏。从制度选择来看，可借助市场的作用来激励企业控制食品安全，公开其食品安全信息。首先可以通过认证、声誉以及标签制度带来需求的增加，或通过公共政策激励使得企业认识到公开本企业产品信息可以在市场竞争中占据优势，从而更好地控制食品安全。同时还可以强制实施承担赔偿金的责任，或对过程、产品质量的直接管制。

2. 建立完善的信息沟通和报告体系

在生产经营过程中，加快信息的传播可以使社会成员之间进行有效沟通，使个体信息成为公共信息，从而改善信息不对称的不良后果。企业间可以通过自己内部的信息平台以及新闻媒体平台向公众公开其产品的相关信息，而发达的通信技术和有效的信息传递机制将对信息障碍的改善起到很好的作用。

3. 建立有效的食品安全信息公开系统

及时公布食品市场监测信息，对不合格食品进行通告，利用现代化的传媒发布检测信息。完善食品企业信用记录，使消费者在购买食品时有据可依，指导消费，提供安全食品消费指南。规范食品安全信息公开也可以有效避免纷杂的信息误导消费者，或者避免接收欺诈信息引起不必要的恐慌。从长远来看，规范诚实的企业获得良好的声誉，这对有不良行为的企业也是一种鞭策，以促使其提高食品安全的自觉性。

4. 企业应加强与政府的沟通协作

企业在与政府沟通后，可以将信息传递给政府，使政府在完善或制定制度时有据可依，同时通过企业自律来加强企业内部管理。根据消费者的需求不断完善企业内部管理制度，认真对待消费者的信息反馈，加强与消费者交流。比如三鹿奶粉中的三聚氰胺致婴儿死亡事件，在事情披露之前十个月就有消费者向三鹿集团反映其奶粉存在质量安全问题，三鹿集团不仅没有重视消费者的信息反馈，检测投诉产品的质量，反而隐瞒奶粉质量信息，向检测机构隐瞒毒奶来源，事情败露后最终落得身败名裂。

5. 企业应提升自我信息公开意识

及时利用公众媒体向社会无偿提供如政策法规、安全标准、市场状况等信息，加强与消费者沟通，加强彼此互信。

（二）社会角度：全面监督食品安全信息的披露

民以食为天，安全是食品消费的最低要求，也是食品消费的最高要求。要解决好食品安全问题，除了依靠企业自身披露产品信息外还需要社会公众的积极参与。在市场经济条件下，社会监督发挥着越来越重要的作用，其影响范围也越来越广，是食品安全信息透明化中的中坚力量。社会监督越来越多的社会责任也要求其对食品安全信息高度关注。

1. 完善相关规章制度建设，健全社会监督机制

“事实证明，由秩序到混乱是一种自然规律，反过来，由混乱到秩序并不是一种自然规律，它一定要经过艰难的理性努力才能达到”①。就目前而言我国社会监督处于刚刚起步阶段，还不够发达，还有很多工作需要完善。加强社会监督的规范化和制度化建设，首先应该明确社会监督的方式、性质和主体，确保监督有据可依，有法可循；其次应该将公众、媒体、社会团体等监督力量有机结合，形成统一的监督力量；再次社会监督还应该与我国国家监管形成对接，将人大代表和政协委员的暗访调查情况进行汇总分析，获得更多的监管渠道；最后还可以建立有奖举报，对有价值的举报进行奖励表彰，以鼓励社会公众对食品安全实行监督。

2. 确保食品安全信息公开，提高监督行为的透明度

没有食品安全信息的公开，没有政府监管行为的透明化，一切社会监督无从谈起。透明化的高低程度标志着社会监督能否真正地实现，政府监管行为的透明化也是满足人民群众知情权的基本要求。政府及食品安全监管部门要加快电子政务建设，建立食品安全信息公开网站，推进公共服务信息化，建立符合本地、本部门实际的信息公开制度，及时、准确地发布信息，为社会监督创造便利条件。另外，政府可以建立食品违法信息公开制度，曝光违法违规企业黑名单。

3. 让社会大众参与到监督中，发挥“社会执法员”的作用

随着经济的发展，食品安全问题也变得多维化和社会化，必然要求社会监督体系也要相应发展，满足监督需求。目前主要包括四大类：

（1）公众监督。公众监督主要是指公民通过批评、建议、检举、揭发、申诉、控告等基本方式对食品卫生进行监督。人大代表及政协委员等都可以成为政

---

① 余秋雨．千年文化［M］．北京：中国盲文出版社，2007：78.

府及食品监管部门的社会监督员，他们可以采取明察暗访的形式，对社会公众、服务对象所反映的热点、难点问题定期进行监督检查，并整理监督检查的结果，上报给政府及食品监管部门，督促政府及食品监管部门解决相关问题。

（2）社会团体监督。社会团体监督主要指各种社会组织和利益集团对食品安全现状的监督。社会团体主要由消费者协会、工会、共青团和妇联会等。政府及食品监管部门应加强与这些社会团体的沟通与协调，确保其在食品安全方面的知情权、参与权和监督权，使其成为社会监督的急先锋。政府应该支持社会团体的发展，在资金上给予支持，确保社会团体的正常运转，对社会团体举行的各项公益活动应给予便利和支持。

（3）消费者监督。消费者通过消费过程中的直观感受发现其消费产品的质量问题及乱添加行为，消费者监督需要广大消费者的积极参与，具有广泛性、基础性和直观性等特点。消费者针对生产与销售企业的违法经营行为可以采用多种形式捍卫自身权益，首先可以向有关监管部门申诉、举报，配合监管部门查处；其次可以向媒体或者消费者团体求助，利用消费者团体的力量维护自身利益；最后可向公检法等司法机关控诉，利用法律武器来捍卫自己的权利，打击违法事件。政府食品安全监管部门应该拓宽消费者信息反馈渠道，定期收集消费者的意见、要求，设置消费者评议表、反馈表、意见箱、举报电话等，确保消费者权益受到侵害事件投诉有门。还可以建立消费者权益保护机制，为消费者提供充分的食品安全信息，提高消费者维护自身权益的信心，促使消费者积极有效地参与社会监管。

（4）媒体监督。媒体监督也就是利用各种新闻媒体对食品安全问题进行监督，它体现了媒体人关注民生、服务民生的社会责任感。媒体监督作为最主要的社会舆论监督主体，具备时效性强、传播范围广和社会影响强烈等特点。“舆论监督通过赞扬、建议、批评等形式实现监督，而主要的形式是批评，因为批评比建议比赞扬更容易引起广泛关注。但监督并不意味就是批评，而是对监督对象进行查看，通过议论形成一种外部督促，使其在法律范围内行事，对社会和人民有益。”组建食品安全监督平台应联合电视、电台、报纸、网络等新闻媒体，通过定期发布食品安全信息或举行食品安全宣传讲座等形式，充分发挥新闻的督导作用。目前，世界各国基本都建立了相关的媒体监督机制，如“欧盟网络热线”，英国的“网络监察基金会”、韩国的“违法和有害信息报告中心”等。

（三）政府角度：搭建食品安全信息共享平台

食品安全信息从经济学分析是公共品，公共品是集体拥有、共同消费，具有不可分割性、非排他性和非竞争性，政府是食品安全信息的提供主体。由政府构建食品安全信息平台，从全社会范围而言有利于降低整体的成本。政府由于其拥有政府信誉和行政强制手段，具备优良的信息收集条件，保证食品安全信息的低成本收集和传递。政府搭建好食品安全信息共享平台、实现食品安全信息有效共享的关键在于：

1. 完善标准体系和法律法规体系的建设

法律法规体系和食品安全标准的制定应该涵盖食品产业链的整个过程，同时要与时俱进。可以效仿美国、日本等发达国家建立食品质量分级制度，根据质量分级制度标准设立质量监督检查机构。食品经过严格的质量分级划分后，通过标识将产品信息真实透明地传递给消费者，为消费者提供低成本的食品安全信息的获取途径。

2. 建立食品安全信用体系

建立食品安全信用体系能够有效改善信息不对称现象。食品安全体系主要由两部分组成：一是建立数字化食品安全信息系统，公布食品检测信息和记录食品企业信用信息；二是完善食品包装标识体系，明确的标识能将高信用的产品和低劣的产品区分开来，有利于消费者选购①。

3. 加强信息供给，确保消费者的知情权

在省、市、县各级成立食品安全信息机构，机构内部形成一批具有食品信息网络管理、日常监管、信息采编能力的专业化队伍。食品信息安全机构提供食品安全信息的日常监管、信息发布、投诉受理、分析统计等服务，以数字化管理，实现不同部门的信息整合，构建完备的食品安全信息中心数据库。同时，通过信息披露克服生产者、经营厂商与消费者间的信息障碍，以减少生产者、经营厂商的“道德败坏”行为；通过推动追踪信息系统的建立，使消费者能低成本获取食品品质信息。

4. 优化政府安全监管信息平台

政府安全监管部门应进行定期或者不定期的质量抽检，有效整合各部门信

① 廖卫东，熊咪．食品公共安全信息障碍与化解路径［J］．江西农业大学学报（社会科学版），2009（3）：81－85.

息，实现各部门信息业务联动。及时有效地披露原料品种、品质、储备、调运、保管信息，公布农药残留、兽药残留超标检测值，同时加强生产加工企业的基本情况和日常经营管理情况，加强食品厂家的卫生监管，实现产业链条的全程监管报道。及时公布信息检测结果、检测黑名单及不合格需退出市场的食品，鼓励合法经营，表彰名优食品，提供名优企业名单。通过及时有效的公布，能使消费者及时获取食品安全信息，也让合法经营者带来示范效益，并带来更好的收益，用市场行为鼓励合法安全生产，逐步形成一种良性循环，确保监管的高效运行。

5. 加强食品行业协会的专业信息供给平台建设

就我国目前食品质量检测现状而言，主要是通过科学信息技术进行检测实现。食品行业协会旨在建立一个内部竞争机制，保障食品行业的信息安全。首先，行业协会具有其先天专业优势，利用食品专业知识制定好行业规范，构建好质量标准体系，具体统一规范产品检测的方法，保证行业会员的正常竞争，在行业内形成自律和合作博弈，最终实现共赢。其次，加强行业协会的服务意识，向企业会员提供服务，实现协会内部信息共享。利用好信息平台，及时向会员企业提供国内外市场分析报告，对于食品行业的供给状况、价格起伏、技术革新、产品结构及贸易壁垒等市场情况进行研究，提升成员企业的竞争力。

6. 丰富食品信息披露方式，满足不同层次消费者的需求

规范媒体的信息行为，充分发挥媒体信息披露在传播过程中的放大效应。同时面向信息用户，提供有针对性的个性化服务，以实现“用户需要什么就提供什么”。

八、结论

食品安全问题在一定程度上是由食品安全信息障碍导致的，而食品安全是事关人民的头等大事，也是事关国家经济利益和安全的大事。由此可见要很好地保障食品安全，就必须化解食品安全信息障碍。根据对食品安全市场中各参与者进行的博弈模型分析，并结合实际情况，可以发现中国食品安全信息障碍存在的问题：首先，在食品安全市场中，食品安全信息的公共物品属性和不对称性使得消

费者处于弱势地位，而作为经济人的企业则会选择不公开其产品信息，以降低成本。其次，社会大众在对信息的掌握中处于被动地位，很难掌握到足够的食品安全信息，也就无法很好地实施监督。最后，我国食品市场是比较分散化的生产销售，具有环节多、加工链条长和过程繁杂等特点。这就给政府监管带来了难题，由于各部门之间信息沟通较少，各施其政，很难从全局进行统筹监管，同时我国还缺乏一个很好的信息共享平台来及时分享和获取食品安全信息。在借鉴美国、欧盟和日本的相关经验措施后，基本得出了我国食品安全信息障碍化解路径。对于企业而言，通过各种激励制度以及和政府、消费者等的有效沟通来达到重视其生产的食品安全问题并公开其生产的食品安全信息。对于社会而言，应加强对企业的全面监督，拓宽监督渠道，及时共享信息资源和披露相关企业食品安全信息，以使得公众及时了解相关食品安全信息。对于政府而言，政府作为食品安全信息披露和监督的主要力量，可以通过完善相关法律法规、建立食品安全信用体系、扩展形式多样的信息披露方式等措施以搭建食品安全信息共享平台。通过以上三方对食品安全信息披露的协调配合，能更好地化解食品安全信息障碍，促进中国食品安全市场的进一步发展和繁荣，促进我国食品对外贸易的发展，促进社会主义经济的发展。

附　录

附录 A

根据相关假设，刻画地方政府行为目标函数（地方政府从食品企业销售量扩大而得到的税收、就业等收益最大化）：

$$\max_{(\alpha,\beta,\sigma,R_A)} \alpha p(q\Delta e+\bar{\sigma}\Delta s)$$

$$\text{s. t. } p(q\Delta e+\bar{\sigma}\Delta s)+R_A+\delta R_i-(1-\delta)\beta F_A\leqslant\rho R_i-(1-\rho)\beta F_A(\text{AIC})$$

$$\alpha p(q\Delta e+\bar{\sigma}\Delta s)+\delta R_s-(1-\delta)(1-\beta)F_A\leqslant\rho R_s-(1-\rho)(1-\beta)F_A(\text{SIC})$$

$$-p(q\Delta e+\sigma\Delta s)+R_A\leqslant-\beta F_A(\text{ALL})$$

$$-\alpha p(q\Delta e+\bar{\sigma}\Delta s)\leqslant-(1-\beta)F_A(\text{SLL})$$

$$\alpha,\ \beta,\ \sigma,\ F_A\geqslant 0$$

根据相关假设，α，β，σ，F_A 都不能取 0 值，即 α，β，σ，$F_A>0$，根据库恩—塔克条件，可得：

$$\frac{\partial L}{\partial\alpha}=1-\lambda_2+\lambda_4=0 \tag{A1}$$

$$\frac{\partial L}{\partial\beta}=\lambda_1(\rho-\delta)-\lambda_2(\rho-\delta)-\lambda_3+\lambda_4=0 \tag{A2}$$

$$\frac{\partial L}{\partial\sigma}=A\Delta s-\lambda_1\Delta s-\lambda_2 a\Delta s+\lambda_3\Delta s+\alpha\lambda_4\Delta s=0 \tag{A3}$$

（Δs 可能等于 0，所以消元）

$$\frac{\partial L}{\partial A} = -\lambda_1 + \lambda_3 = 0 \tag{A4}$$

其中，$\rho > \delta$。讨论拉格朗日因子 λ_1，λ_2，λ_3，λ_4 的符号：

根据库恩—塔克条件，以及 $\lambda_i > 0$，$i = 1, 2, 3, 4$。

由式（A1）可以判断：$\lambda_2 \geqslant 1$，即 $\lambda_2 > 0$。

假设 $\lambda_4 = 0$ 则，$\lambda_2 = 1 + \lambda_4 = 1$。

进而可以由式（A2）和式（A4）得到：

$$\lambda_1(\rho - \delta) - (\rho - \delta) - \lambda_1 = 0 \tag{A5}$$

解得 $\lambda_1 = \frac{\rho - \delta}{\rho - \delta - 1} < 0$。这与库恩—塔克条件 $\lambda_i > 0$，$i = 1, 2, 3, 4$ 不符，可以排除 $\lambda_4 = 0$，所以 $\lambda_4 > 0$。

接下来假设 $\lambda_1 = 0$，进而 $\lambda_3 = 0$。

因为 $\lambda_1 = \lambda_3 = 0$，$\lambda_2 > 0$，$\lambda_4 > 0$ 以及库恩—塔克条件，约束条件可以表达为：

$$p(q\Delta e + \bar{\sigma}\Delta s) + R_A + \delta R_i - (1 - \delta)\beta F_A < \rho R_i - (1 - \rho)\beta F_A \tag{A6}$$

$$ap(q\Delta e + \bar{\sigma}\Delta s) + \delta R_s - (1 - \delta)(1 - \beta)F_A = \rho R_s - (1 - \rho)(1 - \beta)F_A \tag{A7}$$

$$p(q\Delta e + \bar{\sigma}\Delta s) + R_A > \beta F_A \tag{A8}$$

$$ap(q\Delta e + \bar{\sigma}\Delta s) = (1 - \beta)F_A \tag{A9}$$

由式（A6）和式（A8）可以得到：

$$\beta F_A < p(q\Delta e + \bar{\sigma}\Delta s) + R_A < (\rho - \delta)R_i + (\rho - \delta)\beta F_A$$

整理得：

$$F_A < \frac{(\rho - \delta)}{\beta}R_i + (\rho - \delta)F_A \tag{A10}$$

由式（A7）和式（A9）得到：

$$F_A = \frac{(\rho - \delta)}{1 - \beta}R_i + (\rho - \delta)F_A \tag{A11}$$

由式（A10）与式（A11）可以得到：

$$F_A < \frac{(\rho - \delta)}{\beta}R_i + (\rho - \delta)F_A$$

$$\frac{R_i}{R_s} > \frac{\beta}{1 - \beta}$$

这与模型中的重要假设 $\frac{R_i}{R_s} \leqslant \frac{\beta}{1 - \beta}$ 矛盾，所以可以判断 $\lambda_1 = \lambda_3 = 0$ 成立。

由于 $\lambda_i > 0$，$i=1$，2，3，4，根据库恩—塔克条件，可以判定：所有约束条件只能取等号。因此有：

$p(q\Delta e + \bar{\sigma}\Delta s) + R_A = (\rho - \delta)R_i + (\rho - \delta)\beta F_A$

$ap(q\Delta e + \bar{\sigma}\Delta s) = (\rho - \delta)R_s + (\rho - \delta)(1 - \beta)F_A$

$p(q\Delta e + \bar{\sigma}\Delta s) + R_A = \beta F_A$

$ap(q\Delta e + \bar{\sigma}\Delta s) = (1 - \beta)F_A$

解上述方程组，可以得到命题 1。

附录 B

容易得到，此时企业的目标函数为：

$\max\limits_{(s)}[qe(\bar{s}) + \bar{\sigma}\bar{s}]$

一阶条件为：

$qe'(\bar{s}) + \bar{\sigma} = 0$

可以得到：$\bar{\sigma} = -qe'(\bar{s})$

证毕。

附录 C

当规制水平等于$\bar{s}'(\bar{s}' < \bar{s})$时，仍然满足最优合约的约束要求，因此按照命题 1 的证明方法，可以得到与命题 1 相似的结论，但

$\bar{\sigma}' = -qe'(\bar{s}')$

$q(\bar{s}') = q[e(\bar{s}') - e'(\bar{s}')\bar{s}']$

假设：$F(s) = e(s) - e'(s)s$，求导得：

$F'(s) = -e''(s)s$

由 $e''(s) > 0$ 可以得到 $F'(s) < 0$。因此可以判断 F(s)是减函数，进一步可以判定 q(s)为减函数。

可得 $q(\bar{s}) < q(\bar{s}')$。

证毕。

附录 D

当地方政府选择低水平食品安全规制时，由责任分担约束（ALL）可以得到：

$$\bar{\sigma} < \frac{\beta F_A - R_A}{\Delta s} - qe'(s)$$

由附录 C 和 $\Delta s < 0$，可以得到：

$$\frac{\beta F_A - R_A}{\Delta_S} > 0$$

进一步得到：

$$-qe'(s) \leqslant \bar{\sigma} < \frac{\beta F_A - R_A}{\Delta_S} - qe'(s)$$

将 $\bar{\sigma}$ 代入生产函数和地方政府的目标函数，可以得到：

$$q \in \left\{ q[e(\underline{s}) - e'(\underline{s})\underline{s}],\ q[e(\underline{s}) - e'(\underline{s})\bar{s}] + \frac{\beta F_A - R_A}{\Delta_S}\underline{s} \right\}$$

证毕。

附录 E

地方政府的目标函数变为：

$$\max_{(a,\beta,m')} (a\psi - m)$$

$$\text{s.t. } \psi + R_A + \delta R_i - (1-\delta)(1-v)m' \leqslant \rho R_i - (1-\rho)\beta F_A \tag{E1}$$

$$a\psi - m + \delta R_s - (1-\delta)m' \leqslant \rho R_s - (1-\rho)(1-\beta)F_A \tag{E2}$$

$$\delta R_i - (1-\delta)(1-v)m' \leqslant \delta R_s - (1-\delta)vm' \tag{E3}$$

根据目标函数和约束条件，构建拉格朗日方程，得：

$$\begin{aligned} L = a\psi - m + \lambda_1\{\rho R_i - (1-\rho)\beta F_A - [\psi + R_A + \delta R_i - (1-\delta)(1-v)m']\} + \\ \lambda_2\{\rho R_s - (1-\rho)(1-\beta)F_A - [a\psi - m + \delta R_s - (1-\delta)vm']\} + \\ \lambda_3\{\delta R_s - (1-\delta)vm' - [\delta R_i - (1-\delta)(1-v)m']\} \end{aligned}$$

一阶条件为：

$$\frac{\partial L}{\partial a} = 1 - \lambda_2 = 0 \tag{E4}$$

$$\frac{\partial L}{\partial \beta} = -\lambda_1(1-\rho) + \lambda_2(1-\rho) = 0 \tag{E5}$$

$$\frac{\partial L}{\partial m'} = -\lambda_1(1-v) + \lambda_2 v + \lambda_3(1-2v) = 0 \tag{E6}$$

容易得到：$\lambda_2 = 1$，代入式（E5）、式（E6），可得：

$$\lambda_1 = 1 \tag{E7}$$

$$\lambda_3 = \frac{1}{2v-1} \tag{E8}$$

由 $v \in \left(\frac{1}{2}, 1\right]$ 可得：$\lambda_i > 0$，$i = 1, 2, 3$，分别代入，得方程组：

$$\psi + R_A + \delta R_i - (1-\delta)(1-v)m' = \rho R_i - (1-\rho)\beta F_A \tag{E9}$$

$$\alpha\psi - m + \delta R_s - (1-\delta)vm' = \rho R_s - (1-\rho)(1-\beta)F_A \tag{E10}$$

$$\delta R_i - (1-\delta)(1-v)m' = \delta R_s - (1-\delta)vm' \tag{E11}$$

解方程组，得：

$$\beta = \left[(\rho - \delta) R_i - R_A - \psi + \frac{(1 - v)(R_s - R_i)\delta}{2v - 1} \right] \frac{1}{F_A(1 - \rho)}$$

$$a = \frac{(\rho - \delta)(R_s + R_i)(2v - 1) + \delta(R_s - R_i) - (1 - \rho)F_A(2v - 1) + (m - R_A)(2v - 1) - \psi}{\psi}$$

$$m' = \frac{\delta(R_s - R_i)}{(1 - \delta)(2v - 1)}$$

证毕。

参考文献

[1] 阿维纳什·迪克西特，苏珊·斯克丝，戴维·赖利．策略博弈［M］．北京：中国人民大学出版社，2012.

[2] 埃里克·弗鲁博顿，鲁道夫·芮切特．新制度经济学——一个交易费用分析范式［M］．上海：上海三联书店，上海人民出版社，2006.

[3] 埃里克·布鲁索，让·米歇尔·格拉尚．契约经济学：理论和应用［M］．王秋石，李国民，李胜兰等译校．北京：中国人民大学出版社，2011.

[4] B. 盖伊·彼得斯．政府未来的治理模式［M］．北京：中国人民大学出版社，2001.

[5] 白少君．企业伦理对员工行为的影响机制研究［D］．西北大学博士学位论文，2012.

[6] 鲍长生．食品安全政策规制失灵的原因与对策探讨［J］．价格理论与实践，2009（2）：75－76.

[7] 布坎南．伦理学、效率与市场［M］．北京：中国社会科学出版社，1991

[8] 蔡洪滨，张琥，严旭阳．中国企业信誉丧失的理论分析［J］．经济研究，2006（9）：85－93，102.

[9] 陈长石．地方政府激励与安全规制波动［D］．东北财经大学博士学位论文，2012.

[10] 陈长石，刘晨晖．基于规制波动视角的乳制品行业安全标准研究［J］．东北财经大学学报，2013（2）：20－26.

[11] 陈富良．规制政策分析——规制均衡的视角［M］．北京：中国社会科学出版社，2007.

[12] 陈富良．利益集团博弈与管制均衡［J］．当代财经，2004（1）：22－28.

[13] 陈富良，王林．网络规制背景的网络中立及互联网产业链变革 [J]．改革，2013 (2)：37－45.

[14] 陈富良，王光新．政府规制中的多重委托代理与道德风险 [J]．财贸经济，2004 (12)：35－39.

[15] 崔焕金，李中东．食品安全治理的制度、模式与效率：一个分析框架 [J]．改革，2013 (2)：133－141.

[16] 杜传忠．政府规制俘获理论的最新发展 [J]．经济学动态，2005 (11)：72－76.

[17] 戴维·L. 韦默．制度设计 [M]．费方域，朱宝钦译．上海：上海财经大学出版社，2004.

[18] 丹尼尔·W. 布罗姆利．经济利益与经济制度：公共政策的理论基础 [M]．上海：格致出版社，三联出版社，上海人民出版社，2012.

[19] 丹尼斯·C. 穆勒．公共选择理论 [M]．北京：中国社会科学出版社，1999.

[20] 埃莉诺·奥斯特罗姆．公共资源的未来：超越市场失灵和政府管制 [M]．北京：中国人民大学出版社，2015.

[21] 埃莉诺·奥斯特罗姆．公共事务的治理之道：集体制度的演进 [M]．上海：上海译文出版社，2012.

[22] 樊晓娇．自主治理与制度分析理论的进化——埃莉诺·奥斯特罗姆学术思想发展的逻辑轨迹 [J]．电子科技大学学报，2012 (1)：7－14.

[23] 龚天平，窦有菊．西方企业伦理与经济绩效关系的研究进展 [J]．国外社会科学，2007 (6)：36－42.

[24] 樊慧玲，李军超．嵌套性规则体系下的合作治理——政府社会性规制与企业社会责任契合的新视角 [J]．天津社会科学，2010 (6)：91－94.

[25] 方福前．公共选择理论——政治的经济学 [M]．北京：中国人民大学出版社，2000.

[26] 康芒斯．制度经济学 [M]．上海：商务印书馆，1962.

[27] 龚强，张一林，余建宁．激励、信息与食品安全规制 [J]．经济研究，2013 (3)：135－147.

[28] 科斯，阿尔钦等．财产权利与制度变迁——产权学派与新制度学派译文集 [C]．上海：上海三联书店出版社，1991.

［29］李万新．中国的环境监管与治理——理念、承诺、能力和赋权［J］．公共行政评论，2008（5）：102－144.

［30］齐文浩．食品安全信息规制矫正机制新路径［J］．财经问题研究，2015（3）：39－45.

［31］齐文浩．中国食品安全规制主体行为与规制有效性研究［D］．吉林大学博士学位论文，2015.

［32］鄞益奋．网络治理公共管理的新框架［J］．公共管理学报，2007（1）：89－96＋126.

［33］全世文，曾寅初．食品安全：消费者的标识选择与自我保护行为［J］．中国人口·资源与环境，2014，24（4）：77－85.

［34］廖卫东，时洪洋．日本食品公共安全规制的制度分析［J］．当代财经，2008（5）：90－94.

［35］廖卫东，肖可生，时洪洋．论我国食品公共安全规制的制度建设［J］．当代财经，2009（11）：93－98.

［36］廖卫东等．食品公共安全规制：制度与政策研究［M］．北京：经济管理出版社，2011.

［37］廖卫东，何笑．我国食品公共安全规制体系的政策取向［J］．中国行政管理，2011（10）：20－24.

［38］经济合作与发展组织．OECD 国家的监管政策：从干预主义到监管治理［M］．陈伟译．北京：法律出版社，2006.

［39］李怀，赵万里．制度设计应遵循的原则和基本要求［J］．经济学家，2010（4）：54－60.

［40］李怀，赵万里．中国食品安全规制问题及规制政策转变研究［J］．首都经济贸易大学学报，2010（2）：23－29.

［41］李光德．经济转型期中国食品药品安全的社会性管制研究［M］．北京：经济科学出版社，2008.

［42］李丽，王传斌．规制效果与我国食品安全规制制度创新［J］．中国卫生事业管理，2009（5）：326－328.

［43］李军林，姚东旻，李三希．分头监管还是合并监管：食品安全中的组织经济学［J］．世界经济，2014（10）.

［44］刘超．管制、互动与环境污染第三方治理［J］．中国人口·资源与环

境，2015（2）：96－103.

［45］刘鹏．中国食品安全监管——基于体制变迁与绩效评估的实证研究［J］. 公共管理学报，2010（2）：63－78.

［46］刘呈庆，孙曰瑶，龙文军等．竞争、管理与规制：乳制品企业三聚氰胺污染影响因素的实证分析［J］. 管理世界，2009（12）：67－78.

［47］卢现祥．西方新制度经济学［M］. 北京：中国发展出版社，2003.

［48］罗伯特·C. 所罗门．伦理与卓越：商业中的合作与诚信［M］. 罗汉等译．上海：上海译文出版社，2006.

［49］罗宾·巴德，迈克尔·帕金．微观经济学原理［M］. 王秋石，李胜兰等译．北京：中国人民大学出版社，2013.

［50］罗纳德·科斯．论生产的制度结构［M］. 上海：上海人民出版社，1994.

［51］罗豪才．公共管理的崛起呼唤软法之治［N］. 法制日报，2008－12－04.

［52］吕忠梅．监管环境监管者：立法缺失与制度构建［J］. 法商研究，2009，26（5）：139－145.

［53］马尔科姆·卢瑟福．经济学中的制度：老制度主义和新制度主义［M］. 北京：中国社会科学出版社，1999.

［54］玛丽恩·内斯特尔．食品安全［M］. 北京：社会科学文献出版社，2004.

［55］迈克尔·麦金尼斯．多中心治道与发展［M］. 上海：上海三联书店，2000.

［56］莫家颖，余建宇，龚强等．集体声誉、认证制度与有机食品行业发展［J］. 浙江社会科学，2016（3）：4－17.

［57］牛少凤．食品安全治理的国际经验及其启示［J］. 中国发展观察，2014（6）：61－63

［58］聂辉华，李金波．政企合谋与经济发展［J］. 经济学（季刊），2006（1）：75－90.

［59］聂辉华．声誉、契约与组织［M］. 北京：中国人民大学出版社，2009.

［60］诺斯．经济史中的结构与变迁［M］. 北京：三联书店，1994.

［61］诺斯．制度、制度变迁与经济绩效［M］. 上海：上海三联书店，1994.

［62］O. C. 弗雷尔等．商业伦理：伦理决策与案例（第5版）［M］. 陈阳群

译. 北京：清华大学出版社，2005.

[63] 斯蒂格勒. 产业组织和政府管制 [M]. 上海：上海三联书店，上海人民出版社，1996.

[64] 斯蒂格利茨. 政府为什么干预经济——政府在市场经济中的角色 [M]. 郑秉文译. 北京：中国物资出版社，1998：45－48.

[65] 史晋川，汪晓辉，关晓露. 产品侵权下的法律制度与声誉成本权衡 [J]. 经济研究，2015 (9)：156－169.

[66] 滕世华. 公共治理理论及其引发的变革 [J]. 国家行政学院学报，2003 (1)：44－45.

[67] 泰勒尔. 产业组织理论 [M]. 李雪峰，金碚，钱家骏译. 北京：中国人民大学出版社，1997.

[68] 梯若尔，拉丰. 采购与规制中的激励理论 [M]. 上海：上海三联书店，上海人民出版社，2004.

[69] 陶善信，周应恒. 食品安全的信任机制研究 [J]. 农业经济问题，2012 (12)：93－99.

[70] 邵海鹏. 新食安法在转基因标示问题上需配套可操作规范 [N]. 第一财经日报，2015－07－21.

[71] 沈伯平. 论转轨时期中国规制性政府的构建 [J]. 经济问题探索，2006 (5)：4－8.

[72] 沈伯平，范从来. 政府还是市场：后危机时代金融规制和监管体系的重构 [J]. 江苏社会科学，2012 (5)：87－92.

[73] 沈宏亮. 中国食品安全的治理失灵及其改进路径 [J]. 现代经济探讨，2012 (2)：17－21.

[74] 孙柏瑛，李卓青. 政策网络治理：公共治理的新途径 [J]. 中国行政管理，2008 (5)：106－109.

[75] 斯蒂芬·戈德史密斯，威廉·D. 埃格斯. 网络化治理公共部门的新形态 [M]. 北京：北京大学出版社，2008.

[76] 谭珊颖. 企业食品安全自我规制机制探讨——基于实证的分析 [J]. 学术论坛，2007 (7)：90－95.

[77] 涂建明. 基于公共董事制度的食品安全问题治理机制创新 [J]. 当代经济管理，2015 (3)：55－62.

［78］汪丁丁. 新政治经济学讲义：在中国思索争议、效率与公共选择［M］. 上海：世纪出版集团，上海人民出版社，2013.

［79］汪鸿昌，肖静华，谢康等. 食品安全治理——基于信息技术与制度安排相结合的研究［J］. 中国工业经济，2013（3）：98－110.

［80］汪玉凯. 界定政府边界：汪玉凯谈政府改革［M］. 北京：中国友谊出版公司，2010.

［81］王俊豪. 英国政府管制体制改革研究［M］. 上海：上海三联书店，1998.

［82］王俊豪. 中国政府规制体制改革研究［M］. 北京：经济科学出版社，1999.

［83］王利明. 关于完善我国缺陷产品召回制度的若干问题［J］. 法学家，2008（2）：69－76.

［84］王秋石. 经济理论、经济制度与经济发展［M］. 北京：经济科学出版社，2010.

［85］王秋石. 微观经济学［M］. 北京：高等教育出版社，2011.

［86］王秋石，时洪洋. 食品安全治理改革的障碍与路径探析［J］. 当代财经，2015（8）：71－78.

［87］王若聪，郑增忍，胡永浩等. 澳大利亚的食品召回制度及特点［J］. 中国食品卫生杂志，2006（1）：61－63.

［88］王群. 奥斯特罗姆制度分析与发展框架评介［J］. 经济学动态，2010（4）：137－142.

［89］王廷惠. 微观规制理论研究：基于对正统理论的批判和将市场作为一个过程的理解［M］. 北京：中国社会科学出版社，2005.

［90］王旭. 中国新《食品安全法》中的自我规制［J］. 中共浙江省委党校学报，2016（1）：115－121.

［91］王永钦. 声誉、承诺与组织形式：一个比较制度分析［M］. 上海：上海人民出版社，2005.

［92］王永钦，刘思远，杜巨澜. 信任品市场的竞争效应与传染效应：理论和基于中国食品行业的事件研究［J］. 经济研究，2014（2）：141－154.

［93］威廉姆·A. 尼斯坎南. 官僚制与公共经济学［M］. 北京：中国青年出版社，2004.

［94］威廉姆森等．新制度经济学［M］．孙经纬译．上海：上海财经大学出版社，1998.

［95］威廉姆森．资本主义经济制度［M］．上海：商务印书馆，2002.

［96］威廉姆森．治理机制［M］．北京：中国社会科学出版社，2001.

［97］韦森．经济学与伦理学：市场经济的伦理维度与道德基础［M］．上海：商务印书馆，2015.

［98］文贯中．市场机制、政府定位和法治——对市场失灵和政府失灵的匡正之法的回顾与展望［J］．经济社会体制比较，2002（1）：1－11.

［99］伍凤兰．农村合作医疗的制度变迁研究［M］．杭州：浙江大学出版社，2009.

［100］吴新文．国外企业伦理学：三十年透视［J］．国外社会科学，1996（3）：15－21.

［101］吴元元．信息基础、声誉机制与执法优化：食品安全治理的新视野［J］．中国社会科学，2012（6）：115－133.

［102］吴元元．双重博弈结构中的激励效应与运动式执法——以法律经济学为解释视角［J］．法商研究，2015（1）：54－61.

［103］吴林海．中国食品安全治理评论（2014 年第 1 卷）［M］．北京：社会科学文献出版社，2014.

［104］吴林海．中国食品安全治理评论（2015 年第 2 卷、第 3 卷）［M］．北京：社会科学文献出版社，2015.

［105］吴林海，尹世久，王建华等．中国食品安全发展报告（2013）［M］．北京：北京大学出版社，2013.

［106］吴林海，尹世久，王建华等．中国食品安全发展报告（2014）［M］．北京：北京大学出版社，2014.

［107］吴林海，尹世久，王建华等．中国食品安全发展报告（2015）［M］．北京：北京大学出版社，2015.

［108］夏明．利人还是利己？——市场伦理下企业道德观透视［J］．福建论坛（人文社会科学版），2011（9）：146－150.

［109］肖兴志，韩超．规制改革是否促进了中国城市水务产业发展？——基于中国省际面板数据的分析［J］．管理世界，2011（2）：70－80.

［110］肖兴志，赵文霞．规制遵从行为研究评述［J］．经济学动态，2011

(5): 135 -140.

[111] 徐晓新. 中国食品安全问题、成因对策 [J]. 农业经济问题, 2002 (10): 45 -48.

[112] 徐小平. 我国食品安全执法体制的反思与完善 [J]. 河北工业大学学报 (社会科学版), 2011 (12): 54 -59.

[113] 颜海娜, 聂勇浩. 制度选择的逻辑——我国食品安全监管体制的演变 [J]. 公共管理学报, 2009 (7): 12 -25.

[114] 叶永茂. 中国食品安全立法若干思考与建议 [J]. 上海食品药品监管情报研究, 2006 (3): 12 -21.

[115] 衣凤鹏. 企业社会责任作用机制研究 [J]. 商业研究, 2012 (5): 41 -45.

[116] 应飞虎, 涂永前. 公共规制中的信息工具 [J]. 中国社会科学, 2010 (4): 116 -131.

[117] 俞可平. 中国公民社会: 概念、分类与制度环境 [J]. 中国社会科学, 2006 (1): 109 -122.

[118] 余晓菊. 制度的德性——论企业伦理在企业制度建设中的灵魂性作用 [J]. 伦理学研究, 2012 (5): 84 -88.

[119] 余光辉, 陈亮. 论我国环境执法机制的完善: 从规制俘获的视角 [J]. 法律科学, 2010 (5): 93 -99.

[120] 杨瑞龙. 关于诚信的制度经济学思考 [J]. 中国人民大学学报, 2002 (5): 8 -14.

[121] 杨瑞龙, 周业安. 论利益相关者合作逻辑下的企业共同治理机制 [J]. 中国工业经济, 1998 (1): 38 -45.

[122] 袁庆明. 新制度经济学教程 [M]. 北京: 中国发展出版社, 2011.

[123] 曾祥炎, 林木西. 中国产权制度与经济绩效关系研究述评 [J]. 经济评论, 2011 (6): 145 -150.

[124] 张朝华. 市场失灵、政府失灵下的食品质量安全监管体系重构——以"三鹿奶粉事件"为例 [J]. 甘肃社会科学, 2009 (2): 242 -245.

[125] 张曼, 唐晓纯, 普冀喆等. 食品安全社会共治: 企业、政府与第三方监管力量 [J]. 食品科学, 2014 (13): 60.

[126] 张红凤. 激励性规制理论的新进展 [J]. 经济理论与经济管理, 2005 (8): 63 -68.

［127］张红凤．西方规制经济学的变迁［M］．北京：经济科学出版社，2005.

［128］张洁梅．基于政府规制的我国食品安全监管问题研究［J］．理论月刊，2013（8）：95－98.

［129］张群群．超越二元论：对政府和市场关系的反思［J］．当代经济科学，2006（6）：8－12.

［130］张维迎．市场的逻辑［M］．上海：上海人民出版社，2010.

［131］张五常．佃农理论［M］．上海：商务印书馆，2000.

［132］张五常．经济解释［M］．香港：花千树出版有限公司，2007.

［133］张晓涛，孙长学．我国食品安全监管体制：现状、问题与对策——基于食品安全监管主体角度的分析［J］．经济体制改革，2008（1）：220－221.

［134］张肇中，张红凤．我国食品安全规制间接效果评价［J］．经济理论与经济管理，2014（5）：58－67.

［135］张云，林晖辉．食品召回之基础理论研究［J］．中国标准化，2007（12）：13－15，29.

［136］郑志刚．声誉制度理论及其实践述评［J］．经济学动态，2002（5）：73.

［137］周其仁．产权与制度变迁：中国改革的经验研究（增订本）［M］．北京：北京大学出版社，2010.

［138］周小亮．当代制度经济学发展中的两条主线与其新自由主义本质之剖析［J］．学术月刊，2004（2）：29－36.

［139］周应恒，霍丽玥，彭晓佳．食品安全：消费者态度、购买意愿及信息的影响——对南京市超市消费者的调查分析［J］．中国农村经济，2004（11）：53－59，80.

［140］周应恒，王二朋．中国食品安全监管：一个总体框架［J］．改革，2013（4）：19－28.

［141］朱贻庭，徐定明．企业伦理论纲［J］．华东师范大学学报（哲学社会科学版），1996（1）：1－8.

［142］Ronald H. Schmidt & Gary E. Rodrick. 食品安全手册（Food Safety Handbook）［M］．石阶平，夏向东，崔野韩等译．北京：中国农业大学出版社，2006.

[143] Axleson M. L. and Brinberg D. A. Social Psychological Perspective on Food – related Behaviour [M]. NewYork: Spinger – Verlag, 1989: 25.

[144] Bagwell K. and M. Riordan. Equilibrium Price Dynamics for an Experience Good [Z] . Discussion Paper, CMSEMS, Nor'dhwestem University, 1986: 705 – 706.

[145] Barling G. D. , Lang T. The Politics of Food [J]. Political Quarterly, 2003, 74 (1): 4 – 7.

[146] Bender, M. M. , Derby, B. M. Prevalence of Reading Nutrition Information and Ingredient Information on Food Labels among Adult Americans: 1982 – 1988 [J]. Journal of Nutrition Education, 1992, 24 (6): 292 – 297.

[147] D. E. M. Sappington. Incentives in Principal Agent – Relationships [J]. Journal of Economic Perspectives, 1991, 5 (2): 45 – 66.

[148] Erin Holleran, Maury E. Bredahl, Lolkman Zaibet. Private Incentives for Adopting Food Safety and Quality Assurance [J]. Food Policy, 2004, 24 (6): 669 – 683.

[149] F. Iossa, F. Stroffolini. Price – Cap Regulation and Information Acquisition [J]. International Journal of Industrial Organization, 2002, 20 (7): 1013 – 1036.

[150] Griffith C. J. , Mathias K. A. and Price P. E. The Mass Media and Food Hygiene Education [J]. British Food Journal, 2004, 5 (22): 16 – 19.

[151] Grossman S. J. The Information Role of Warranties and Private Disclosure about Product Quality [J]. Journal of Law and Economics, 1981 , 24 (3): 461 – 483.

[152] George J. Stigler. The Theory of Economic Regulation [J]. The Bell Journal of Economics and Management Science, 1971, 2 (1): 3 – 21.

[153] Julie A. Caswell and Eliza M. Mojduszka. Using Informational Labeling to Influence the Market for Quality in Food Products [J]. American Journal of Agricultural Economics, 1996, 29 (78): 1248 – 1253.

[154] Jason A. Winfree, Jill J. Mc Cluskey. Collective Reputation and Quality [J]. American Journal of Agricultural Economics, 2005, 87 (1): 206 – 213.

[155] J. Balzano. China Food Safety in Law: Administrative Innovation and Institutional Design in Comparative Perspective [J]. Asian – Pacific Law & Policy Journal, 2012, 13 (2) .

[156] Jean Tirole. A Theory of Collective Reputation: With Applications to the Persistence of Corruption and to Firm Quality [J]. The Review of Economic Studies,

1996, 63 (1): 1 -22.

[157] Messner, M. A. , Duncan, M. C. and Mensener, K. Seperating the Men from the Girls: The Gendered Language of Televised Sports [J]. Gender & Society: Official Publication of Sociologists for Women in Society, 1993 (7): 121 - 137.

[158] Marian Garcia Martinez, Andrew Fearne, Julie A. Caswell, et al. Co - Regulation as a Possible Model for Food Safety Governance: Opportunities for Public - Private Partnerships [J]. Food Policy, 2007 (32): 299 -314.

[159] Ostrom E. , R. Gardner & J. Walker. Rules, Games, and Common - pool Resources [M]. Ann Aebor: University of Michigan Press, 1994.

[160] Ostrom. E. Institutional National Choice: An Assessment of the Institutional Analysis [M]. In: P. A. sABAtier (ed.), Theories of the Policy Process. Boulder, Co: Westview Press, 1999.

[161] Ostrom. E. Understanding Institutional Diversity [M]. Princeton University Press, 2005.

[162] Roberts, Marc J. & Spence, Michael. Effluent Charges and Licenses Under Uncertainty [J]. Journal of Public Economics, Elsevier, 1976, 5 (3 - 4): 193 -208.

[163] Selten, Reinhard. The Chain Store Paradox [J]. Theory and Decision, 1978, 9 (2): 127 -159.

[164] Van Dillen S. M. , Hiddink G. J. , Koelen M. A. , De Graaf C. , Van Woerkum C. M. Perceived Relevance and Information Needs Regarding Food Topics and Preferred Information Sources Among Dutch Adults: Results of a Quantitative Consumer Study [J]. Eur J Clin Nutr. , 2004, 58 (9): 1306 -1313.

[165] Antle J. M. Efficient Food Safety Regulation in the Food Manufacturing Sector [J]. American Journal of Agricultural Economics, 1996, 78 (12); 1242 -1247.

[166] Paul McGuire. On the Spectral Picture of an Irreducible Subnormal Operator [J]. Proceedings of the American Mathematical Society, 1988, 104 (3): 801 -808.

[167] Shavell S. The Design of Contracts and Remedies for Breach [J]. Quarterly Journal of Economics, 1984, 99 (1): 121 -148.

[168] Shapiro C. , Stiglitz J. E. Equilibrium Unemployment as a Worker Disci-

pline Device: Reply [J]. Bulletin of the American Mathematical Society, 1983, 8 (4): 477 -481.

[169] Greif A. Reputation and Coalitions in Medieval Trade: Evidence on the Maghribi Traders [J]. Journal of Economic History, 1989, 49 (4): 857 -882.

[170] Ostrom E. Governing the Commons: The Evolution of Institutions for Collective Action (Political Economy of Institutions and Decisions) [M]. Cambridge, 1990.

[171] Viscusi W. W. The Lulling Effect: The Impact of Child - resistant Packaging on Aspirin and Analgesic Ingestions [J]. American Economic Review, 1984, 74 (2): 324 -327.

[172] Bacow L. S. The Technical and Judgmental Dimensions of Impact Assessment [J]. Environmental Impact Assessment Review, 1981, 2 (12): 561 -568.

[173] Wilcock A., Pun M., Khanona J., et al. Consumer Attitudes, Knowledge and Behaviour: A Review of Food Aafety Issues [J]. Trends in Food Science & Technology, 2004, 15 (2): 56 -66.

[174] Unnevehr L., Roberts T., Custer C. New Pathogen Testing Technologies and the Market for Food Safety Information [J]. Agbioforum, 2004, 7 (4): 212 -218.

[175] Cropper M., Oates W. E. Environmental Economics [J]. Journal Economic Lit., 1992, 30 (2): 675 -740.

[176] Lichtenberg E., Parker D. D., Zilberman D. Marginal Analysis of Welfare Costs of Environmental Policies: The Case of Pesticide Regulation [J]. American Journal of Agricultural Economics, 1988, 70 (4): 867 -874.

[177] Iossa E., Stroffolini F. Price Cap Regulation and Information Acquisition [J]. International Journal of Industrial Organization, 2002, 20 (7): 1013 -1036.

[178] Martinez M. G., Fearne A., Caswell J. A., et al. Co - regulation as a Possible Model for Food Safety Governance: Opportunities for Public - private Partnerships [J]. Food Policy, 2007, 32 (3): 299 -314.

[179] Gurudasani R., Sheth M. Food Safety Knowledge and Practices of Food Handlers of Various Food Service Establishments of Urban Vadodara, India [J]. Asian Journal of Home Science, 2009.

[180] Ouden F. W. C. D., Vliet T. V. Particle Size Distribution in Tomato

Concentrate and Effects on Rheological Properties [J]. Journal of Food Science, 1997, 62 (3): 565 -567.

[181] Giorgi L., Lindner L. F. The Contemporary Governance of Food Safety: Taking Stock and Looking Ahead [J]. Quality Assurance & Safety of Crops & Foods, 2009, 1 (1): 36 -49.

[182] Lee W., Wallace B. A. DICHROWEB, an Online Server for Protein Secondary Structure Analyses from Circular Dichroism Spectroscopic Data [J]. NucleicAcids Research, 2004, 32 (WebServerissue): W668 - W673.

[183] Innes R., Sam A. G. Voluntary Pollution Reductions and the Enforcement of Environmental Law: An Empirical Study of the 33/50 Program [J]. Journal of Law & Economics, 2008, 51 (2): 271 -296.

[184] Maxwell K., Johnson G. N. Maxwell K., Johnson G. N. Chlorophyll Fluorescence—A Practical Guide [J]. Journal of Experimental Botany, 2000, 51 (345): 659 -668.

[185] Arguedas C., Hamoudi H. Controlling Pollution with Relaxed Regulations [M] // Hacienda Pública y Convergencia Europea: X Encuentro de Economía Pública, Santa Cruz de Tenerife 2003. Universidad de La Laguna, 2003: 85 -104.

[186] Cohen W. M., Levinthal D. A. Absorptive Capacity: A New Perspective on Learning and Innovation [J]. Administrative Science Quarterly, 1990, 35 (1): 128 -152.

[187] Podger G. Reinventing Food Safety Regulation [J]. Consumer Policy Review, 2005.

[188] Unnevehr L. J., Gómez M. I., Garcia P. The Incidence of Producer Welfare Losses from Food Safety Regulation in the Meat Industry [J]. Review of Agricultural Economics, 1998, 20 (1): 186 -201.

[189] Solodoukhina D. Food Safety and Bioterrorism from Public Health Perspective [C]. Nato Science for Peace & Security, 2011: 17 -25.

[190] Leon G. M. D., Vargas J. I. D. L. R., Dominguez E. G. Application of an Annular/Sphere Search Algorithm for Speaker Recognition [C] // Electronics, Communications, and Computers, International Conference on. IEEE Computer Society, 2005: 190 -194.

[191] Arora S., Gangopadhyay S. Toward a Theoretical Model of Voluntary Overcompliance [J]. Journal of Economic Behavior & Organization, 1995, 28 (3): 289-309.

[192] Polinsky A. M., Shavell S. The Economic Theory of Public Enforcement of Law [J]. Journal of Economic Literature, 2000, 38 (1): 45-76.

[193] Becker G. Crime and Punishment: An Economic Approach [J]. Journal of Political Economy, 1968, 76 (2): 169-217.

[194] Kensey K. R. The Mechanistic Relationships between Hemorheological Characteristics and Cardiovascular Disease [J]. Current Medical Research & Opinion, 2003, 19 (7): 587-596.

[195] Golan E., Kuchler F., Mitchell L., et al. Economics of Food Labeling [J]. Journal of Consumer Policy, 2001, 24 (2): 117-184.

[196] Peter C., Kuang J. J. The Interaction between Predation and Competition [J]. Nature, 2008, 456 (Nov.): 235-238.

[197] Golan A. Econometric Foundations. [J]. Journal of the American, 2002 (June).

后　记

时光荏苒，从笔者最早开始对中国食品安全问题关注和研究至今，一晃十几个年头就过去了。

食品是一种具有较强信息不对称性的特殊“经验品”，其有效的供给不能简单地依靠“政府规制 + 市场自律”的制度安排来完成，仅依赖市场机制，不法生产者和流通者易受利益驱使损人利己，使食品安全风险大增。而单一政府规制由于高额行政成本以及市场寻利所造成的负面影响，在效率和效果上也存在缺陷，但作为公共产品的主要提供者，政府有责任保障公众的食品公共安全，设计合理的规制和政策体系，建立有效的激励和约束机制，促使食品安全良性发展。对“食品安全”这一外部性问题的解决，只有通过特殊的制度和政策设计才能有效完成。

2007 年，笔者成功立项国家社科基金项目“食品公共安全规制与食品贸易：制度与政策研究”（07CJY047）。笔者所在研究团队经过数年研究，形成了最终研究成果《食品公共安全规制：制度与政策研究》，我们认为：市场失灵和规制失灵“两个失灵”并存，是建立和健全食品安全政府规制体系的基本依据。在完善食品安全规制体系中，应遵循以下总体思路：加强规制主体之间的协调，克服规制失灵；强化对规制客体的规制，克服市场失灵；同时设计和优化规制工具组合，提高规制的效率。我们以食品安全规制为研究对象，综合运用多学科理论和工具，构建了一个包括规制主体、规制客体、规制工具和规制目标“四要素”的食品安全规制体系，并就我国如何解决与优化规制主体、规制客体和规制工具中存在的问题，更好地实现规制目标，提高规制效率进行了系统深入的分析。

然而，国内外研究表明，食品安全治理是诸多利益相关主体共同管理食品公共安全事务的整个过程，其治理主体应具多元性，以保证最大限度地获取不同利益主体的诉求和约束，寻求公共利益的均衡优化。只有更好整合食品安全治理资源，才能有效构建中国食品安全的长效机制。为此，我们提出了一个中国食品安全治理亟待解决的难题：如何变“多头规制”为“多元共治”？基于此，笔者带领研究团队又成功立项了一项国家社科基金项目“我国食品安全治理研究”(12BJY068)，又是几度寒暑春秋，最终形成了同名研究报告。我们认为：食品安全公共利益的实现，取决于规制主体目标与社会公众目标的高度一致，这就进一步有赖于“多元共治”模式的设计和优化，才有可能强化对众多规制者的约束和规制。我们将食品安全“多元共治”界定为政府约束、市场约束、社会约束和伦理约束的四维约束。由政府合理配置治理权力，构建一个以政府治理为主，市场治理、社会治理和企业自治为辅的“多元共治”模式。也就是借助政府“看得见之手”、市场“看不见之手”、社会“第三只手”和企业“自治之手”的力量，形成一种主体多元、功能互补、力量互动、机制协调的多元共治模式。

“宝剑锋从磨砺出，梅花香自苦寒来。”课题组十年磨一剑，研究过程中在国内重要学术期刊发表论文 20 余篇，其中 1 篇阶段性成果被选编入中宣部国家社科规划办《成果要报》，供中央领导决策参考，取得了良好的社会效益和经济效益。

应该看到，中国食品安全治理是一个极其复杂的系统工程，课题研究涉及诸多相关学科领域，囿于笔者能力所限，难免存在诸多疏漏；某些分析和结论，难免有肤浅甚至谬误之嫌。这都需要我们在将来的研究中做进一步的探索和完善。

本书是在上述课题研究基础上不断修改完善而成，协助完成本书的还有江西财经大学博士研究生汪亚峰、廖剑南，硕士研究生熊一凡、朱蓉、刘光岳等；出版阶段，本书编辑杜菲付出了辛勤的劳动，在此一并深表感谢！

廖卫东

2018 年 7 月 15 日

于江西财经大学蛟桥园